图解学技能从入门到精通丛书

U0273594

# 电工综合技能
# 从入门到精通

## （图解版）

韩雪涛　主　编
吴　瑛　韩广兴　副主编

机械工业出版社

本书以市场就业为导向，采用完全图解的表现方式，系统全面地介绍了电工技术相关岗位从业的专业知识与操作技能。本书充分考虑电工的岗位需求和从业特点，将电工综合知识与技能划分成 13 个项目模块，每章即为一个模块。第 1 章，电工线路与供电方式；第 2 章，电工材料与常用电气部件；第 3 章，电工电路的应用与识图技能；第 4 章，电气部件的检测技能；第 5 章，电气线路的敷设技能；第 6 章，基本电气控制线路的安装与调试技能；第 7 章，灯控照明系统安装维护技能；第 8 章，供配电系统的规划安装技能；第 9 章，电力拖动系统的规划安装技能；第 10 章，电气线路检修技能；第 11 章，变频器与变频技术；第 12 章，变频器的装调与检修技能；第 13 章，PLC 系统的安装与维护技能。各个项目模块的知识技能严格遵循国家职业资格标准和行业规范，注重模块之间的衔接，确保电工技能培训的系统、专业和规范。本书收集整理了大量电工实用检测、安装、调试与检修案例，并将其直接移植到图书中的实训演练环节。使读者通过实训演练熟练掌握电工各项实用技能，为读者今后上岗从业积累经验，真正实现从入门到精通的技能飞跃。本书可作为专业技能认证的培训教材，也可作为各职业技术院校的实训教材，适合从事和希望从事电工电子领域工作的技术人员、业余爱好者阅读。

**图书在版编目（CIP）数据**

电工综合技能从入门到精通：图解版/韩雪涛主编 . —2 版 . —北京：机械工业出版社，2017.7（2020.11 重印）

（图解学技能从入门到精通丛书）

ISBN 978-7-111-57144-5

Ⅰ. ①电… Ⅱ. ①韩… Ⅲ. ①电工技术 – 图解 Ⅳ. ①TM – 64

中国版本图书馆 CIP 数据核字（2017）第 141278 号

机械工业出版社（北京市百万庄大街 22 号　邮政编码 100037）

策划编辑：张俊红　责任编辑：赵玲丽

责任校对：张　征　封面设计：路恩中

责任印制：常天培

北京虎彩文化传播有限公司印刷

2020 年 11 月第 2 版第 2 次印刷

184mm×260mm・24.75 印张・607 千字

标准书号：ISBN 978-7-111-57144-5

定价：79.00 元

# 本书编委会

主　　编：韩雪涛

副主编：吴　瑛　韩广兴

编　　委：张丽梅　宋明芳　朱　勇　吴　玮

唐秀鸯　周文静　韩雪冬　张湘萍

吴惠英　高瑞征　周　洋　吴鹏飞

# 丛 书 前 言

目前，我国在现代电工行业和现代家电售后服务领域对人才的需求非常强烈。家装电工、水电工、新型电子产品维修及自动化控制和电工电子综合技能应用等领域，有广阔的就业空间。而且，伴随着科技的进步和城镇现代化发展步伐的加速，这些新型岗位的从业人员也逐年增加。

经过大量的市场调研，我们发现，虽然人才市场需求强烈，但是这些新型岗位都具有明显的技术特色，需要从业人员具备专业知识和操作技能，然而社会在专业化技能培训方面却存在严重的脱节，尤其是相关的培训教材难以适应岗位就业的需要，难以在短时间内向学习者传授专业完善的知识技能。

针对上述情况，特别根据这些市场需求强烈的热门岗位，我们策划编写了"图解学技能从入门到精通丛书"。丛书将岗位就业作为划分标准，共包括10本图书，分别为《家装电工技能从入门到精通（图解版）》、《装修水电工技能从入门到精通（图解版）》《制冷维修综合技能从入门到精通（图解版）》《中央空调安装与维修从入门到精通（图解版）》《智能手机维修从入门到精通（图解版）》《电动自行车维修从入门到精通（图解版）》《办公电器维修技能从入门到精通（图解版）》《电子技术综合技能从入门到精通（图解版）》《自动化综合技能从入门到精通（图解版）》《电工综合技能从入门到精通（图解版）》。

本套丛书重点以岗位就业为目标，所针对的读者对象为广大电工电子初级与中级学习者，主要目的是帮助学习者完成从初级入门到专业技能的进阶，进而完成技能的提升飞跃，能够使读者完善知识体系，增进实操技能，增长工作经验，力求打造大众岗位就业实用技能培训的"金牌图书"。需要特别提醒广大读者注意的是，为了尽量与广大读者的从业习惯一致，所以本书在部分专业术语和图形符号方面，并没有严格按照国家标准进行生硬的统一改动，而是尽量采用行业内的通用术语。整体来看，本套丛书特色非常鲜明：

1. 确立明确的市场定位

本套丛书首先对读者的岗位需求进行了充分调研，在知识构架上将传统教学模式与岗位就业培训相结合，以国家职业资格为标准，以上岗就业为目的，通过全图解的模式讲解电工电子从业中的各项专业知识和专项使用技能，最终目的是让读者明确行业规范、明确从业目标、明确岗位需求，全面掌握上岗就业所需的专业知识和技能，能够独立应对实际工作。

为达到编写初衷，丛书在内容安排上充分考虑当前社会上的岗位需求，对实际工作中的实用案例进行技能拆分，让读者能够充分感受到实际工作所需的知识点和技能点，然后有针对性地学习掌握相关的知识技能。

2. 开创新颖的编排方式

丛书在内容编排上引入项目模块的概念，通过任务驱动完成知识的学习和技能的掌握。

在系统架构上，丛书大胆创新，以国家职业资格标准作为指导，明确以技能培训为主的教学原则，注重技能的提升、操作的规范。丛书的知识讲解以实用且够用为原则，依托项目案例引领，使读者能够有针对性地自主完成技能的学习和锻炼，真正具备岗位从业所需的技能。

为提升学习效果，丛书增设"图解演示""提示说明"和"相关资料"等模块设计，增加版式设计的元素，使阅读更加轻松。

3. 引入全图全解的表达方式

本套图书大胆尝试全图全解的表达方式，充分考虑行业读者的学习习惯和岗位特点，将专业知识技能运用大量图表进行演示，尽量保证读者能够快速、主动、清晰地了解知识技能，力求让读者能一看就懂、一学就会。

4. 耳目一新的视觉感受

丛书采用双色版式印刷，可以清晰准确地展现信号分析、重点指示、要点提示等表达效果。同时，两种颜色的互换补充也能够使图书更加美观，增强可读性。

丛书由具备丰富的电工电子类图书全彩设计经验的资深美编人员完成版式设计和内容编排，力求让读者体会到看图学技能的乐趣。

5. 全方位立体化的学习体验

丛书的编写得到了数码维修工程师鉴定指导中心的大力支持，为读者在学习过程中和以后的技能进阶方面提供全方位立体化的配套服务。读者可登录数码维修工程师的官方网站（www.chinadse.org）获得超值技术服务。网站提供有技术论坛和最新行业信息，以及大量的视频教学资源和图样手册等学习资料。读者可随时了解最新的数码维修工程师考核培训信息，把握电子电气领域的业界动态，实现远程在线视频学习，下载所需要的图样手册等学习资料。此外，读者还可通过网站的技术交流平台进行技术交流与咨询。

通过学习与实践，读者还可参加相关资质的国家职业资格或工程师资格认证考试，以求获得相应等级的国家职业资格或数码维修工程师资格证书。如果读者在学习和考核认证方面有什么问题，可通过以下方式与我们联系。

**数码维修工程师鉴定指导中心**

网址：http://www.chinadse.org

联系电话：022 –83718162/83715667/13114807267

E – mail：chinadse@163.com

地址：天津市南开区榕苑路 4 号天发科技园 8 – 1 –401

邮编：300384

**作 者**

# 目 录

# 第①章

# 电工线路与供电方式

## 1.1 电磁感应与交直流

### 1.1.1 电磁感应

**1. 电流感应磁场**

磁场通俗地讲就是存在磁力的空间，我们可以用铁粉末验证磁场的存在。

在一块硬纸板下面放一块磁铁，在纸板上面撒一些细的铁粉末，铁粉末会自动排列起来，形成一串串曲线的样子，如图1-1所示，在两个磁极附近和两个磁极之间被磁化的铁粉末所形成的纹路图案是很有规律的线条。它是从磁体的N极出发经过空间到磁体的S极的线条，在磁体内部从S极又回到N极，形成一个封闭的环。通常说磁力线的方向就是磁性体N极所指的方向。

图1-1所示为磁铁周围的磁场。磁铁的磁极之间存在的由铁粉末构成的曲线，代表着磁极之间相互作用的强弱。只要有磁极存在，它就向空间不断地发出磁力线，而且离磁极越近的地方磁力线的密度越高，而远处磁力线的排列则比较稀疏。

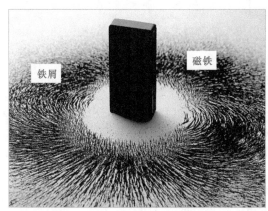

图1-1　磁铁周围的磁场

如图1-2所示，如果金属导线通过电流，那么借助铁粉末，我们可以看到在导线的周围产生磁场，而且导线中通过的电流越大，产生的磁场越强。

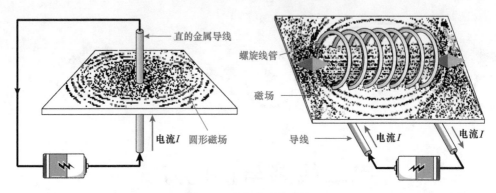

图 1-2　电流感应出磁场

流过导体的电流的方向和所产生的磁场方向之间有着明确的关系。图 **1-3** 所示为右手定则（即安培定则），说明了电流周围磁场方向与电流方向的关系。

**直线电流的安培定则**：用右手握住导线，让伸直的大拇指所指的方向跟电流的方向一致，那么弯曲的四指所指的方向就是磁力线的环绕方向，如图 **1-3a** 所示。

**环形电流的安培定则**：让右手弯曲的四指和环形电流的方向一致，那么伸直的大拇指所指的方向就是环形电流中心轴线上磁力线（磁场）的方向，如图 **1-3b** 所示。

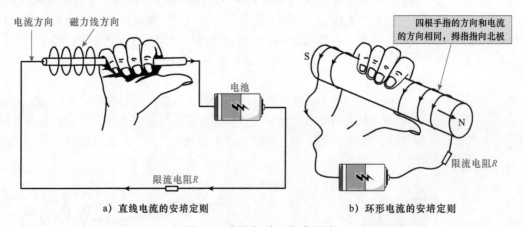

a）直线电流的安培定则　　　　　　　b）环形电流的安培定则

图 1-3　安培定则（右手定则）

## 2. 磁场感应出电流

磁场也能感应出电流，把一个螺线管两端接上检测电流的检流计，在螺线管内部放置一根磁铁。当把磁铁很快地抽出螺线管时，可以看到检流计指针发生了偏转，而且磁铁抽出的速度越快，检流计指针偏转的程度越大。同样，如果把磁铁插入螺线管，检流计也会偏转，但是偏转方向和抽出时相反，检流计指针偏摆表明线圈内有电流产生。

图 1-4 所示为磁场感应电场。当闭合回路中一部分导体在磁场中做切割磁感线运动时，回路中就有电流产生；当穿过闭合线圈的磁通发生变化时，线圈中有电流产生。这种由磁产生电的现象，称为电磁感应现象，产生的电流叫感应电流。

感应电流的方向，跟导体切割磁力线的运动方向和磁场方向有关。即当闭合回路中一部分导体作切割磁力线运动时，所产生的感应电流方向可用右手定则来判断，如图1-5所示。伸开右手，使拇指与四指垂直，并都跟手掌在一个平面内，让磁力线穿入手心，拇指指向导体运动方向，四指所指的即为感应电流的方向。

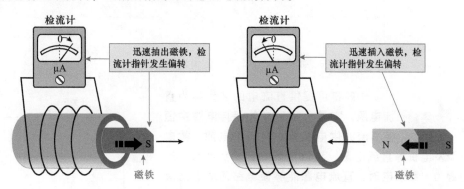

图1-4 磁场感应出电流

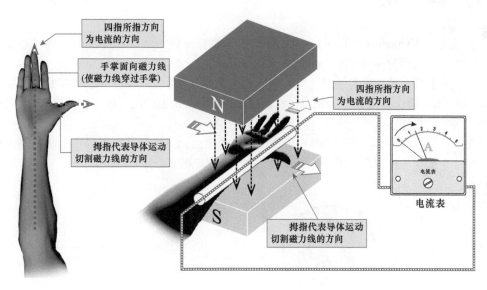

图1-5 右手定则

## 1.1.2 交流电与直流电

### 1. 直流电

直流电（Direct Current，简称DC）是指电流流向单一，其方向不作周期性变化，即电流的方向固定不变，是由正极流向负极，但电流的大小可能不固定。

直流电可以分为脉动直流和恒定直流两种，脉动直流中直流电流大小不稳定；而恒定电流中的直流电流大小能够一直保持恒定不变。图1-6所示为脉动直流和恒定直流。

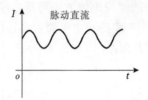

图 1-6　脉动直流和恒定直流

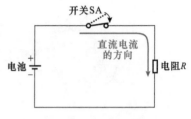

一般将可提供直流电的装置称为直流电源，它是一种形成并保持电路中恒定直流的供电装置，例如干电池、蓄电池、直流发电机等直流电源，直流电源有正、负两级。当直流电源为电路供电时，直流电源能够使电路两端之间保持恒定的电位差，从而在外电路中形成由电源正极到负极的电流，如图 1-7 所示。

图 1-7　直流的形成

### 2. 交流电

交流电（Alternating Current，简称 AC）一般是指电流的大小和方向会随时间作周期性的变化。

我们在日常生活中所有的电气产品都需要有供电电源才能正常工作，大多数的电器设备都是由市电交流 220V、50Hz 作为供电电源。这是我国公共用电的统一标准，交流 220V 电压是指相线对零线的电压。

交流电是由交流发电机产生的，交流发电机可以产生单相和多相交流电压。图 1-8 所示为产生单向交流电和三相交流电。

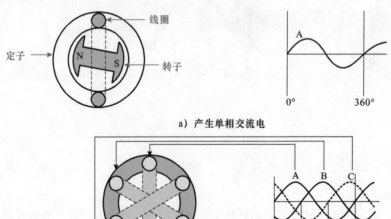

a）产生单相交流电

b）产生多相交流电

图 1-8　产生单向交流电和三相交流电

（1）单相交流电

单相交流电是以一个交变电动势作为电源的电力系统，在单相交流电路中，只具有单一的交流电压,其电流和电压都是按一定的频率随时间变化。

图 1-9 所示为单相交流电的产生。在单相交流发电机中,只有一个线圈绕制在铁心上构成定子,转子是永磁体,其内部的定子上有一组线圈,它所产生的感应电动势(电压)也为一组,由两条线进行传输,这种电源就是单相电源,这种配电方式称为单相二线制。

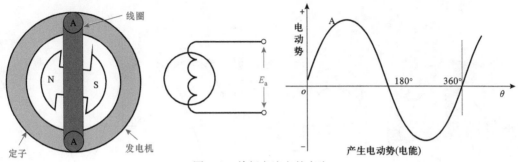

图 1-9 单相交流电的产生

单相电路是由单相电源、单相负载和线路组成,有一根相线和一根零线,一般情况下单相电源的电压为 220V,多用于照明用电和家庭用电。如图1-10所示为家庭中电相交流电的分配情况,其中空调器、洗衣机、风扇等对电压稳定性要求不高的电器分为一个支路;电视机、电脑、DVD 影碟机等信息类电器分为一个支路;电灯、微波炉等分为一个支路使用。家庭中用电总功率等于三路功率之和。

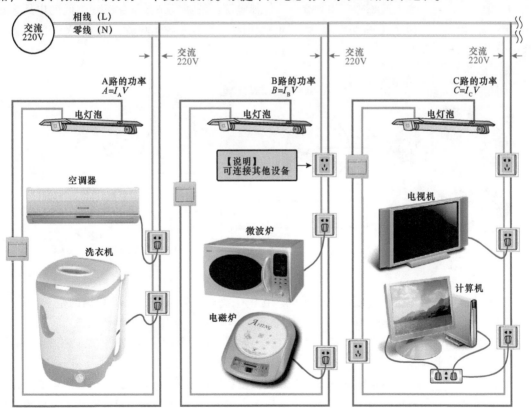

图 1-10 家庭中电相交流电的分配情况

（2）多相交流电

多相交流电根据相线数的不同，还可以分为二相交流电和三相交流电。

 图 1-11 所示为两相交流电的产生。在发电机内设有两组定子线圈，互相垂直的分布在转子外围。转子旋转时两组定子线圈产生两组感应电动势，这两组电动势之间有 90°的相位差。这种电源为两相电源。这种方式多在自动化设备中使用。

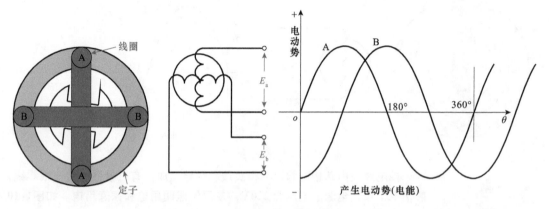

图 1-11　两相交流电的产生

 图 1-12 所示为三相交流发电动机。通常，把三相电源的线路中的电压和电流统称三相交流电，这种电源由三条线来传输，三线之间的电压大小相等（380V），频率相同（50Hz），相位差为 120°。三相 380V 交流电源是我国采用的统一标准。

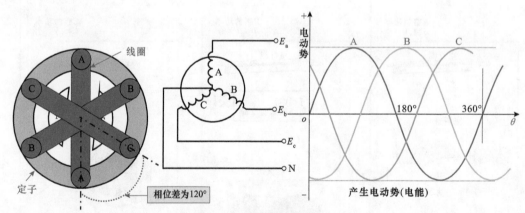

图 1-12　三相交流发电动机

三相交流电是由三相交流发电机产生的。在定子槽内放置着三个结构相同的定子绕组 A、B、C，这些绕组在空间互隔 120°。转子旋转时，其磁场在空间按正弦规律变化，当转子由水轮机或汽轮机带动以角速度 $\omega$ 等速地顺时针方向旋转时，在三个定子绕组中，就产生频率相同、幅值相等、相位上互差 120°的三个正弦电动势，这样就形成了对称三相电动势。

 三相电路是由三相电源、三相负载以及三相线路组成，通常有三根相线和一根零线，一般情况下三相电为 **380V** 多动力设备供电。实际上，住宅用电的供给也是从三相配电系统中抽取其中的某一相与零线构成电源。在三相电路中，相线与相线之间的电压为**380V**，而相线与零线之间的电压为**220V**，如图**1-13**所示。

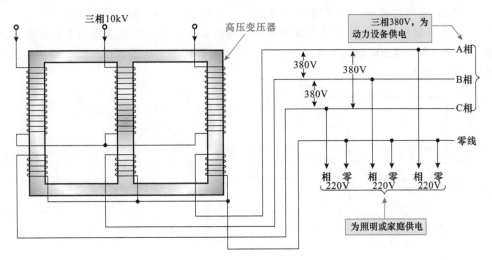

图 1-13　三相交流电路电压的测量

交流发电机的基本结构如图 **1-14** 所示，转子是由永磁体构成的，当水轮机或汽轮机带动发电机转子旋转时，转子磁极旋转，会对定子线圈辐射磁场，磁力线切割定子线圈，定子线圈中便会产生感应电动势，转子磁极转动一周就会使定子线圈产生相应的电动势（电压）。由于感应电动势的强弱与感应磁场的强度成正比，感应电动势的极性也与感应磁场的极性相对应。定子线圈所受到的感应磁场是交替周期性变化的。转子磁极匀速转动时，感应磁场是按正弦规律变化的，发电机输出的电动势则为正弦波形。

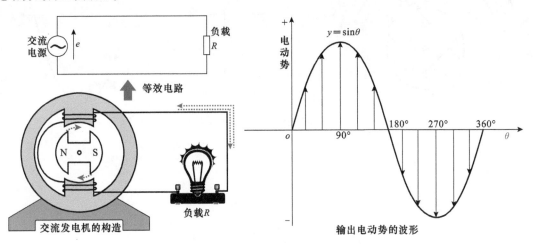

图 1-14　交流发电机的结构和原理

发电机是根据电磁感应原理产生电动势的，当线圈受到变化磁场的作用时，即线圈切割磁力线便会产生感应磁场，感应磁场的方向与作用磁场方向相反。发电机的转子可以被看做是一个永磁体，如图 **1-15a** 所示，当 N 极旋转并接近定子线圈时，会使定子线圈产生感应磁场（N），线圈产生的感应电动势为一个逐渐增

强的曲线，当转子磁极转过线圈继续旋转时，感应磁场则逐渐减小。

当转子磁极继续旋转时，转子磁极 S 开始接近定子线圈，磁场的磁极发生了变化，如图 **1-15b**所示，定子线圈所产生的感应电动势极性也翻转 **180°**，感应电动势输出为反向变化的曲线。转子旋转一周，感应电动势又会重复变化一次。由于转子旋转的速度是均匀恒定的，因此输出电动势的波形则为正弦波。

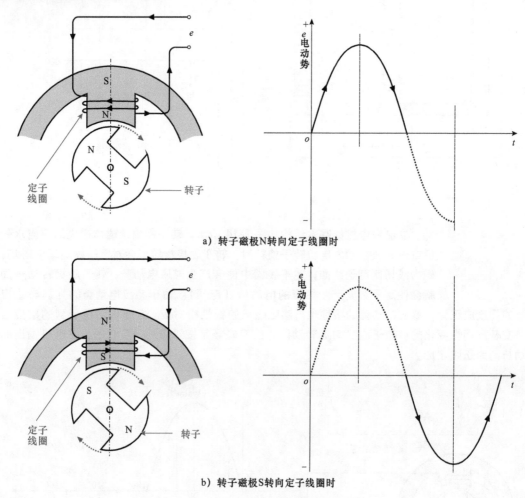

a）转子磁极N转向定子线圈时

b）转子磁极S转向定子线圈时

图 1-15　发电机感应电动势产生的过程

## 1.2　欧姆定律

### 1.2.1　电压对电流的影响

在电路中电阻阻值不变的情况下，电阻两端的电压升高，流经电阻的电流也成比例增加；电压降低，流经电阻的电流也成比例减小。

图 1-16 所示为电压变化对电流的影响。电压从 25V 升高到 30V 时，电流值也会从 2.5A 升高到 3A。

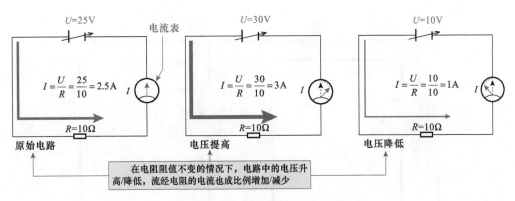

图 1-16　电压变化对电流的影响

### 1.2.2　电阻对电流的影响

在电路中电阻两端电压值不变的情况下，电阻阻值升高，流经电阻的电流成比例降低；电阻阻值降低，流经电阻的电流则成比例升高。

图 1-17 所示为电阻变化对电流的影响。电阻从 10Ω 升高到 20Ω 时，电流值会从 2.5A 降低到 1.25A。

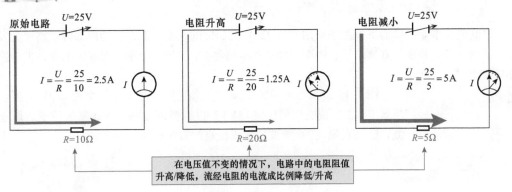

图 1-17　电阻变化对电流的影响

## 1.3　直流供电方式

### 1.3.1　电池直流供电

直流电动机驱动电路，它采用的直流电源供电，这是一个典型的直流电路。图 1-18 所示为电池直流供电。

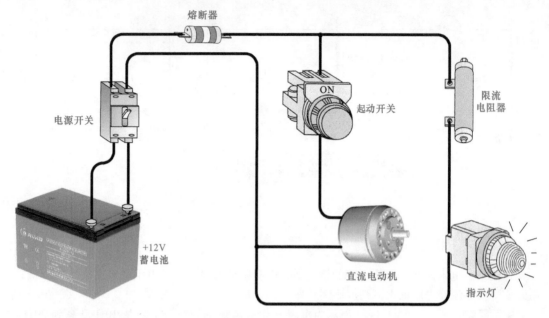

图 1-18　电池直流供电

### 1.3.2　交流—直流变换器供电方式

　　家庭或企事业单位的供电都是采用交流 220V、50Hz 的电源，而在机器内部各电路单元及其元器件则往往需要多种直流电压，因而需要一些电路将交流 220V 电压变为直流电压，供电路各部分使用。

　　图 1-19 所示为典型的交流—直流变换供电电路。交流 220V 电压经变压器 T，先变成交流低压（12V）。再经整流二极管 VD 整流后变成脉动直流，脉动直流经 $LC$ 滤波后变成稳定的直流电压。

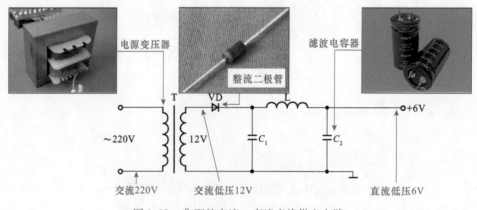

图 1-19　典型的交流—直流变换供电电路

　　一些电器如电动车、手机、收音机、随声听等，是借助充电器给电池充电后获取直流电压。值得一提的是，不论是电动车的大充电器，还是手机、收音机等的小型充电器，都需要从市电交流 220V 的电源中获得能量，充电器将交流 220V 变为所需的直流电压进行充电。还有一些电子产品将直流电源作为附件，制成一个独立的电路单元又称为适配器。如笔记本电脑、摄录一体机等，通过电源适配器与 220V 相连，适配器将 220V 交流电转变为直流电后为用电设备提供所需要的电压，如图 1-20 所示。

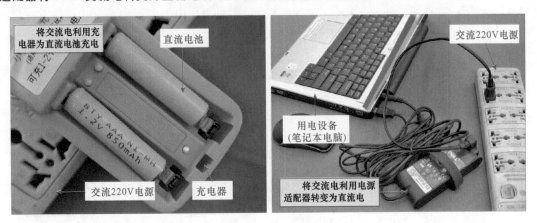

图 1-20 利用 220V 交流供电的设备

## 1.4 单相交流供电方式

### 1.4.1 单相两线式交流供电方式

单相两线式是指仅由一根相线（L）和一根零线（N）构成，通过这两根线获取 220V 单相电压，为用电设备供电。

如图 1-21 所示，一般在家庭照明支路和两孔插座多采用单相两线式供电方式。从三相三线高压输电线上取其中的两线送入柱上高压变压器的输入端，经高压变压器变压处理后，由二次输出端（相线与零线）向家庭照明线路输出 220V 电压。

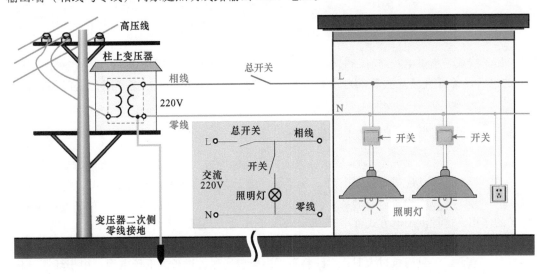

图 1-21 单相两线式交流供电方式

### 1.4.2 单相三线式交流供电方式

单相三线式是在单相两线式基础上，添加一条地线，即由一根相线、零线和保护接地线（PE 线，以下简称地线）构成，其中，地线与相线之间的电压为 220V，零线（中性线 N）与相线（L）之间电压为 220V。由于不同接地点存在一定的电位差，因而零线与地线之间可能有一定的电压。

如图 1-22 所示，家庭用电中，空调器支路、厨房支路、卫生间支路、插座支路多采用单相三线式供电方式。

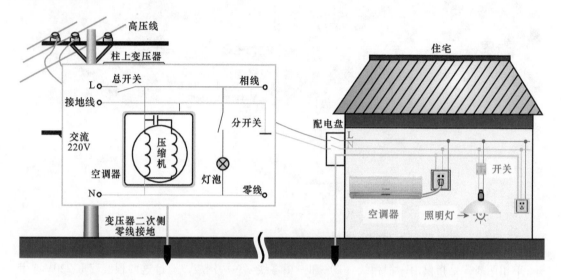

图 1-22　单相三线式交流供电方式

## 1.5　三相交流供电方式

### 1.5.1　三相三线式交流供电方式

三相三线式是指供电线路有三根相线构成，每根相线之间的电压为 380V，因此额定电压为 380V 的电气设备可直接连接在相线上，如图 1-23 所示。这种供电方式多用在电能的传输系统中。

### 1.5.2　三相四线式交流供电方式

如图 1-24 所示，三相四线式供电方式与三相三线式供电方法不同的是从配电系统多引出一条零线。接上零线的电气设备在工作时，电流经过电气设备进行做功，没有做功的电流就可经零线回到电厂，对电气设备起到了保护的作用，这种供配电方式常用于 380/220V 低压动力与照明混合配电。

在三相四线制供电方式中，由于三相负载不平衡时和低压电网的零线过长且阻抗过大时，零线将有零序电流通过，过长的低压电网，由于环境恶化、导线老化、受潮等因素，导线的漏电电流通过零线形成闭合回路，致使零线也带一定的电位，这对安全运行十分不利。在零线断线的特殊情况下，断线以后的单相设备和所有保护接零的设备会产生危险的电压，这是不允许的。

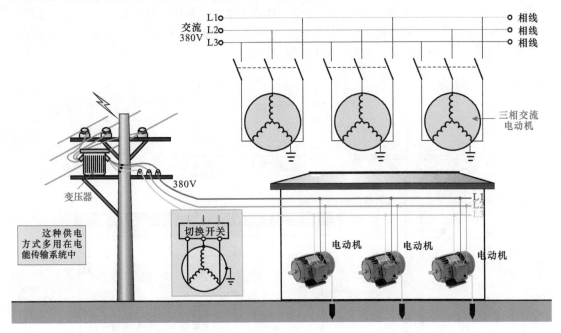

图 1-23　三相三线式交流供电方式

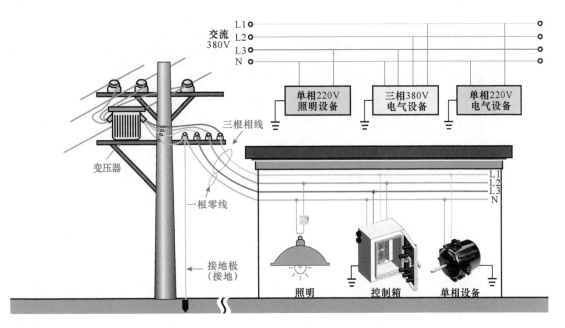

图 1-24　三相四线式交流供电方式

### 1.5.3 三相五线式交流供电方式

如图 1-25 所示，在三相四线式供电系统中，把零线的两个作用分开，即一根线做工作零线（N），另一根线做保护地线（PE 或地线），这样的供电接线方式称为三相五线制供电方式。

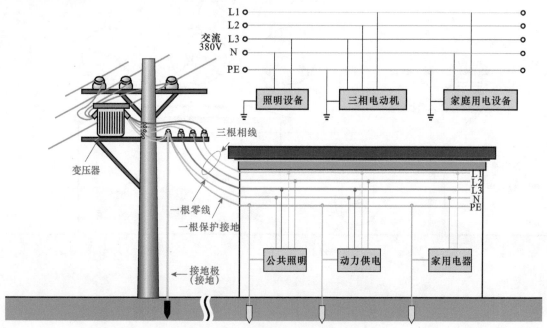

图 1-25　三相五线式交流供电方式

# 第❷章

# 电工材料与常用电气部件

 **2.1　常用绝缘材料与导电材料**

**2.1.1　常用绝缘材料**

**1. 绝缘纤维制品**

　　如图 2-1 所示，绝缘纤维制品是指在电工产品中可直接应用的一类绝缘材料，绝缘纤维制品主要是指绝缘纸、纸板、纸管和各种纤维织物等绝缘材料，通常是用植物纤维、无碱玻璃纤维和合成纤维制成的。

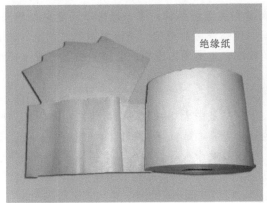

绝缘纸

绝缘纸管

絶缘漆　　　　浸渍纤维制品　　　　絶缘纤维制品　　　　絶缘压层制品

图 2-1　绝缘纤维制品的实物外形

　　绝缘纸根据其组成材料又可分为植物纤维纸和合成纤维纸两种。绝缘纸的特点是价格低廉，物理性能、化学性能、电气性能、耐老化性能等综合性能良好。

绝缘纸板由于其中掺杂部分棉纤维而具有良好的抗张强度和吸油量。由于这些特性，绝缘纸板在工厂电工用料中常用做变压器油的绝缘和保护材料。另外有些绝缘纸板在制作过程中不掺杂棉纤维，这种绝缘纸通常称为青壳纸，主要用做绝缘保护和补强材料。

**2. 浸渍纤维制品**

如图2-2所示，浸渍纤维制品是以绝缘纤维制品为材料，浸以绝缘漆制成的，在其表面会有一层光滑的漆膜，与普通的绝缘纤维材料相比，浸渍纤维制品的抗张强度、电气性能、耐热等级、耐潮性能等都有显著提高。

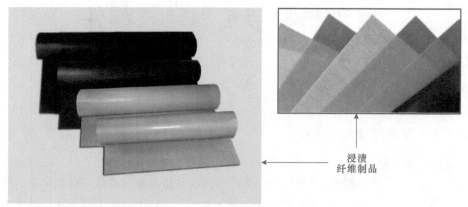

浸渍
纤维制品

图2-2　浸渍纤维制品的实物外形

常用浸渍纤维制品主要有漆布和漆管两种：漆布是由不同底材如棉布、丝绸或无碱玻璃布等浸以不同的绝缘漆后制成的；漆管是由棉、涤纶、玻璃纤维管等浸以不同的绝缘漆制成的，主要用做电机、电器的引出线或连接线的绝缘套管。

**3. 绝缘层压制品**

如图2-3所示，绝缘层压制品是由天然或合成的纤维纸、布等作为底材，浸入不同的粘结剂后经热压卷制而成的层状结构的绝缘材料。它主要分为层压纸板、层压布板、层压玻璃布板等类型，层压制品的性能取决于所用底材和粘结剂的性质，以及制作工艺。一般层压制品都具有良好的电气性能和耐热、耐油、耐霉、耐电弧、防电晕等特性，电工层压制品分为层压板、层压管和棒、电容器套管芯三类。

## 2.1.2　常用导电材料

**1. 裸导线**

图2-4所示为裸导线的实物外形。裸导线是指没有绝缘层的导线，按其形状可分为圆单线、裸绞线和软接线三种类型。一般裸导线具有良好的导线性能和力学性能，很多裸导线表面涂有高强度绝缘漆，用以抗氧化和绝缘。

**2. 电磁线**

电磁线是指在金属线材上包覆绝缘层的导线，又称绕组线，通常情况下其外部的绝缘层采用天然丝、玻璃丝、绝缘纸或合成树脂等。

图 2-3　绝缘层压制品的实物外形

图 2-4　裸导线的实物外形

电磁线根据其材料和制造方式的不同主要可以分为漆包线、绕包线以及无机绝缘线等，其中漆包线具有漆膜均匀、光滑柔软，且利于线圈的绕制等特点；绕包线绝缘厚度大，耐热性低，多数已被漆包线所代替；无机绝缘线的绝缘层采用的为无机绝缘材料、氧化铝膜等，并经有机绝缘漆浸渍后烘干填孔，具有耐高温、耐辐射等特点。图 2-5 所示为不同电磁线的实物外形。

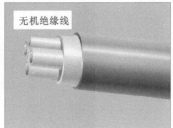

图 2-5　电磁线的实物外形

### 3. 绝缘导线

绝缘导线是指在导线的外围均匀而密封地包裹一层不导电的材料，例如树脂、塑料、硅橡胶等，是电工中应用最多的导电材料之一。

图 2-6 所示为绝缘导线的实物外形。目前几乎所有的动力的照明线路都采用塑料绝缘导线，主要是防止导电体与外界接触后造成漏电、短路、触电等事故的发生。

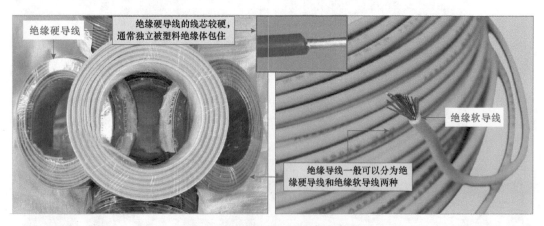

绝缘硬导线

绝缘硬导线的线芯较硬，通常独立被塑料绝缘体包住

绝缘软导线

绝缘导线一般可以分为绝缘硬导线和绝缘软导线两种

图 2-6 绝缘导线的实物外形

### 4. 电力电缆

图 2-7 所示为电力电缆的实物外形。电力电缆是在电力系统的主要线路中用以传输和分配大功率电能的电缆产品，电力电缆具有不易受外界风、雨、冰雹的影响等特点，其供电可靠性高，但其材料和安装成本较高。

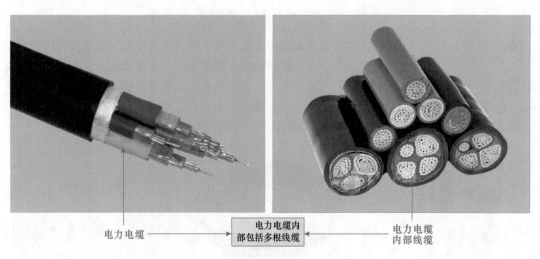

电力电缆

电力电缆内部包括多根线缆

电力电缆内部线缆

图 2-7 电力电缆的实物外形

**5. 通信电缆**

图 2-8 所示为通信电缆的实物外形。通信电缆是由一对以上相互绝缘的导线绞合而成的，该电缆具有通信容量大、传输稳定性高、保密性好、不受自然条件和外部干扰等特点。

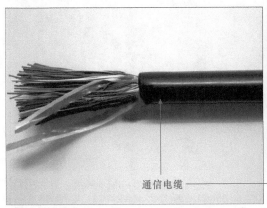

通信电缆

通信电缆的外部均采用密封护套，可以对其进行架空、直埋和管道等多种敷设方式

图 2-8　通信电缆的实物外形

## 2.2　开关部件

### 2.2.1　开启式负荷开关

开启式负荷开关俗称胶盖闸刀开关，该类开关通常应用在低压电气照明电路以及分支电路的配电开关等，主要是在带负荷状态下接通或是切断电源电路。按其结构可以分为二极式和三极式两种。图 2-9 所示为开启式负荷开关的实物外形。

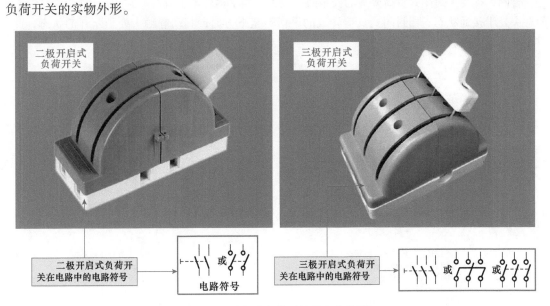

二极开启式负荷开关

三极开启式负荷开关

二极开启式负荷开关在电路中的电路符号

电路符号

或

三极开启式负荷开关在电路中的电路符号

或　或

图 2-9　开启式负荷开关的实物外形

不同类型的开启式负荷低压开关的内部结构大体相同,主要是由瓷底座、静插座、进线端子、出线端子、触刀、瓷柄(手柄)、熔丝等组成的,如图2-10所示。

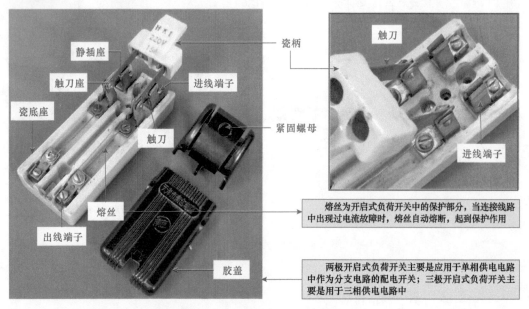

熔丝为开启式负荷开关中的保护部分,当连接线路中出现过电流故障时,熔丝自动熔断,起到保护作用

两极开启式负荷开关主要是应用于单相供电电路中作为分支电路的配电开关;三极开启式负荷开关主要是用于三相供电电路中

图 2-10 开启式负荷低压开关的内部结构

### 2.2.2 封闭式负荷开关

图 2-11 所示为封闭式负荷开关的实物外形。封闭式负荷开关俗称为铁壳开关,是由手柄、外壳、速断弹簧、静触头、动触头和熔断器构成的,封闭式负荷开关内部使用的速断弹簧,保证了外壳在打开的状态下,不能进行合闸,提高了封闭式负荷开关的安全防护能力,当手柄转至上方时,封闭式负荷开关的动、静触头处于接通状态;当封闭式负荷开关的手柄转至下方时,其动静触头处于断开的状态,此时也断开了电路。

封闭式负荷开关是在开启式负荷开关的基础上改进的一种手动开关,其操作性能和安全防护都优于开启式负荷开关,通常用于额定电压小于500 V、额定电流小于200 A的电气设备中

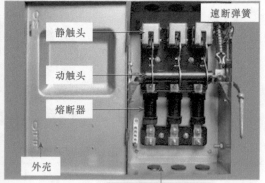

封闭式负荷开关内部主要是由静触头、动触头、熔断器以及速断弹簧构成

图 2-11 封闭式负荷开关的结构特点

### 2.2.3 组合开关

图 2-12 所示为组合开关的实物外形。组合开关俗称转换开关，是由多组开关构成的，是一种转动式的刀开关，主要用于接通或切断电路。组合开关内部有若干个动触片和静触片，分别装于数层绝缘件内，静触片固定在绝缘垫板上，动触片装在转轴上，随转轴旋转而变换通、断位置。

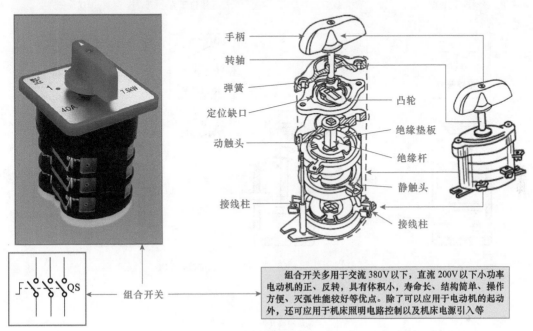

手柄
转轴
弹簧
凸轮
定位缺口
绝缘垫板
动触头
绝缘杆
静触头
接线柱
接线柱
组合开关

组合开关多用于交流 380V 以下，直流 200V 以下小功率电动机的正、反转，具有体积小，寿命长、结构简单、操作方便、灭弧性能较好等优点。除了可以应用于电动机的起动外，还可应用于机床照明电路控制以及机床电源引入等

图 2-12 组合开关的实物外形

### 2.2.4 按钮

按钮是一种手动操作的电气开关，一般用来在控制线路中发出远距离控制信号或指令，去控制继电器、接触器或其他负载，实现对主供电电路的接通或切断，从而达到对负载的控制，如电动机的起动、停止、正/反转。图 2-13 所示为按钮开关的实物外形及内部结构。

### 2.2.5 高压隔离开关

隔离开关即在电路中起到隔离作用的开关设备，一般指的是高压隔离开关，即额定电压在 1kV 及其以上的隔离开关，简称为隔离开关，主要用来将高压配电装置中需要停电的部分与带电部分可靠地隔离，以保证检修工作的安全。图 2-14 所示为典型高压隔离开关的实物外形和结构。

从图 2-14 中可以看出，高压隔离开关的触头全部敞露在空气中，具有明显的断开点，隔离开关没有灭弧装置，因此不能用来切断负荷较大的电流或短路电流，即不能带负荷操作，在采用隔离开关的线路中一般送电操作时：先合隔离开关，后合断路器或负荷开关类；断电操作时：先断开断路器或负荷类开关，后断开隔离开关。

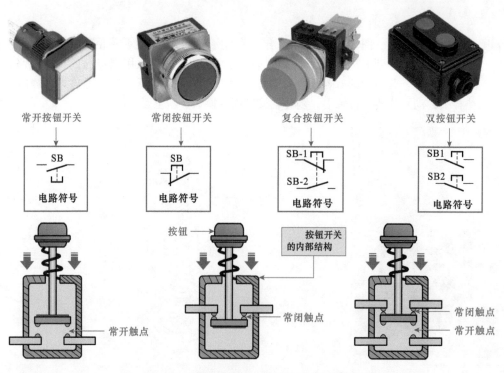

图 2-13　按钮开关的实物外形及内部结构

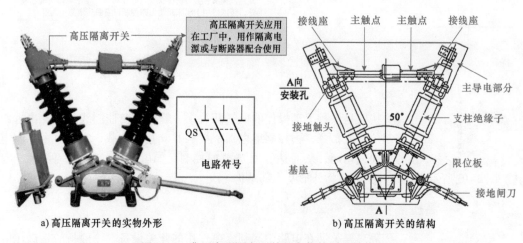

a) 高压隔离开关的实物外形　　　　　b) 高压隔离开关的结构

图 2-14　典型高压隔离开关的实物外形和结构

## 2.3　断路器

### 2.3.1　低压断路器

低压断路器是一种既可以通过手动控制，也可自动控制的低压开关，主要用于接通或切断供电线路；这种开关具有过载、短路或欠电压保护的功能，常用于不频繁接通和切断电路中。

## 1. 普通塑壳断路器

普通塑壳断路器又称装置式断路器，从外部主要可以看到接线柱、操作手柄以及相关型号规格的标识，拆开其塑料外壳后，即可看到塑壳断路器内部主要是由塑料外壳、脱扣器装置、触头、接线端子、操作手柄等部分构成的。图2-15所示为普通塑壳断路器的实物外形和内部结构。

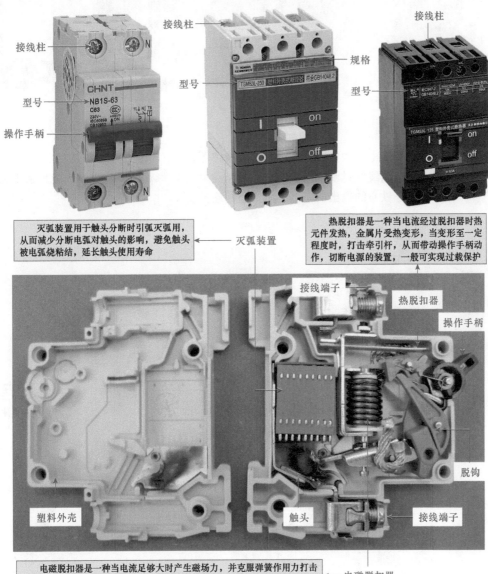

图 2-15　普通塑壳断路器的实物外形和内部结构

## 2. 漏电保护器

漏电保护器是一种具有漏电保护功能的断路器，是配电（照明）等线路中的基本组成部件，具有漏电、触电、过载、短路的保护功能，对防止触电伤亡事故的发生，避免因漏电而引起的火灾事故，具有明显的效果。

图 2-16 所示为漏电保护器的实物外形。

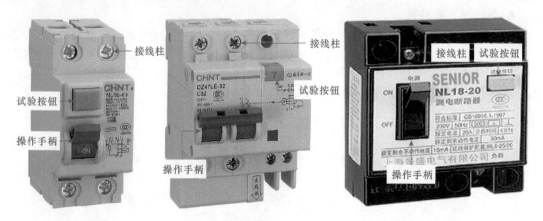

图 2-16　漏电保护器的实物外形

相关资料　漏电保护器作为一种典型的断路器，其工作原理如图 **2-17** 所示。电路中的电源线穿过漏电保护器内的检测元件（环形铁心，也称零序电流互感器），环形铁心的输出端与漏电脱扣器相连接。

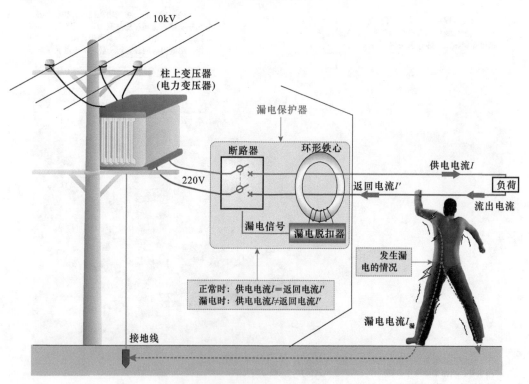

图 2-17　漏电保护器的工作原理示意图

当被保护电路工作正常，没有发生漏电或触电的情况下，通过零序电流互感器的电流相量和等于零，这样漏电检测环形铁心的输出端无输出，漏电保护器不动作，系统保持正常供电。

当被保护电路发生漏电或有人触电时，由于漏电电流的存在，使供电电流大于返回电流，通过环形铁心的两路电流相量和不再等于零，在铁心中出现了交变磁通。在交变磁通的作用下，检测元件的输出端就有感应电流产生，当达到额定值时，脱扣器驱动断路器自动跳闸，切断故障电路，从而实现保护。

## 2.3.2　高压断路器

高压断路器是工厂电工配电线路中较为重要的电气设备之一，具有可靠的灭弧装置。因此，不仅能通断正常的负荷电流，而且能接通和承担一定时间的短路电流，并能在保护装置作用下自动跳闸，切除短路故障。常见的高压断路器有油断路器、六氟化硫（SF$_6$）断路器和真空断路器。图 2-18 所示为常见的高压断路器的实物外形。

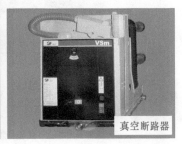

图 2-18　常见的高压断路器的实物外形

# 2.4　继电器

## 2.4.1　通用继电器

通用继电器既可实现控制功能，也可实现保护功能，常用的控制继电器有电磁继电器和固态继电器。图 2-19 所示为常见的通用继电器实物外形。

图 2-19　常见的通用继电器实物外形

### 1. 电磁继电器的功能

电磁继电器通常都是由铁心、线圈、衔铁、触点簧片等组成的，通过在线圈两端加上一定的电压，线圈中产生电流，从而产生电磁效应，衔铁就会在电磁力吸引的作用下克服返回弹簧的拉力吸向铁心，来控制触点的吸合，当线圈断电后，电磁吸力消失，衔铁会在弹簧的反作用力下返回原来的位置，使触点断开，通过该方法控制电路的导通与切断。

电磁继电器的优点在于体积小，控制电源小，在使用过程中可以通过较小的电磁线圈电流控制较大的输出功率。图 2-20 所示为电磁继电器的实物外形和内部结构。

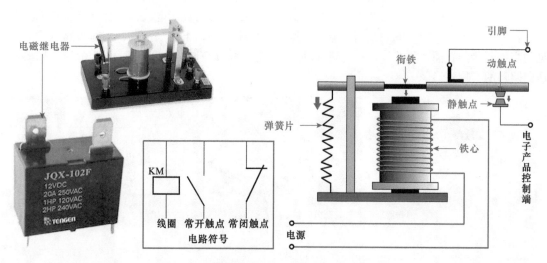

图 2-20 电磁继电器的实物外形和内部结构

### 2. 固态继电器的功能

固态继电器（Solid State Relays，缩写 SSR）是一种无触点电子开关，主要用来实现控制回路（输入电路）与负载回路（输出电路）的电隔离及信号耦合的通断切换功能。图 2-21 所示为固态继电器的实物外形。

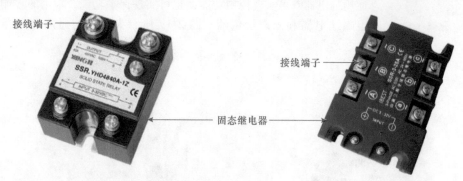

图 2-21 固态继电器的实物外形

## 2.4.2 控制继电器

控制继电器通常用来控制各种电子电路或器件，来实现线路的接通或切断的功能。常用的控制继电器有中间继电器、时间继电器、速度继电器、压力继电器等。图 2-22 所示为常见的控制继电器的实物外形。

a) 中间继电器

b) 时间继电器

c) 速度继电器

d) 压力继电器

图 2-22 常见的控制继电器的实物外形

## 1. 中间继电器的功能

中间继电器通常用来控制各种电磁线圈使信号得到放大，将一个输入信号转变成一个或多个输出信号。中间继电器的主要特点在触点系统中，没有主、辅的区别，允许通过的电流也是相等的。触点数量也较多，在控制电路中起到中间放大的作用。图 2-23 所示为中间继电器的实物外形和内部结构。

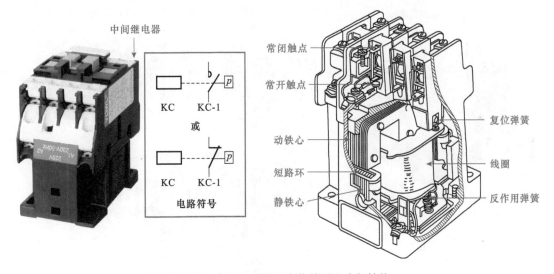

图 2-23 中间继电器的实物外形和内部结构

## 2. 时间继电器的功能

时间继电器是一种延时或周期性定时接通、切断某些控制电路的继电器，主要由瞬间触点、延时触点、弹簧片、铁心、衔铁等部分组成。当线圈通电后，衔铁利用反力弹簧的阻力与铁心吸合。推杆在推板的作用下，压缩宝塔弹簧，使瞬间触点和延时触点动作。图 2-24 所示为时间继电器的实物外形和内部结构。

## 3. 速度继电器的功能

速度继电器又称反接制动继电器，这种继电器主要与接触器配合使用，用来实现电动机的反接制动，主要由转子、定子、支架、胶木摆杆、簧片

等部分组成。图2-25所示为速度继电器的实物外形和内部结构。

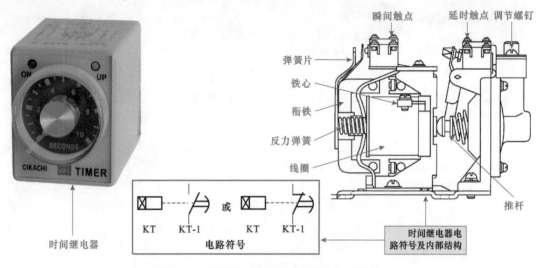

图2-24　时间继电器的实物外形和内部结构

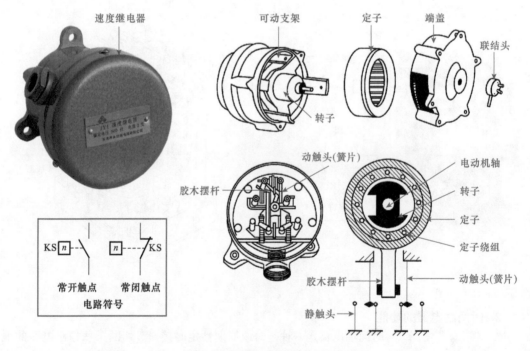

图2-25　速度继电器的实物外形和内部结构

### 4. 压力继电器的功能

　　压力继电器是将压力转换成电信号的传感器件，主要检测水、油、气体以及蒸汽的压力等，主要由微动开关、调节螺杆、压力弹簧、柱塞紧固螺钉等部分构成。图2-26所示为压力继电器的实物外形和内部结构。

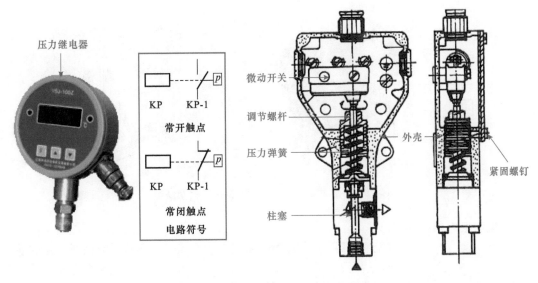

图 2-26 压力继电器的实物外形和内部结构

## 2.4.3 保护继电器

保护继电器是一种自动保护器件，可根据温度、电流或电压等的大小，来控制继电器的通断。常用的保护继电器有热继电器、电流继电器、电压继电器及温度继电器等。图 2-27 所示为保护继电器的实物外形。

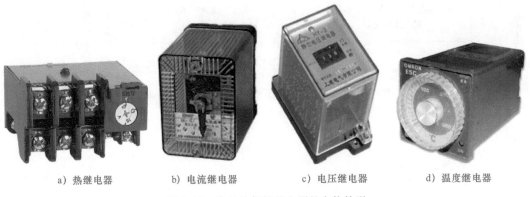

a）热继电器　　b）电流继电器　　c）电压继电器　　d）温度继电器

图 2-27 常见的保护继电器的实物外形

### 1. 热继电器的功能

热继电器是利用电流的热效应原理实现过热保护的一种继电器。它是一种电气保护元件，主要由复位按钮、热感应器件（双金属片）、触点、动作机构等部分组成。它利用电流的热效应来推动动作机构使触点闭合或断开的保护电器，主要用于电动机的过载保护、断相保护、电流不平衡保护以及其他电气设备发热状态时的控制。图 2-28 所示为热继电器的实物外形及内部结构。

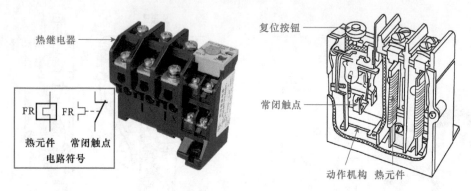

图 2-28　典型热继电器的实物外形和内部结构

## 2. 电流继电器的功能

　　电流继电器是指根据继电器线圈中电流大小而接通或断开电路的继电器。通常情况下，电流继电器分为过电流继电器、欠电流继电器以及交流通用继电器三种。图 2-29 所示为电流继电器的实物外形。

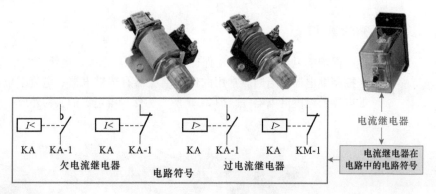

图 2-29　电流继电器的实物外形

## 3. 电压继电器的功能

　　电压继电器又称零电压继电器，是一种按电压值动作的继电器，主要用于交流电路的欠电压或零电压保护。图 2-30 所示为电压继电器的实物外形。

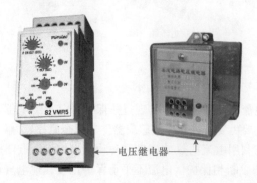

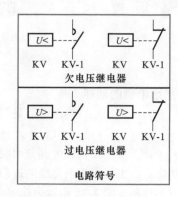

图 2-30　典型电压继电器的实物外形

#### 4. 温度继电器的功能

温度继电器是一种通过温度变化控制电路导通与切断的继电器，当温度达到温度继电器设定值时，温度继电器会断开电路，起温度控制和保护作用。图 2-31 所示为温度继电器的实物外形。

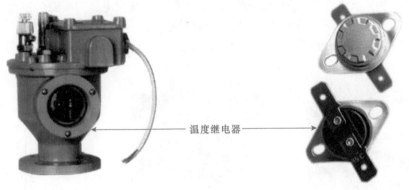

温度继电器

图 2-31　温度继电器的实物外形

## 2.5　变压器

### 2.5.1　电源变压器

电源变压器的种类很多，主要是用来改变供电电压或电流的值，常见的变压器主要有环形铁心变压器和 E 形铁心变压器，主要是由铁心、线圈、线框、固定零件和屏蔽层等构成的。图 2-32 所示为电源变压器的实物外形。

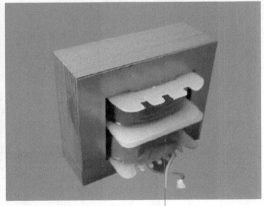

环形铁心变压器　　电源变压器具有接缝小、漏磁小、效率高、占用的空间小等特点　　E形铁心变压器

图 2-32　电源变压器的实物外形

### 2.5.2　电力变压器

电力变压器是工厂电工供配电系统中实现电能输送、电压变换，满足不同电压等级负荷要求的核心器件。它可将高压电降低，变为所需的低压电压。根据电力变压器相数的不同，可以

将电力变压器分为单相电力变压器和三相电力变压器两种。

### 1. 单相电力变压器的功能

单相电力变压器是一种一次绕组为单绕组的变压器，单相电力变压器的一次绕组和二次绕组均缠绕在铁心上，一次绕组为交流电压输入端，二次绕组为交流电压输出端。二次绕组的输出电压与线圈的匝数成正比。图2-33 所示为单相电力变压器的实物外形。

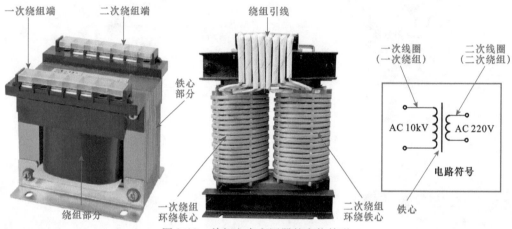

图 2-33　单相电力变压器的实物外形

单相电力变压器可将高压供电变成单相低压，供各种设备使用，例如可将交流6600V高压经单相变压器变为交流220V低压，为照明灯或其他设备供电。单相变压器有构简单、体积小、损耗低等优点，适宜在负荷较小的低压配电线路中使用。

### 2. 三相电力变压器的功能

三相电力变压器是电力设备中应用比较多的一种变压器，三相变压器实际上是由3个相同容量的单相变压器组合而成的，一次绕组（高压线圈）为三相，二次绕组（低压线圈）也为三相。三相电力变压器和单相电力变压器的内部结构基本相同，均是由铁心（器身）和绕组两部分组成。

三相电力变压器主要用于三相供电系统中的升压或降压，比较常用的就是将几千伏的高压变为380V的低压，为用电设备提供动力电源。图2-34所示为三相电力变压器的实物外形。

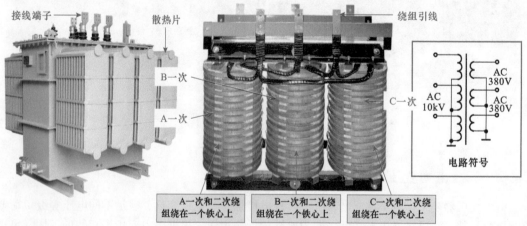

图 2-34　三相电力变压器的结构特点

# 第③章

# 电工电路的应用与识图技能

## 3.1 电工电路的特点与应用

### 3.1.1 电工接线图

图解演示

电工接线图也称为电工系统图，是一种采用图形符号、线条、文字标注等元素组成的一种电路结构，主要用来表现某个单元或整个系统的基本组成、供电方式以及连接关系的电路图，如图 3-1 所示为典型电动机点动控制电路的电工接线图。

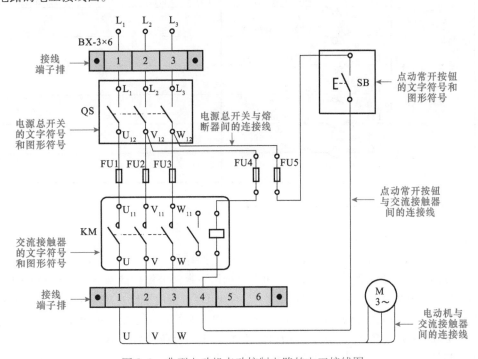

图 3-1 典型电动机点动控制电路的电工接线图

从图可看出，该电工接线图体现了电动机点动控制系统中所使用的基本电气部件以及各电气部件间的实际连接关系和接线位置，其具体功能及特点如下：

◆ 接线图中包含了整个系统中所应用到的电气部件，并通过国家统一规定的图形符号及文字进行标识；

◆ 接线图中各电气部件的连接关系即为系统中物理部件的实际连接关系；

◆ 接线图中示出了整个系统的结构、组成。

除了上述类型的电工接线图外，在一些家庭、企业供配电系统中，也常采用电工接线图的形式标识供配电系统的结构组成、连接关系、供电方式以及各电气部件的规格型号等，可帮助电工合理的选用电气部件并进行正确的连接，如图 3-2 所示为典型供配电系统的电工接线图。

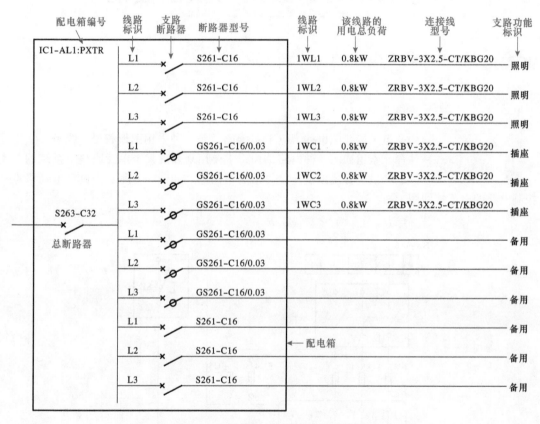

图 3-2　典型供配电系统的电工接线图

从该供配电系统的电工接线图可看出，电压经总断路器（S263－C32）分为 12 条支路，分别为照明支路、插座支路和备用支路，照明支路选用不带漏电保护的断路器（S261－C16），插座支路选用带有漏电保护的断路器（GS261－C16/0.03），备用支路选用不带漏电保护的断路器（S261－C16）和带有漏电保护的断路器（GS261－C16/0.03）。除此之外图中还标识出了连接线的型号为 ZRBV－3X2.5－CT/KBG20 以及各支路的用电总负荷均为 0.8kW。

电工接线图主要应用于电工的安装接线、线路检查、线路维修和故障处理等场合。如进行电工的安装接线时可根据电工接线图的接线方式对其安装部件进行正确的安装连接；进行故障处理时发现线路中有损坏的电气部件，可根据电工接线图中标识的电气部件的规格型号进行合理的选用，然后进行代换。

## 3.1.2　电工原理图

　　电工原理图也称为电工电路图，也是一种采用图形符号、线条、文字标注等元素组成的一种电路结构，主要用来表现某个设备或系统的基本组成、连接关系以及工作原理的电路图，图3-3所示为典型的电动机点动控制的电工原理图。

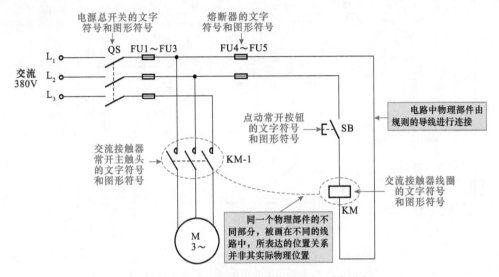

图 3-3　典型的电动机点动控制的电工原理图

　　从图可看出，电工原理图的特点是使用文字符号和图形符号来体现系统中所使用的基本电气部件，并使用规则的导线进行连接，其具体功能及特点如下：

◆ 原理图中示出了整个系统的结构、组成。

◆ 原理图中各电气部件均采用国家统一规定的图形符号及文字进行标识；

◆ 原理图中同一个电气部件的不同部分可画在不同的电路中，如交流接触器 KM 的线圈被画在控制电路中；而常开主触头则被画在主电路中；

◆ 原理图中的图形符号的位置并不代表电气部件实际的物理位置；

◆ 原理图中示出了整个系统的工作原理。

　　**除了上述类型的电工原理图外，在一些其他的电工原理图中不仅仅包含了许多电气部件，还包含了电子电路中的许多电子元器件，如图3-4所示。**

　　电工原理图主要应用于电气设备的安装接线、调试、检修等工作中，用于帮助电工了解电气控制线路的组成、电路关系以及电气设备的工作过程，使电工在电气安装接线、调试和维修中能够快速、准确地进行操作。如测试系统出现故障时，应根据电工原理图的工作过程，分析可能产生故障的大体部位，然后依次对其可能产生故障的元器件进行检测。

## 3.1.3　电工概略图

　　电工概略图也称为电工系统图或框图，是一种采用矩形、正方形、图形符号、文字符号、线条和箭头等元素概略地反映某一系统、某一设备或某一系统中的分系统的基本组成以及它们在电气性能方面所起的基本作用

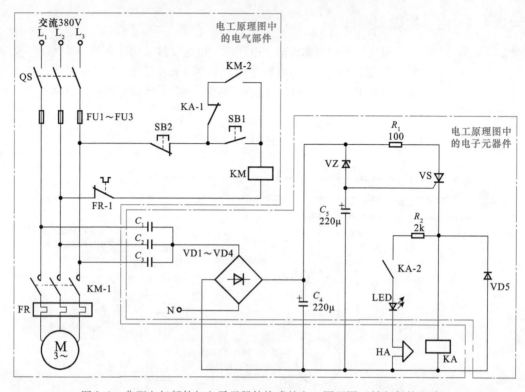

图 3-4　典型电气部件与电子元器件构成的电工原理图（缺相保护电路）

原理、顺序关系、供电方式和电能输送关系的一种电路结构，如图 3-5 所示为典型车间供配电线路的电工概略图。

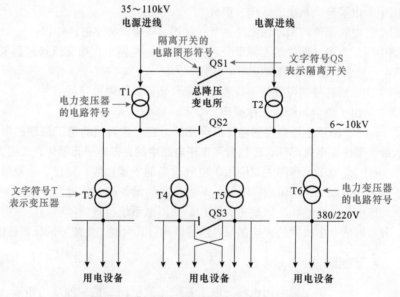

图 3-5　典型车间供配电线路的电工概略图

由于电工概略图是用于体现"组成"和"关系"的一种电路表达方式，因此很多时候其基本的组成元素也采用简单的画法，有部分导线中画有短划线，标识该部分导线的数量，如图3-6所示。

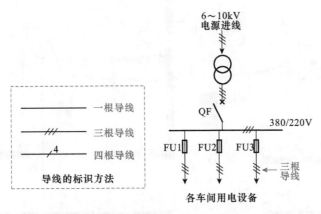

图3-6　电工概略图中导线的简单画法

从图可看出，电工概略图的特点是使用文字标识和图形符号来体现系统中所使用的基本电气部件，并使用规则的导线进行连接，通过箭头方向指示供电对象。

该类型的电路主要应用于电力系统的调试和检修等中，用于帮助电工了解电力系统的组成、电路关系以及电力系统的工作过程。

### 3.1.4　电工施工图

电工施工图是一种采用示意图及文字标识的方法反映电气部件的具体安装位置、线路的分配、走向、敷设、施工方案以及线路连接关系等的一种电路结构，主要用来表示某一系统中电气部件的安装位置、线路分配及走向等，如图3-7所示为典型室内的电工施工图。

从图可看出，电工施工图的特点是使用示意图表示电气部件的实际安装位置，使用线条表示物理部件的连接关系以及线路走向。

该类型的电路主要应用于电气设备的安装接线、敷设以及调试、检修中。可帮助电工定位标记各电气设备的安装位置、线路的走向和电源供电的分配，然后根据标记的位置进行施工操作，当需要对整体线路进行调试、检修时，也需根据电工安装及布线图上的具体安装位置、线路的走向进行施工操作。

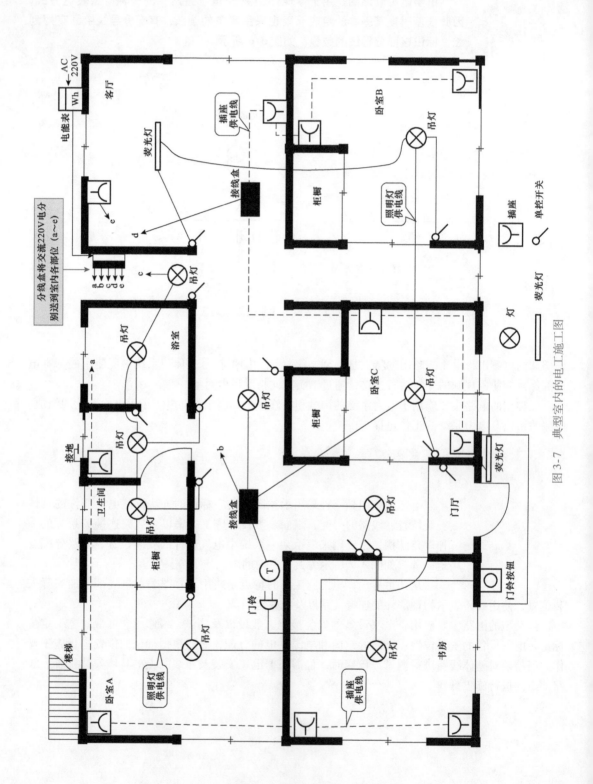

图 3-7 典型室内的电工施工图

 **3.2　电工电路的识图方法与技巧**

**3.2.1　电工电路中的电气部件**

在电工电路是由不同电气部件的连接而成的，其电气部件的种类有很多种，每一个符号都会与相应的电气部件相对应，通过识读电工电路的各个符号及功能特点，便可以对该线路的基本组成、功能和工作过程等进行识读，因此，建立电气部件与电工电路的对应关系是学习电工电路识图的第 1 步。

**1. 电气部件与电工原理图**

如图 3-8 所示为典型电动机连续控制的原理图。

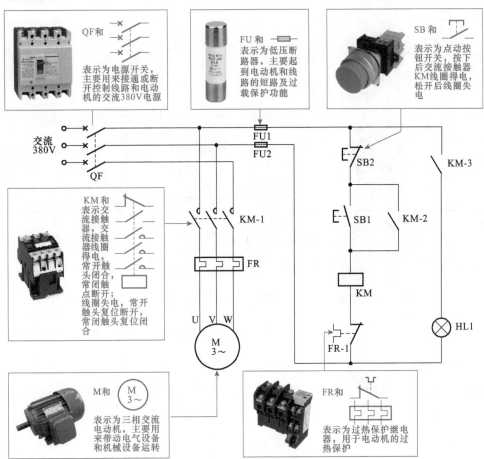

图 3-8　典型电动机连续控制的原理图

从图可看出原理图中的每一个电路符号及文字标识都会与相应的电气部件有所对应，识读出电气部件及部件的功能特点后，便可对电路的功能及工作流程有所了解，因此识读电工电路图中电气部件的电路符号和文字标识是建立电气部件与电工电路图对应的关键。表 3-1 所列为常用电气部件的电路符号及相关文字标识。

表 3-1　常用电气部件的电路符号及相关文字标识

| 电气部件类型 | 典型实物外形 | 名称和图形符号 |
| --- | --- | --- |
| 电源开关 | 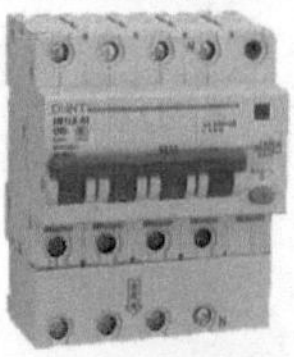 | 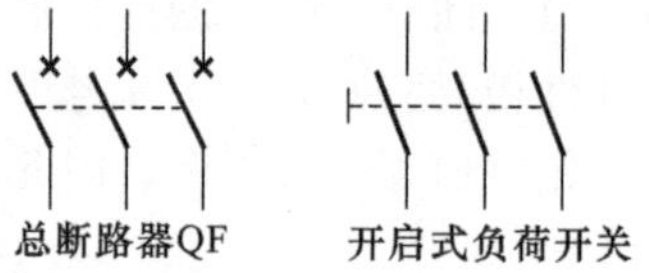 总断路器QF　开启式负荷开关 |
| 按钮 |  | 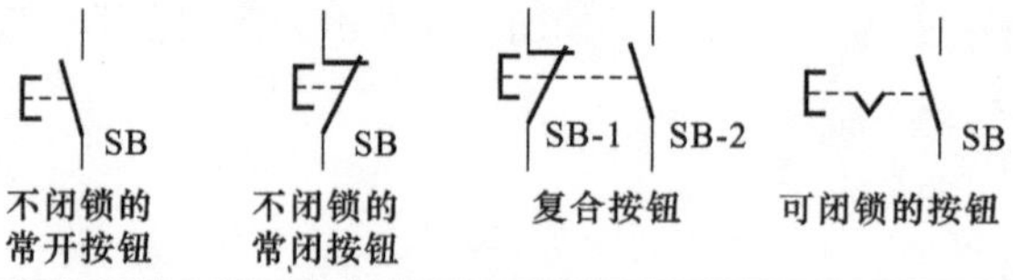 不闭锁的常开按钮　不闭锁的常闭按钮　复合按钮 SB-1 SB-2　可闭锁的按钮 SB |
| 限位开关 |  | 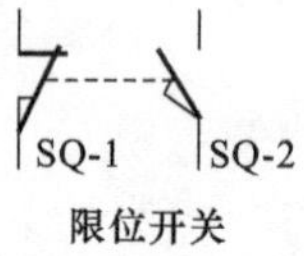 SQ-1　SQ-2　限位开关 |
| 转换开关 |  | 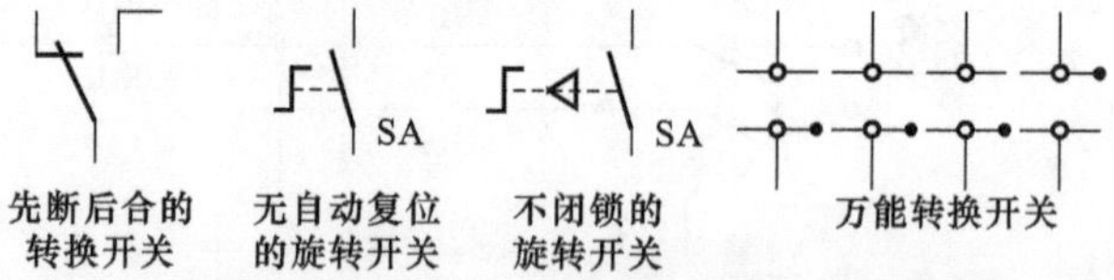 先断后合的转换开关　无自动复位的旋转开关 SA　不闭锁的旋转开关 SA　万能转换开关 |
| 交流接触器 | 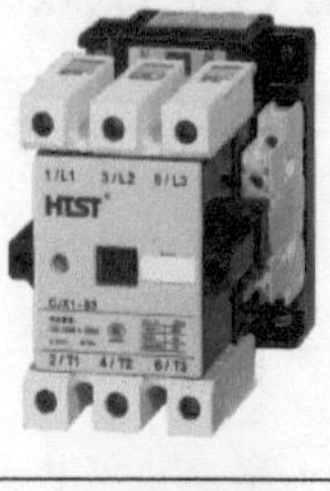 | 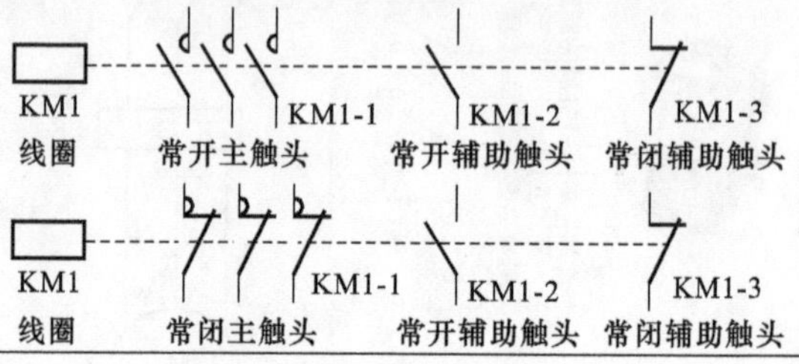 KM1 线圈　常开主触头 KM1-1　常开辅助触头 KM1-2　常闭辅助触头 KM1-3<br>KM1 线圈　常闭主触头 KM1-1　常开辅助触头 KM1-2　常闭辅助触头 KM1-3 |
| 直流接触器 |  | 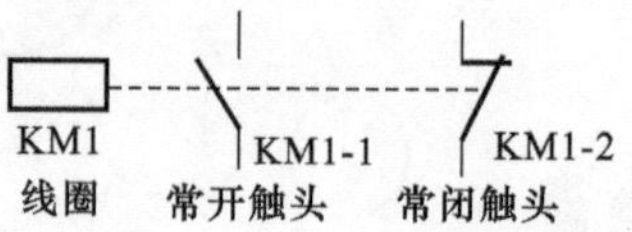 KM1 线圈　常开触头 KM1-1　常闭触头 KM1-2 |
| 中间继电器 | 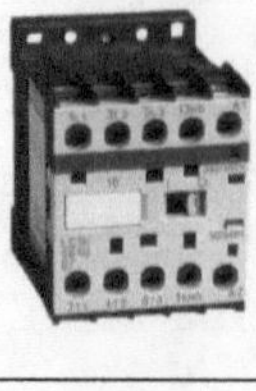 | 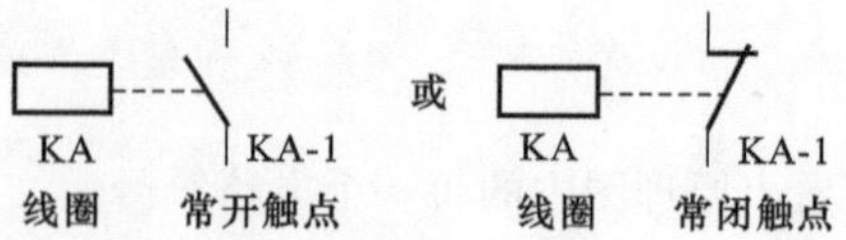 KA 线圈　常开触点 KA-1　或　KA 线圈　常闭触点 KA-1 |

（续）

| 电气部件类型 | 典型实物外形 | 名称和图形符号 |
|---|---|---|
| 时间继电器 | | KT1 通电延时线圈　　KT1-1 延时闭合的常开触点　　KT1-2 延时断开的常闭触点　　KT1-1 延时断开的常开触点　　KT1-2 延时闭合的常闭触点 |
| 过热保护继电器 | | FR-1 热元件　FR 常闭触点　或　FR-1 热元件　FR 常闭触点 |
| 过电流继电器 | | $I>$ KA　KA-1 常开触点　或　$I>$ KA　KA-1 常闭触点 |
| 欠电流继电器 | | $I<$ KA　KA-1 常开触点　或　$I<$ KA　KA-1 常闭触点 |
| 过电压继电器 | | $U>$ KV　KV-1 常开触点　或　$U>$ KV　KV-1 常闭触点 |
| 欠电压继电器 | | $U<$ KV　KV-1 常开触点　或　$U<$ KV　KV-1 常闭触点 |
| 速度继电器 | | $n$ KS-1 常开触点　或　$n$ KS-1 常闭触点 |
| 压力继电器 | | $p$ KP-1 常开触点　或　$p$ KP-2 常闭触点 |

## 2. 电气部件与电工概略图

如图 3-9 所示为典型高压供配电的电工概略图。

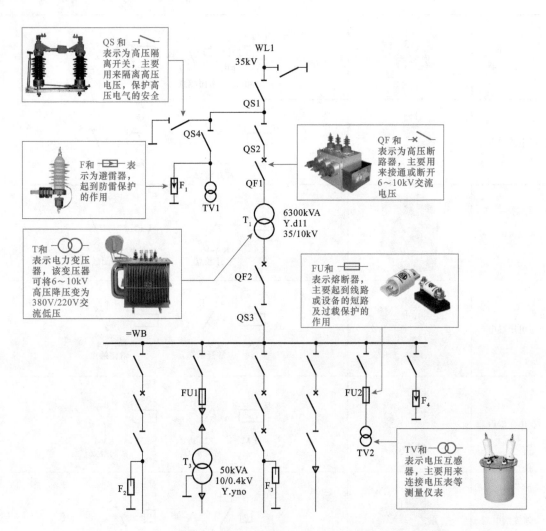

图 3-9　典型高压供配电的电工概略图

从图可看出，高压供配电系统中多为供配电器件，每一个供配电器件在概略图中都是通过图形符号和文字进行标识的，通过识读各个符号及文字标识，便可以了解该供配电线路的供电方式以及配电关系等，因此识读电工概略图中电气部件的电路符号和文字标识是建立电气部件与电工概略图对应的关键。表 3-2 所列为常用电气部件的电路符号及相关文字标识。

表3-2　常用电气部件的电路符号及相关文字标识

| 电气部件类型 | 典型实物外形 | 名称和图形符号 | 电气部件类型 | 典型实物外形 | 名称和图形符号 |
|---|---|---|---|---|---|
| 高压断路器 | | FU　QF<br>熔断器式开关　高压断路器<br>（跌落式熔断器） | 高压熔断器 | | FU<br>普通高压熔断器 |
| 高压隔离开关 | | QS<br>高压隔离开关　熔断器式隔离开关 | 高压负荷隔离开关 | | QL<br>高压负荷隔离开关　高压熔断器式负荷隔离开关 |
| 电流互感器 | | TA 或<br>电流互感器 | 电压互感器 | | TV 或<br>电压互感器 |
| 电力变压器 | | T<br>电力变压器 | 避雷器 | | F<br>避雷器 |
| 电抗器 | | L<br>电抗器 | 电力电容器 | | C<br>电力电容器 |
| 发电站和变电所 | —— | 发电站<br>规划的　运行的<br>水力发电站　火力发电站<br>规划的　运行的　规划的　运行的 | 变电所/配电所 | —— | 变电所、配电所<br>规划的　运行的 |

## 3.2.2　电工电路图的识读方法

学习电工电路的识图是进入电工领域最基本的环节。识图前，需要首先了解电工电路识图的一些基本要求和原则，在此基础上掌握好识图的基本方法和步骤，可有效提高识图的技能水平和准确性。

**1. 识读电工电路图的基本方法**

（1）结合电路图形符号、文字标识等进行识图

电工电路主要是利用各种电气图形符号和文字标识来表示其结构和工作原理的，因此掌握电工电路图中常用的图形符号和文字标识是学习识读电工电路图最基础的技能要求，如图 3-10 所示为电动机点动、连续控制电路原理图，结合该电工原理图中的图形符号和文字标识等，可快速对电路中包含电气部件进行了解和确定。

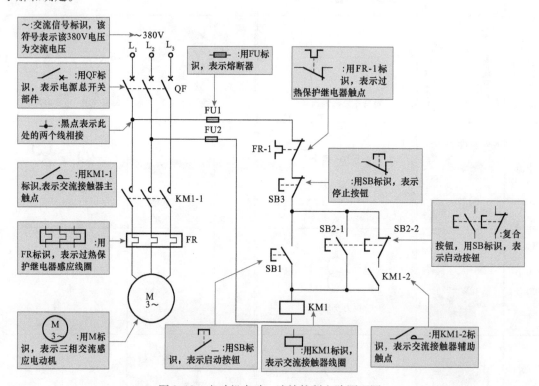

图 3-10　电动机点动、连续控制电路原理图

（2）结合电工电路结构进行识图

了解各符号所代表电气部件的含义后，还可根据电气部件自身特点和功能对电路进行模块划分，如图 3-11 所示，特别是对于一些较复杂的电工电路，通过对电路进行模块划分，可十分明确了解电路的结构。

（3）结合电工、电子技术的基础知识进行识图

在电工领域中，如变配电、照明、电子电路、仪器仪表和家电产品等，所有电路方面的知识基本都是建立在电工、电子技术基础之上的，所以要想看懂电工电路图，必须具备一定的电工、电子技术方面的知识。

各种电工电路图基本都是由各种电气部件、电子元器件和配线等组成的，只有了解各种电气部件或元器件的结构、工作原理、性能以及相互之间的控制关系，才能帮助电工技术人员尽快地读懂电路图，如图 3-12 所示。

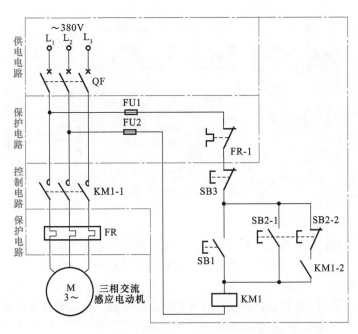

图 3-11　对电工电路根据电路功能进行模块划分

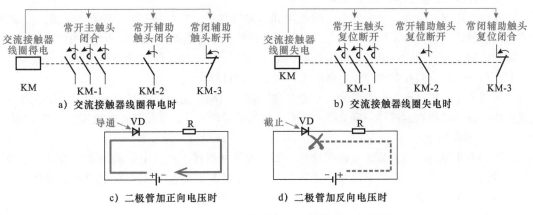

a) 交流接触器线圈得电时　　　　　b) 交流接触器线圈失电时

c) 二极管加正向电压时　　　　d) 二极管加反向电压时

图 3-12　了解电气部件或电子元器件的工作过程

（4）结合典型电工电路进行识图

各类电工电路的典型电路是指该类电工电路图中最常见、最常用的基本电路，这种电路既可以单独使用，也可以应用于其他电路中作为功能模块扩展后使用，例如电力拖动电路中，最常见的、最基本的即为一只按钮来控制电动机的起停，如图 3-13 所示。

了解了该电路后，在此基础上加入联锁按钮、时间继电器、交流接触器等电气部件便构成了另外一些常见的电动机连锁控制电路、正反转控制电路等，而再在此基础上将几种电路组合，便可构成另外几种控制电路，如此也可以了解到，一些复杂的电路实际上就是几种典型电路的组合，因此熟练掌握各种典型电路，在学习识读时有利于快速地理清主次和电路关系，那么对于较复杂电工电路图的识读也变得轻松和简单多了。

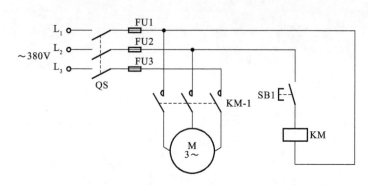

图 3-13　典型电动机点动控制电路

（5）对照学习识读电工电路图

作为初学者，我们很难直接对一张没有任何文字解说的电路图进行识读，因此可以先参照一些技术资料或书刊、杂志等找到一些与我们所要识读电路图相近或相似的图样，先根据这些带有详细解说的图样，跟随解说一步步的分析和理解该电路图的含义和原理，然后再对照我们手头的图样，进行分析、比较，找到不同点和相同点，把相同点的地方弄清楚，再针对性的突破不同点，或再参照其他与该不同点相似的图样，最后把遗留问题一一解决之后，便完成了对该图的识读。

**2. 识读电工电路图的基本步骤**

看电工电路，首先需要区分电路的类型和用途或功能，在对其有一个整体的认识后，通过熟悉的各种电气部件的图形符号建立对应关系，然后再结合电路特点寻找该电路中的工作条件、控制部件等，结合相应的电工、电子电路，电子元器件、电气元件功能和原理知识，理清信号流程，最终掌握电路控制机理或电路功能，完成识图过程。

简单来说，识读电工电路可分为 6 个步骤，即：明确用途→建立对应关系，划分电路→寻找工作条件→寻找控制部件→确立控制关系→理清信号流程，最终掌握控制机理和电路功能。

（1）明确用途

明确电工电路的用途是指导识图的总纲领，即先从整体上把握电路的用途，明确电路最终实现的结果，以此作为指导识读总体思路。例如，在图 3-13 中，根据电路中的元素信息可以看到该图为一种电动机的点动控制电路，以此抓住其中的"点动"、"控制"、"电动机"等关键信息，作为识图时的重要信息。

（2）建立对应关系，划分电路

根据电路中的文字符号和图形符号标识，将这些简单的符号信息与实际电气部件建立起一一的对应关系，进一步明确电路中所表达的含义，对读通电路关系十分重要，如图 3-14 所示。

电源总开关：用字母"QS"标识，在电路中用于接通三相电源。

熔断器：用字母"FU"标识，在电路中用于过载、短路保护。

交流接触器：用字母"KM"标识，通过线圈的得电，触头动作，接通电动机的三相电源，起动电动机工作。

起动按钮（点动常开按钮）：用字母"SB"标识，用于电动机的起动控制。

三相交流电动机：简称电动机，用字母 M 标识，在电路中通过控制部件控制，接通电源起动运转，为不同的机械设备提供动力。

（3）寻找工作条件

当建立好电路中各种符号与实物的对应关系后，接下来则可通过所了解部件的功能寻找电路中的工作条件，工作条件具备时，电路中的电气部件才可进入工作状态，如图3-15所示。

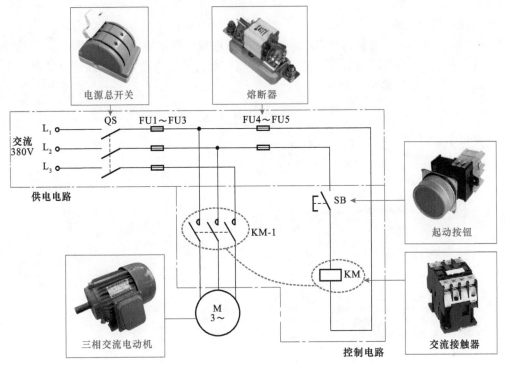

图3-14　建立电工电路中符号与实物的对应关系

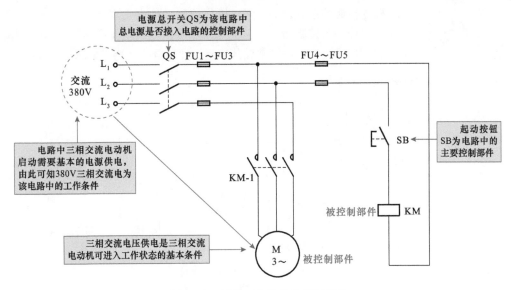

图3-15　寻找工作条件和控制部件

（4）寻找控制部件

控制部件通常也称为操作部件，电工电路中就是通过操作该类可操作的部件来对电路进行控制的，它是电路中的关键部件，也是控制电路中是否将工作条件接入电路中，或控制电路中的被控部件执行所需要动作的核心部件。识图时准确找到控制部件是识读过程中的关键，如图3-15所示。

（5）确立控制关系

找到控制部件后，接下来根据线路连接情况，确立控制部件与被控制部件之间的控制关系，并将该控制关系作为理清该电路信号流程的主线，如图3-16所示。

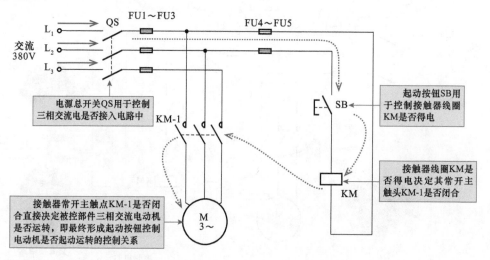

图3-16　确立电工电路中的控制关系

（6）理清供电及控制信号流程

确立控制关系后，接着则可操作控制部件来实现其控制功能，并同时弄清每操作一个控制部件后，被控部件所执行的动作或结果，从而理清整个电路的信号流程，最终掌握其控制机理和电路功能，如图3-17所示。

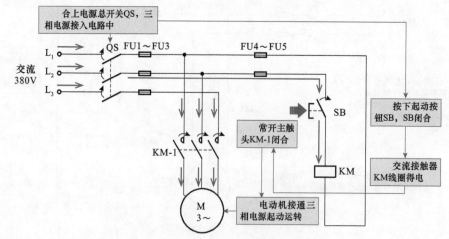

图3-17　理清电工电路的信号流程

合上电源总开关 QS，接通三相电源。按下起动按钮 SB，SB 内的常开触头闭合，电路接通，交流接触器 KM 线圈得电，常开主触头 KM−1 闭合，三相交流电动机接通三相电源起动运转。

### 3. 电工电路图的识读案例

结合上述总结和分析，我们以典型电动机电阻器减压起动控制电路为例进行识图练习。

（1）电动机的减压起动识读过程

如图 3-18 所示为电动机的减压起动过程。

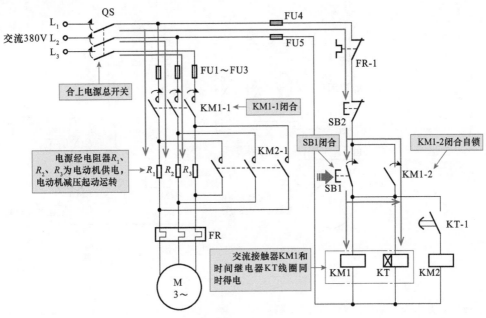

图 3-18　电动机的减压起动过程

合上电源总开关 QS，接通三相电源。

按下起动按钮 SB1。

交流接触器 KM1 和时间继电器 KT 线圈同时得电。

时间继电器 KT 用于三相交流电动机的减压起动与全电压起动的时间间隔控制，即控制三相交流电动机减压起动后延时一端时间后进行全电压起动。

交流接触器 KM1 线圈得电，常开辅助触头 KM1−2 闭合实现自锁功能。

常开主触头 KM1−1 闭合，电源经电阻器 $R_1$、$R_2$、$R_3$ 为三相交流电动机供电，三相交流电动机减压起动运转。

（2）电动机的全电压起动识读过程

如图 3-19 所示为三相交流电动机的全电压起动过程。

当时间继电器 KT 达到预定的延时时间后，其常开触点 KT−1 延时闭合。

交流接触器 KM2 线圈得电，常开主触点 KM2−1 闭合，短接电阻器 $R_1$、$R_2$、$R_3$，三相交流电动机在全电压状态下开始运行。

（3）电动机的停机过程

当需要三相交流电动机停机时，按下停止按钮 SB2。

交流接触器 KM1、KM2 和时间继电器 KT 线圈均失电，触点全部复位。

常开主触点 KM1－1、KM2－1 复位断开，切断三相交流电动机供电电源，三相交流电动机停止运转。

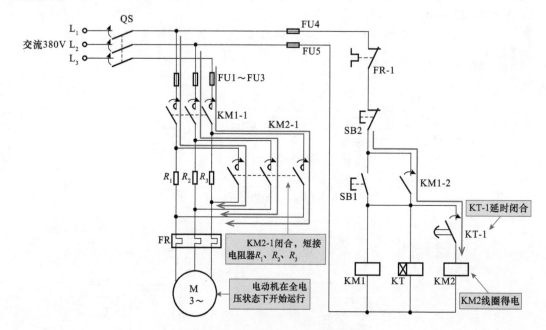

图 3-19　电动机的全电压起动过程

# 第④章

# 电气部件的检测技能

## 4.1 接触器的检测技能

### 4.1.1 交流接触器的检测

交流接触器位于热过载继电器的上一级，用来接通或断开用电设备的供电线路。该接触器的主触头连接用电设备，线圈连接控制开关，若该接触器损坏，应对其触头和线圈的阻值进行检测。图4-1所示为典型电动机控制接线图。

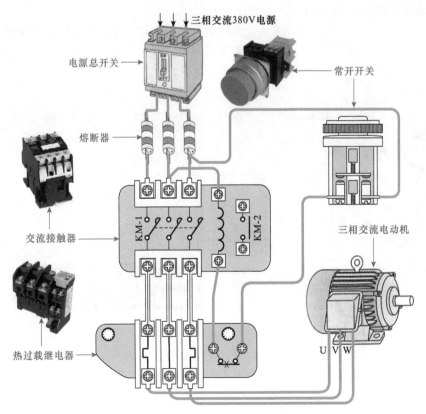

三相交流380V电源

电源总开关

常开开关

熔断器

交流接触器

三相交流电动机

KM-1    KM-2

热过载继电器

U V W

图4-1　典型电动机控制接线图

在检测之前，先根据接触器外壳上的标识，对接触器的接线端子进行识别。根据标识可知，接线端子1、2为相线 $L_1$ 的接线端，接线端子3、4为相线 $L_2$ 的接线端，接线端子5、6为相线 $L_3$ 的接线端，接线端子13、14为辅助触头的接线端，A1、A2为线圈的接线端。图4-2所示为引脚识别。

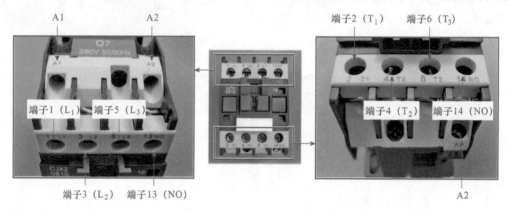

图4-2 引脚识别

为了使检修结果准确，可将交流接触器从控制线路中拆下，然后根据标识判断好接线端子的分组后，将万用表调至"R×100"欧姆档，对接触器线圈的阻值进行检测。将红、黑表笔搭在与线圈连接的接线端子上，正常情况下，测得阻值为1400Ω。若测得阻值为无穷大或测得阻值为0，说明该接触器已损坏。

图4-3所示为检测线圈阻值的操作演示。根据接触器标识可知，该接触器的主触头和辅助触头都为常开触头，将红、黑表笔搭在任意触点的接线端子上，测得的阻值都为无穷大。

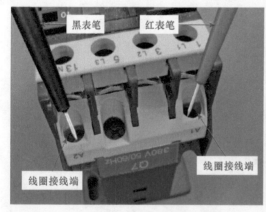

图4-3 检测线圈的阻值

图4-4所示为检测触头阻值的操作演示。当用手按下测试杆时，触头便闭合，红黑表笔位置不动，测量阻值变为0。

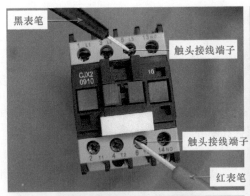

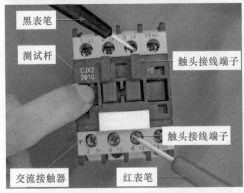

图 4-4　检测触头的阻值

　　若检测结果正常，但接触器依然存在故障，则应对交流接触器的连接线缆进行检查，对不良的线缆进行更换。

## 4.1.2　直流接触器的检测

　　直流接触器受直流电的控制，它的检测方法与交流接触器相同，也是对线圈和触头的阻值进行检测。

　　图 4-5 所示为检测直流接触器的触头。正常情况下，触头间的阻值应为无穷大；触头闭合时，阻值为 0，断开时，阻值为无穷大。

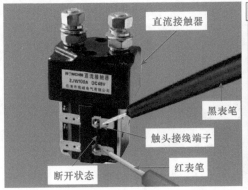

图 4-5　检测直流接触器的触头

## 4.2 开关的检测技能

### 4.2.1 常开开关的检测

常开开关位于接触器线圈和供电电源之间，用来控制接触器线圈的得电，从而控制用电设备的工作。若该常开开关损坏，应对其触头的闭合和断开阻值进行检测。

图4-6所示为检测直流接触器的触头。将万用表调至"×1"欧姆档，对触头的阻值进行检测，将红、黑表笔分别搭在触头接线柱上，正常情况下，测得阻值应为无穷大。

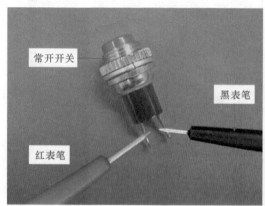 

图4-6　检测触头的阻值

按下开关后，红黑表笔位置保持不变，测得阻值应变为0。若测得阻值偏差很大，说明常开开关已损坏。图4-7所示为按下开关检测直流接触器触头的操作演示。

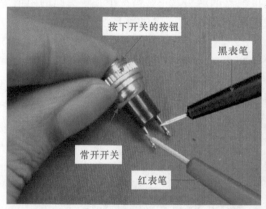 

图4-7　按下开关检测直流接触器的触头

## 4.2.2 复合开关的检测

在未操作前，复合开关内部的常闭静触头处于闭合状态，常开静触头处于断开状态。在操作时，复合式开关内部的常闭静触头断开，常开静触头闭合。

根据此特性，使用万用表分别对复合式开关进行检测。检测时将万用表调至"×1k"欧姆档，将两表笔分别搭在两个常闭静触头上，测得的阻值趋于零。

图4-8所示复合按动式开关的常闭触头阻值的检测演示。

图4-8 复合按动式开关的常闭触头阻值的检测

接着用同样的方法检测两个常开静触头之间的阻值，测得的阻值趋于无穷大。图4-9所示为复合按动式开关的常开触头阻值的检测演示。

图4-9 复合按动式开关的常开触头阻值的检测

然后用手按下开关，此时再对复合开关的两组触头进行检测。将红、黑表笔分别搭在常闭触头上，由于常闭触头断开，其阻值变为无穷大。图4-10所示为按下开关时复合按动式开关的常闭触头阻值的检测演示。

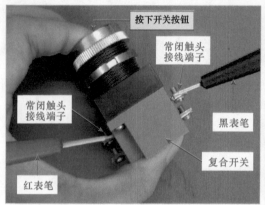

图 4-10　按下开关时复合按动式开关的常闭触头阻值的检测

接下来，将红、黑表笔分别搭在常开触头上，而常闭触头闭合，其阻值变为 0。图 4-11 所示为按下开关时复合按动式开关的常开触头阻值的检测演示。

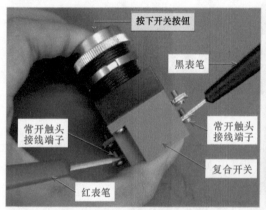

图 4-11　按下开关时复合按动式开关的常开触头阻值的检测

若检测结果不正常，说明该复合开关已损坏，可将复合开关拆开，检查内部的部件是否有损坏，若部件有维修的可能，将损坏的部件代换即可；若损坏比较严重，则需要将复合开关直接更换。如图 4-12 所示，为复合开关的内部部件。

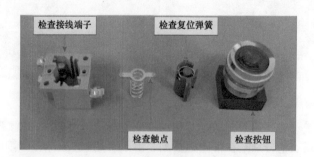

图 4-12　复合开关的内部部件

## 4.3　继电器的检测技能

### 4.3.1　电磁继电器的检测

安装于电路板上的电磁继电器需要先对引脚进行识别，然后再进行检测。有的印制电路板上标识有电路符号，线圈的符号为"—⌇⌇⌇—"，触点的符号为"——╱——"。图4-13所示为电磁继电器引脚识别。

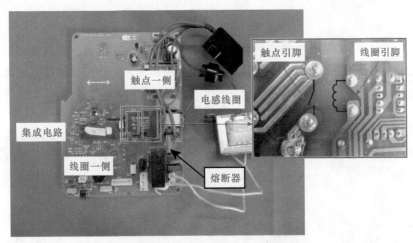

图4-13　电磁继电器引脚识别

图4-14所示为检测线圈阻值的操作演示。将万用表调至"×10"欧姆档，对线圈的阻值进行检测，将红、黑表笔搭在线圈的引脚上，测得阻值为1300Ω。若测得阻值为0或无穷大，说明电磁继电器已损坏。

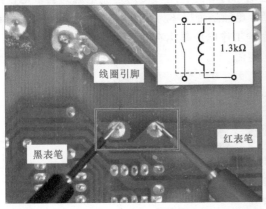

图4-14　检测线圈的阻值

接下来对电磁继电器的触点进行检测，将万用表调至"×1"欧姆档，对触点的阻值进行检测。如图4-15所示，将红、黑表笔搭在触点的引脚上，在断开状态下，阻值应为无穷大。当为线圈提供电流后，触点闭合，测得的阻值应为0。

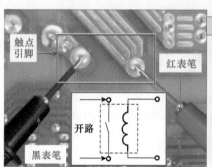

图 4-15　检测触点的阻值

对于外壳透明的电磁继电器，检测线圈正常后，可直接观察内部的触点等部件是否损坏，根据情况进行维修或更换。而对于封闭式电磁继电器，则需要检测线圈和触点的阻值，若发现继电器损坏需要进行整体更换。如图 4-16所示，为外壳透明的电磁继电器的检测。

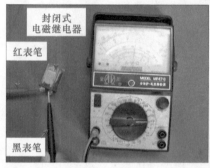

图 4-16　可拆卸式电磁继电器的检测

除了通过检测判断电磁继电器好坏外，还可使用直流电源为其供电，直接观察其触点是否动作来判断继电器是否损坏。如图 4-17 所示为通电检测电磁继电器的方法。继电器线圈的工作电压都标在铭牌上（如 12V、24V 等），为继电器线圈加电压检测时，必须符合线圈的额定值。

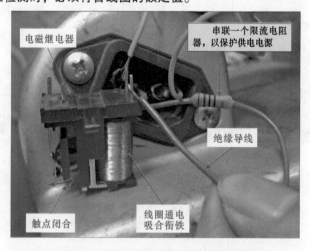

图 4-17　通电检测电磁继电器的方法

### 4.3.2 时间继电器的检测

时间继电器通常有多个引脚，如图4-18所示为时间继电器外壳上的引脚连接图。从图中可以看出，在未工作状态下，①脚和④脚、⑤脚和⑧脚为接通状态。此外，②脚和⑦脚为控制电压的输入端，②脚为负极，⑦脚为正极。

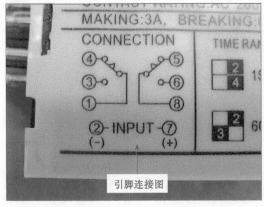

图4-18 识别引脚功能

图4-19为检测时间继电器引脚间阻值的操作演示。将万用表调至"×1"欧姆档，进行零欧姆校正后，将红、黑表笔任意搭在时间继电器的①和④脚上。万用表测得两引脚间阻值为0，然后将红、黑表笔任意搭在⑤和⑧脚上，测得两引脚间阻值也为0。

图4-19 检测引脚间阻值

在未通电状态下，①和④脚、⑤和⑧脚是闭合状态，而在通电动作后，延迟一定的时间后①和③脚、⑥和⑧脚是闭合状态。闭合引脚间阻值应为零，而未接通引脚间阻值应为无穷大。

若确定时间继电器损坏，可将其拆开后，分别对内部的控制电路和机械部分进行检查，若控制电路中有元器件损坏，将损坏元器件更换即可；若机械部分损坏，可更换内部损坏的部件或直接将机械部分更换。如图4-20所示，为检查时间继电器的内部。

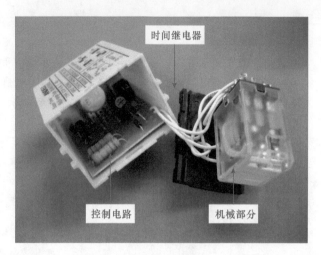

图 4-20　检查时间继电器的内部

### 4.3.3　热过载继电器的检测

　　如图 4-21 为热过载继电器的引脚识别方法。热过载继电器上有三组相线接线端子，即 L1 和 T1、L2 和 T2、L3 和 T3，其中 L 一侧为输入端，T 一侧为输出端。接线端子 95、96 为常闭触点接线端，97、98 为常开触点。

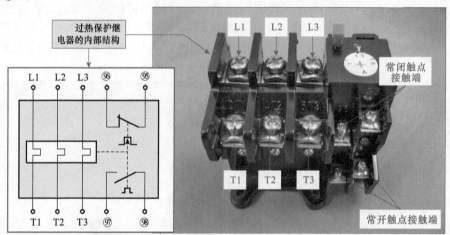

图 4-21　识别引脚功能

　　将万用表调至"×1"欧姆档，进行零欧姆校正后，将红、黑表笔搭在热过载继电器的 95、96 端子上，测得常闭触点的阻值为 0Ω。图 4-22 所示为检测常闭触点阻值的操作演示。

　　然后将红、黑表笔搭在 97、98 端子上，测得常开触点的阻值为无穷大。图 4-23 所示为检测常开触点阻值的操作演示。

　　用手拨动测试杆，模拟过载环境，将红、黑表笔搭在热过载继电器的 95、96 端子上，此时测得的阻值为无穷大。图 4-24 所示为拨动测试杆检测常闭触点阻值的操作演示。

图 4-22　检测常闭触点的阻值

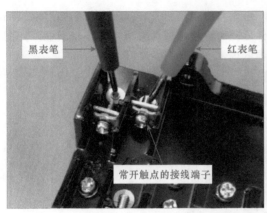

图 4-23　检测常开触点的阻值

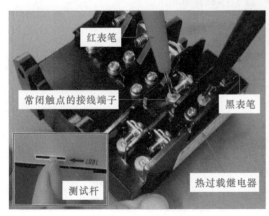

图 4-24　拨动测试杆检测常闭触点的阻值

　　继续用手拨动测试杆，模拟过载环境，然后将红、黑表笔搭在 97、98 端子上，测得的阻值为 0。图 4-25 所示为拨动测试杆检测常开触点阻值的操作演示。

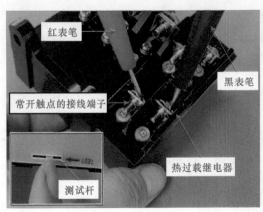

图 4-25　拨动测试杆检测常开触点的阻值

若确定热过载继电器损坏，可先将继电器拆开，对其内部的触点以及热元件等进行检查，发现损坏部件后，可更换该部件或直接更换继电器。如图 **4-26** 所示，为检查热过载继电器的内部。

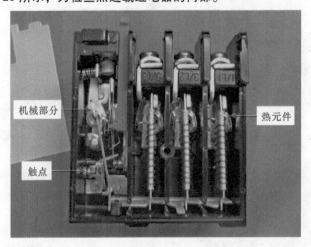

图 4-26　检查热过载继电器的内部

## 4.4　变压器的检测技能

### 4.4.1　电力变压器的检测

电力变压器的体积一般较大，且附件较多，在对电力变压器进行检测时，可以通过检测其绝缘电阻值、绕组间电阻值以及油箱、储油柜等，判断电力变压器的好坏。

**1. 电力变压器绝缘电阻值的检测**

使用绝缘电阻表测量电力变压器的绝缘电阻是检测设备绝缘状态最基本的方法。这种测量手段能有效地发现设备受潮、部件局部脏污、绝缘击穿、瓷件破裂、引线接外壳以及老化等问题。

如图4-27所示，对电力变压器绝缘电阻的测量主要分低压绕组对外壳的绝缘电阻测量、高压绕组对外壳的绝缘电阻测量和高压绕组对低压绕组的绝缘电阻测量。以低压绕组对外壳的绝缘电阻测量为例。将高、低压侧的绕组桩头用短接线连接。接好绝缘电阻表，按120r/min的速度顺时针摇动绝缘电阻表的摇杆，读取15s和1min时的绝缘电阻值。将实测数据与标准值进行比对，即可完成测量。

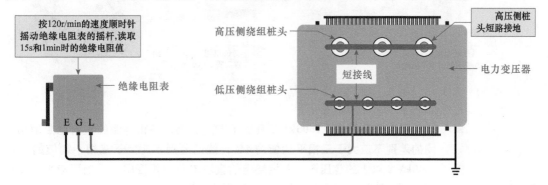

图4-27　低压绕组对外壳的绝缘电阻测量

高压绕组对外壳的绝缘电阻测量则是将"线路"端子接电力变压器高压侧绕组桩头，"接地"端子与电力变压器接地连接即可。

若检测高压绕组对低压绕组的绝缘电阻时，将"线路"端子接电力变压器高压侧绕组桩头，"接地"端子接低压侧绕组桩头，并将"屏蔽"端子接电力变压器外壳。

使用绝缘电阻表测量电力变压器绝缘电阻前，要断开电源，并拆除或断开设备外接的连接线缆，使用绝缘棒等工具对电力变压器充分放电（约5min为宜）。

接线测量时，要确保测试线的接线必须准确无误，且测试连接线要使用单股线分开独立连接，不得使用双股绝缘线或绞线。

在测量完毕，断开绝缘电阻表时要先将"电路"端测试引线与测试桩头分开后，再降低绝缘电阻表摇速，否则会烧坏绝缘电阻表。测量完毕，在对电力变压器测试桩头充分放电后，方可允许拆线。

另外，使用绝缘电阻表检测电力变压器的绝缘电阻时，要根据电气设备及回路的电压等级选择相应规格的绝缘电阻表。表4-1所列为电气设备及回路的电压等级与绝缘电阻表规定的对应关系。

表4-1　电气设备及回路的电压等级与绝缘电阻表规定的对应关系

| 电气设备或回路级别 | 100V以下 | 100~500V | 500~3000V | 3000~10000V | 10000V及以上 |
|---|---|---|---|---|---|
| 绝缘电阻表规格 | 250V/50MΩ及以上绝缘电阻表 | 500V/100MΩ及以上绝缘电阻表 | 1000V/2000MΩ及以上绝缘电阻表 | 2500V/10000MΩ及以上绝缘电阻表 | 5000V/10000MΩ及以上绝缘电阻表 |

## 2. 电力变压器绕组直流电阻值的检测

电力变压器绕组直流电阻值的测量主要是用来检查电力变压器绕组接头的焊接质量是否良好、绕组层匝间有无短路、分接开关各个位置接触是否良好以及绕组或引出线有无折断等情况。通常，在对中、小型电力变压

器进行测量时，多采用直流电桥法测量。图4-28所示为测量电力变压器绕组直流电阻的电桥。

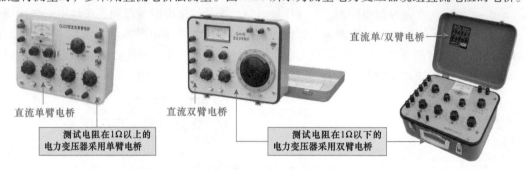

直流单臂电桥

测试电阻在1Ω以上的
电力变压器采用单臂电桥

直流双臂电桥

直流单/双臂电桥

测试电阻在1Ω以下的
电力变压器采用双臂电桥

图4-28　测量电力变压器绕组直流电阻的电桥

根据规范要求：**1600kVA及以下的变压器，各相绕组的直流电阻值相互间的差别不应大于三相平均值的4%，线间差别不应大于三相平均值的2%；1600kVA以上的变压器，各相绕组的直流电阻值相互间的差别不应大于三相平均值的2%，且当次测量值与上次测量值相比较，其变化率不应大于2%**。

在测量前，将待测电力变压器的绕组与接地装置连接，进行放电操作。放电完成后拆除一切连接线。连接好电桥对电力变压器各相绕组（线圈）的直流电阻值进行测量。

以直流双臂电桥测量为例，检查电桥性能并进行调零校正后，使用连接线将电桥与被测电阻连接。估计被测绕组的电阻值，将电桥倍率旋钮置于适当位置，检流计灵敏度旋钮调至最低位置，将非被测绕组短路接地。

图4-29为使用直流双臂电桥测试电力变压器绕组直流电阻的方法。先打开电源开关按钮（B）充电，充足电后按下检流计开关按钮（G），迅速调节测量臂，使检流计指针向检流计刻度中间的零位线方向移动，增大灵敏度微调，待指针平稳停在零位上时记录被测绕组电阻值（被测绕组电阻值 = 倍率数 × 测量臂电阻值）。

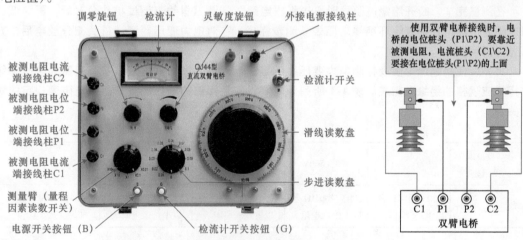

调零旋钮　　检流计　　灵敏度旋钮　　外接电源接线柱

被测电阻电流
端接线柱C2

被测电阻电位
端接线柱P2

被测电阻电位
端接线柱P1

被测电阻电流
端接线柱C1

测量臂（量程
因素读数开关）

电源开关按钮（B）

QJ44型
直流双臂电桥

检流计开关

滑线读数盘

步进读数盘

检流计开关按钮（G）

使用双臂电桥接线时，电桥的电位桩头（P1\P2）要靠近被测电阻，电流桩头（C1\C2）要接在电位桩头(P1\P2)的上面

C1　P1　P2　C2

双臂电桥

图4-29　使用直流双臂电桥测试电力变压器绕组直流电阻的方法

测量完毕，为防止在测量具有电感的直流电阻时其自感电动势损坏检流计，应先按检流计开关按钮（G），再放开电源开关按钮（B）。

由于测量精度及接线方式的误差，测出的三相电阻值也不相同，可使用误差公式进行判别：

$$\Delta R\% = \left[ R_{max} - R_{min}/R_P \right] \times 100\%$$
$$R_P = (R_{ab} + R_{bc} + R_{ac})/3$$

式中　$\Delta R\%$——误差百分数；

　　　$R_{max}$——实测中的最大值（$\Omega$）；

　　　$R_{min}$——实测中的最小值（$\Omega$）；

　　　$R_P$——三相中实测的平均值（$\Omega$）。

在进行当次测量值与前次测量值比对分析时，一定要在相同温度下进行，如果温度不同，则要按下式换算至20℃时的电阻值：

$$R_{20℃} = R_t K, K = (T + 20)/(T + t)$$

式中　$R_{20℃}$——20℃时的直流电阻值（$\Omega$）；

　　　$R_t$——$t$℃时的直流电阻值（$\Omega$）；

　　　$T$——常数（铜导线为234.5，铝导线为225）；

　　　$t$——测量时的温度。

### 4.4.2　仪用变压器的检测

测量变压器一般用于大电流、高电压电路中。主要包括电流互感器和电压互感器两种。

**1. 电流互感器的检测**

电流互感器又称为电流检测变压器。它的输出端通常连接电流表，用以指示电路的工作电流。在正常供电的情况下，通过观察电流表的指示情况，可判断电流互感器是否有故障。图4-30所示为电流互感器的检测方法。

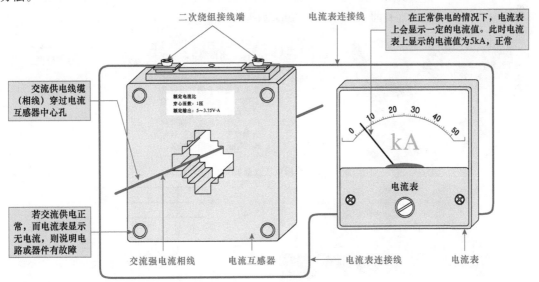

图4-30　电流互感器的检测方法

怀疑电流互感器故障，还可在短路状态下对电流互感器绕组阻值进行检测。具体操作如图4-31所示。

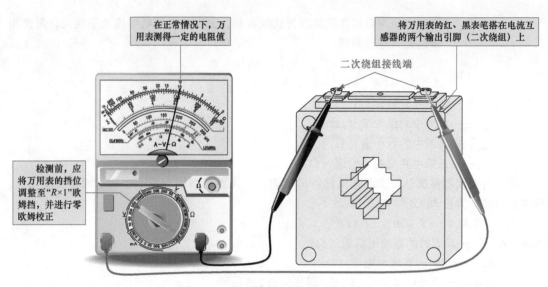

在正常情况下，万用表测得一定的电阻值

将万用表的红、黑表笔搭在电流互感器的两个输出引脚（二次绕组）上

二次绕组接线端

检测前，应将万用表的挡位调整至"$R×1$"欧姆挡，并进行零欧姆校正

图 4-31　检测电流互感器绕组的阻值

有些电流互感器既有二次绕组，又有一次绕组，因此除了对二次绕组的电阻值进行检测外，还需要对一次绕组的电阻值（导体）进行检测，具体检测方法同上。正常时一次绕组（导体）电阻值应趋于 $0\Omega$，若出现无穷大的情况，则说明电流互感器已经损坏。

**2. 电压互感器的检测**

电压互感器又称为电压检测变压器。从功能意义上讲，电压互感器是一种特殊的变压器件。它主要用来为测量仪表（如电压表）、继电保护装置或控制装置供电，以测量线路的电压、功率或电能等，或对低压线路中的电气部件提供保护。图 4-32 为电压互感器的结构。

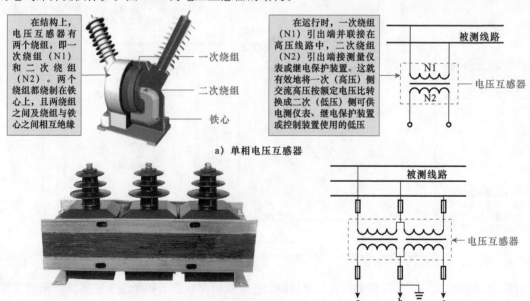

在结构上，电压互感器有两个绕组，即一次绕组（N1）和二次绕组（N2）。两个绕组都绕制在铁心上，且两绕组之间及绕组与铁心之间相互绝缘

一次绕组

二次绕组

铁心

在运行时，一次绕组（N1）引出端并联接在高压线路中，二次绕组（N2）引出端接测量仪表或继电保护装置。这就有效地将一次（高压）侧交流高压按额定电压比转换成二次（低压）侧可供电测仪表、继电保护装置或控制装置使用的低压

被测线路

N1

N2

电压互感器

a）单相电压互感器

被测线路

电压互感器

a　　b　　c

b）三相电压互感器

图 4-32　电压互感器的结构

首先，检查电压互感器的外观：电压互感器应外观良好，接线端子标志清晰完整，铭牌标识信息（电压互感器的名牌中应详细标注厂名、厂号、型号、变比、等级、容量等参数信息）清晰、准确、完整，高压套管无绝缘缺陷，绝缘表面无放电痕迹等。

然后，可采用互感器校验仪，配合标准电压互感器（简称标准器）、电源及调节设备（升压器、调压器等）完成对电压互感器绕组极性、基本误差的检定。

当被检电压互感器额定变比为 1 时，可采用电压互感器自检接线方式检定。图 4-33 所示为电压互感器自检接线方式。

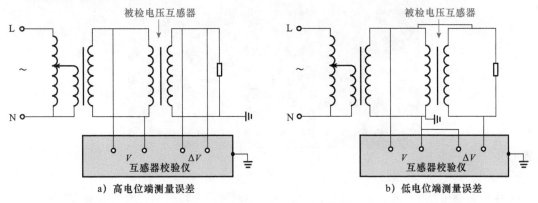

a）高电位端测量误差　　　　　　b）低电位端测量误差

图 4-33　电压互感器自检接线方式

当标准器和被检电压互感器的额定变比相同时，可根据误差测量装置类型，从高电位端取出差压或从低电位端取出差压进行误差测量，当差压从低电位端取出时，标准器一次和二次绕组之间的泄漏电流反向流入被检互感器所引起的附加误差不得大于被检互感器误差限值的1/20。图 4-34 所示为采用标准电压互感器作为标准器检定被测电压互感器的接线方式。

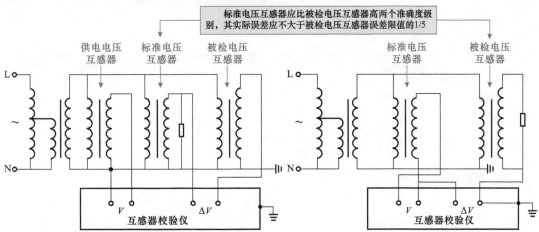

图 4-34　采用标准电压互感器作为标准器检定被测电压互感器的接线方式

## 4.4.3　电源变压器的检测

电源变压器一般应用在机械设备的控制电源、照明、指示等地，由于受环境和使用寿命的影响，很可能出现损坏的情况，实测若电源变压器损坏，则需要使用同型号进行代换。

如图 4-35 所示，在对电源变压器进行检测前，应首先区分其一次绕组和二次绕组，一般情况下电源输入端为一次绕组，输出端为二次绕组。

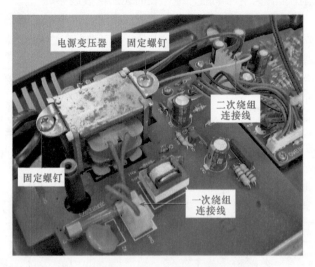

图 4-35　待测电源变压器

对于电源变压器的检测，主要是在断电状态下检测其一次绕组和二次绕组的电阻值，判断是否正常。

**1. 电源变压器一次绕组电阻值的检测**

首先将万用表调至"×100"电阻档，将两只表笔分别搭在电源变压器一次绕组的两个引脚上，观察万用表的读数，正常情况下，万用表检测的电阻值约为400Ω，若电源变压器一次绕组的阻值出现零或无穷大的情况，则说明其绕组已经损坏。

图 4-36 所示为电源变压器一次绕组阻值的检测方法。

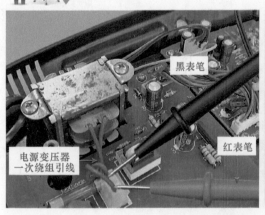

图 4-36　电源变压器一次绕组阻值的检测方法

**2. 电源变压器二次绕组电阻值的检测**

接着检测电源变压器二次绕组的电阻值，由于电源变压器为降压变压器，其二次绕组匝数较少，因此应将万用表调至"×1"电阻档，将两只表笔分别搭在电源变压器二次绕组的两个引脚上，正常情况下，万用表检测电源变压器二次绕组的电阻值约为3Ω，若电源变压器二次绕组的阻值出现无穷大的情况，则说明其绕组已经断路损坏。

　　图4-37所示为电源变压器二次绕组电阻值的检测。

图4-37　电源变压器二次绕组电阻值的检测

### 4.4.4　开关变压器的检测

　　开关变压器一般应用在电子产品中，由于开关变压器的二次绕组有多组，因此在进行检测前，应首先区分开关变压器的一次绕组和二次绕组，如图4-38所示。若检测开关变压器本身损坏，则应进行更换。

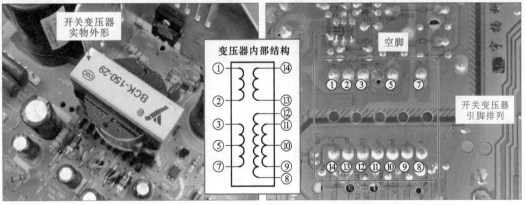

图4-38　典型开关变压器的实物外形

　　对于电源变压器的检测，可以在开路状态下或在路状态检测其一次绕组和二次绕组的电阻值，判断是否正常。

**1. 开关变压器一次绕组电阻值的检测**

　　首先对开关变压器一次绕组间的电阻值进行检测，图4-39所示为开关变压器一次绕组电阻值的检测方法。检测时可将万用表调至"×10"电阻

档，用两只表笔分别搭在开关变压器一次绕组的两个引脚上（①脚和②脚），不同的开关变压器一次绕组的电阻值差别很大，必须参照相关数据资料，若出现偏差较大的情况，则说明变压器损坏。

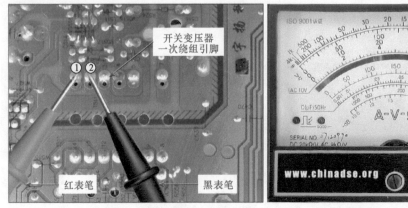

图 4-39　开关变压器一次绕组电阻值的检测

### 2. 开关变压器二次绕组电阻值的检测

接着对开关变压器二次绕组的电阻值进行检测，图 4-40 所示为开关变压器二次绕组电阻值的检测方法。开关变压器的二次绕组有多个，有些绕组还带有中心抽头，因此在进行检测时应注意绕组的连接方式。下面以③脚、⑤脚和⑦脚连接的绕组为例，保持万用表"×10"电阻档，并将表笔分别搭在③脚和⑦脚上，③脚和⑤脚、⑤脚和⑦脚的检测方法相同。正常情况下开关变压器二次绕组之间的电阻值范围较大，具体值应参照相关资料，若出现偏差较大的情况，则说明二次绕组已经损坏。

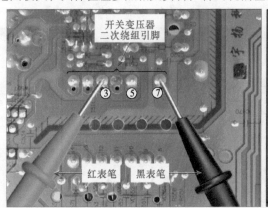

图 4-40　开关变压器二次绕组电阻值的检测

### 3. 开关变压器一次绕组和二次绕组之间绝缘电阻值的检测

此外，还应对开关变压器一次绕组和二次绕组之间的绝缘电阻值进行检测，图 4-41 所示为开关变压器一次绕组和二次绕组之间电阻值的检测方法。检测时将万用表调至"×10k"电阻档，一只表笔搭在开关变压器一次绕组的引脚上，另一支表笔搭在二次绕组的引脚上，以①脚和⑭脚连接的绕组为例，其他引脚的检测方法相同。正常情况下开关变压器一次绕组引脚和二次绕组引脚之间的电阻值为无穷大，若出现零或有固定阻值的情况，则说明开关变压器绕组间有短路故障，或绝缘性能不良。

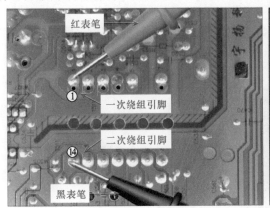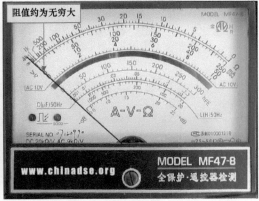

图 4-41　开关变压器一次绕组和二次绕组之间电阻值的检测

## 4.5　电动机的检测技能

### 4.5.1　直流电动机的检测

　　普通直流电动机内部一般只有一相绕组，从电动机中引出有两根引线，检测直流电动机是否正常时，可以使用万用表检测直流电动机的绕组阻值是否正常。

　　图 4-42 所示为直流电动机的检测方法。将万用表量程调至"200"欧姆档，把万用表红黑表笔分别搭在小型直流电动机的两只绕组引脚端，正常情况下，普通直流电动机（两根绕组引线）的绕组阻值应为一个固定数值（实际检测阻值为 100.2Ω）；若实测为无穷大，则说明该电动机的绕组存在断路故障。

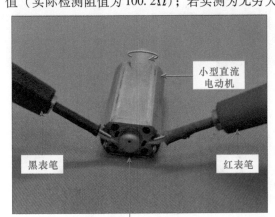

图 4-42　直流电动机的检测方法

### 4.5.2 单相交流电动机的检测

如图 4-43 所示,单相交流电动机由单相交流电源提供电能。通常单相交流电动机的额定工作电压为单相交流 220V。

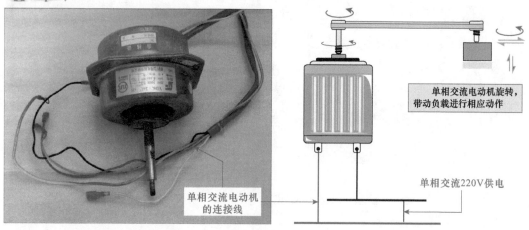

图 4-43　单相交流电动机的实物及应用

单相交流电动机内部多数包含有两相绕组,但从电动机中引出有三根引线,其中分别为公共端、起动绕组、运行绕组,检测交流电动机是否正常,可使用万用表检测单相交流电动机绕组阻值,此时需分别对两两引脚之间的 3 组阻值进行检测。

图 4-44 所示为交流电动机的检测方法。将万用表量程调至 "2k" 欧姆档,把万用表红黑表笔分别搭在交流电动机的任意两只绕组引脚上即可。

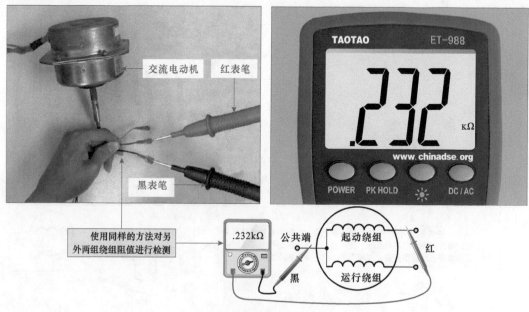

图 4-44　单相交流电动机的检测方法

正常情况下，单相交流电动机（三根绕组引线）两两引线之间的 3 组阻值，应满足其中两个数值之和等于第三个值，如图 **4-45** 所示；若 3 组数值任意一阻值为无穷大，说明绕组内部存在断路故障。

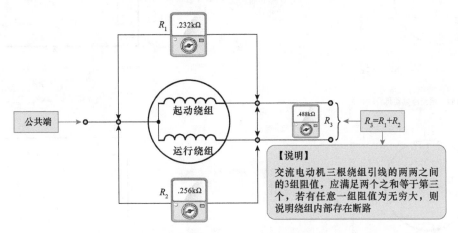

图 4-45 单相交流电动机检测示意图

### 4.5.3 三相交流电动机的检测

三相交流电动机是由三相交流电提供电能，可将电能转变为机械能的一种电动装置，是工业生产中主要的动力设备。图 4-46 所示为三相交流电动机的实物外形。

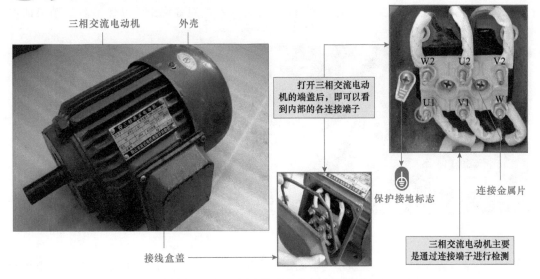

图 4-46 三相交流电动机的实物外形

如图 **4-47** 所示，检测三相交流电动机的方法与检测单相交流电动机的方法类似，可先对三相交流电动机每两个连接端子的电阻值进行测量，结果应基本相同。若 $R_1$、$R_2$、$R_3$ 任意一组阻值为无穷大或 $0\Omega$，则说明绕组内部存在断路或短路故障。

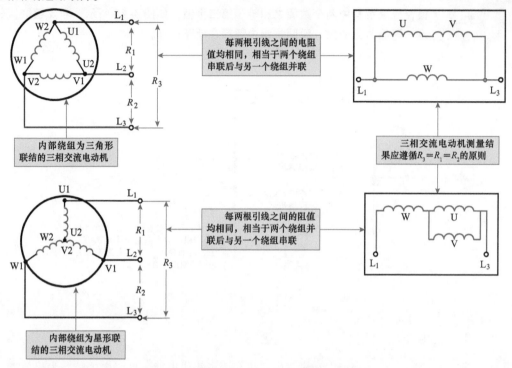

图 4-47　三相交流电动机的检测原理

如图 4-48 所示，先将连接端子的连接金属片拆下，使交流电动机的三组绕组互相分离（断开），然后分别检测各绕组，以保证测量结果的准确性。

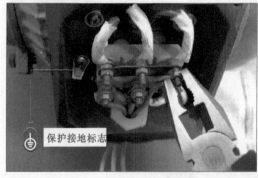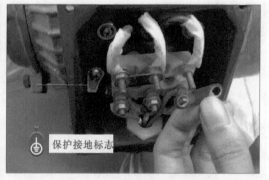

图 4-48　拆卸连接端子的连接金属片

图 4-49 所示为检测三相交流电动机第一相绕组的方法。将万用电桥测试线上的鳄鱼夹夹在电动机第一相绕组的两端引出线上，检测电阻值。万用电桥实测数值为 $0.433 \times 10\Omega = 4.33\Omega$，属于正常范围。

图 4-50 为检测三相交流电动机第二相绕组的方法。使用相同的方法，将鳄鱼夹夹在电动机第二相绕组的两端引出线上，检测电阻值。万用电桥实测数值为 $0.433 \times 10\Omega = 4.33\Omega$，属于正常范围。

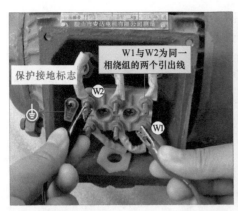
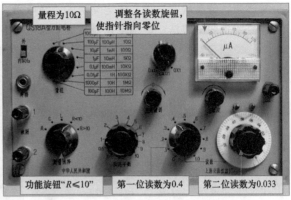

图 4-49　三相交流电动机第一相绕组的检测方法

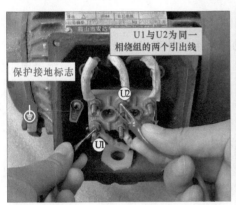

图 4-50　三相交流电动机第二相绕组的检测方法

　　图 4-51 为检测三相交流电动机第三相绕组的方法。将万用电桥测试线上的鳄鱼夹夹在电动机第三相绕组的两端引出线上，检测电阻值。万用电桥实测数值为 $0.433 \times 10\Omega = 4.33\Omega$，属于正常范围。

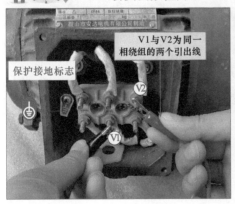

图 4-51　三相交流电动机第三相绕组的检测方法

　　在正常情况下，三相交流电动机每相绕组的电阻值约为 $4.33\Omega$，若测得三组绕组的电阻值不同，则绕组内可能有短路或断路情况。
　　若通过检测发现电阻值出现较大的偏差，则表明电动机的绕组已损坏。

接下来，继续检测三相交流电动机的绝缘电阻。图 4-52 所示为检测三相交流电动机外壳与绕组间绝缘电阻的方法。绝缘电阻表实测绝缘电阻值大于 1MΩ，正常。

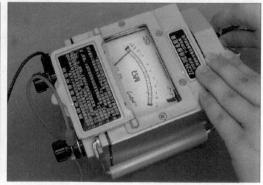

图 4-52　三相交流电动机外壳与绕组间绝缘电阻的检测方法

使用绝缘电阻表检测交流电动机绕组与外壳间的绝缘电阻值时，应匀速转动绝缘电阻表的手柄，并观察指针的摆动情况，本例中，实测绝缘电阻值均大于 1MΩ。

为确保测量值的准确度，需要待绝缘电阻表的指针慢慢回到初始位置，然后再顺时针摇动绝缘电阻表的手柄，检测其他绕组与外壳的绝缘电阻值是否正常，若检测结果远小于 1MΩ，则说明电动机绝缘性能不良或内部导电部分与外壳之间有漏电情况。

图 4-53 为检测三相交流电动机各绕组间绝缘电阻的方法。正常情况下，绕组间的绝缘电阻值应大于 1MΩ。

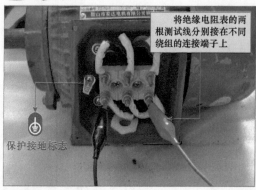
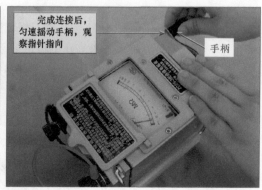

图 4-53　检测三相交流电动机各绕组间绝缘电阻的方法

第**⑤**章

# 电气线路的敷设技能

## 5.1 瓷夹配线与瓷绝缘子配线

### 5.1.1 瓷夹配线

瓷夹配线也称为夹板配线，是指用瓷夹板来支持导线，使导线固定并与建筑物绝缘的一种配线方式，一般适用于正常干燥的室内场所和房屋挑檐下的室外场所，通常情况下，使用瓷夹配线时，其线路的截面积一般不要超过10mm²。

#### 1. 瓷夹的固定规范

瓷夹在固定时可以将其埋设在坚固件上，或是使用胀管螺钉进行固定，用胀管螺钉进行固定时，应先在需要固定的位置上进行钻孔（孔的大小应与胀管粗细相同，其深度略长于胀管螺钉的长度），然后将胀管螺钉放入瓷夹底座的固定孔内，进行固定，接着将导线固定在瓷夹内的槽内，最后使用螺钉固定好瓷夹的上盖即可。图5-1为瓷夹的固定规范。

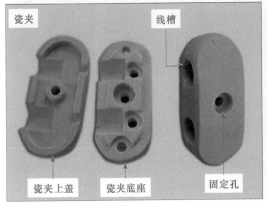
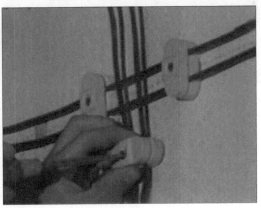

图5-1　瓷夹的固定规范

#### 2. 瓷夹配线遇建筑物时的操作规范

图5-2为瓷夹配线时遇建筑物的操作规范。瓷夹配线时，通常会遇到一些建筑物，如水管、蒸汽管或转角等，对于该类情况进行操作时，应进行相应的保护。例如在与导线进行交叉敷设时，应使用塑料管或绝缘管对

导线进行保护，并且在塑料管或绝缘管的两端导线上须用瓷夹板夹牢，防止塑料管移动；在跨越蒸汽管时，应使用瓷管对导线进行保护，瓷管与蒸汽管保温层外须有 20mm 的距离；若是使用瓷夹在进行转角或分支配线时，应在距离墙面 40~60mm 处安装一个瓷夹，用来固定线路。

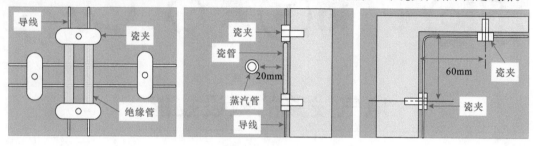

图 5-2　瓷夹配线时遇建筑物的操作规范

　　　　　　使用瓷夹配线时，若是需要连接导线时，需要将其连接头尽量安装在两瓷夹的中间，避免将导线的接头压在瓷夹内。而且使用瓷夹在室内配线时，绝缘导线与建筑物表面的最小距离不应小于 5mm；使用瓷夹在室外配线时，不可以应用在雨雪能落到导线的地方进行敷设。

**3. 瓷夹配线穿墙面时的操作规范**

　　　　　　图 5-3 所示为瓷夹配线穿墙或穿楼板的操作规范。瓷夹配线过程中，通常会遇到穿墙或是穿楼板的情况，在进行该类操作时，应按照相关的规定进行操作。例如，线路穿墙进户时，一根瓷管内只能穿一根导线，并应有一定的倾斜度，在穿过楼板时，应使用保护钢管，并且在楼上距离地面的钢管高度应为 1.8m。

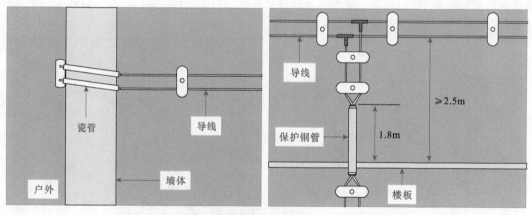

图 5-3　瓷夹配线穿墙或穿楼板的操作规范

## 5.1.2　瓷绝缘子配线

　　瓷绝缘子配线也称为绝缘子配线，是利用瓷绝缘子支持并固定导线的一种配线，常用于线路的明敷。瓷绝缘子配线绝缘效果好，机械强度大，主要适用于用电量较大而且较潮湿的场合，允许导线截面积较大，通常情况下，当导线截面积在 $25mm^2$ 以上时，可以使用瓷绝缘子进行配线。

## 1. 瓷绝缘子与导线的绑扎规范

图5-4为瓷绝缘子与导线的绑扎规范。使用瓷绝缘子配线时，需要将导线与瓷绝缘子进行绑扎，在绑扎时通常会采用双绑、单绑以及绑回头几种方式。双绑方式通常用于受力瓷绝缘子的绑扎，或导线的截面积在10mm² 以上的绑扎；单绑方式通常用于不受力瓷绝缘子或导线截面积在6mm² 及以下的绑扎；绑回头的方式通常是用于终端导线与瓷绝缘子的绑扎。

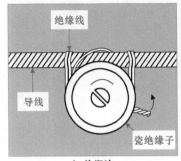 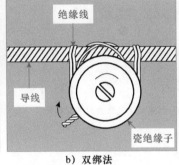 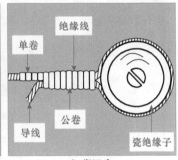

a）单绑法　　　　　　　　b）双绑法　　　　　　　　c）绑回头

图5-4 瓷绝缘子与导线的绑扎规范

在瓷绝缘子配线时，应先将导线校直，将导线的其中一端绑扎在瓷绝缘子的颈部，然后在导线的另一端将导线收紧，并绑扎固定，最后绑扎并固定导线的中间部位。

## 2. 瓷绝缘子与导线的敷设规范

图5-5所示为瓷绝缘子与导线的敷设规范。瓷绝缘子配线的过程中，难免会遇到导线之间的分支、交叉或是拐角等操作，对于该类情况进行配线时，应按照相关的规范进行操作。例如导线在分支操作时，需要在分支点处设置瓷绝缘子，以支持导线，不使导线受到其他张力，导线相互交叉时，应在距建筑物较近的导线上套绝缘保护管；导线在同一平面内进行敷设时，若遇到有弯曲的情况，瓷绝缘子需要装设在导线曲折角的内侧。

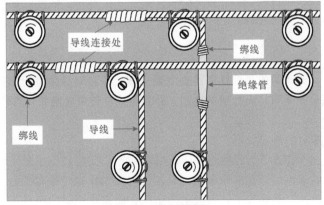

a）导线分支时操作规范

图5-5 瓷绝缘子与导线的敷设规范

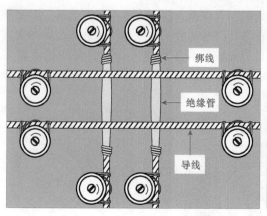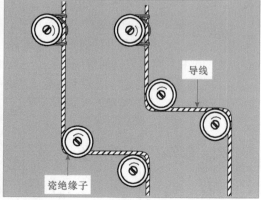

b) 导线交叉及弯曲时的操作规范

图5-5 瓷绝缘子与导线的敷设规范（续）

瓷绝缘子配线时，若是两根导线平行敷设，应将导线敷设在两个绝缘子的同一侧或者在两绝缘子的外侧，如图5-6所示，在建筑物的侧面或斜面配线时，必须将导线绑在绝缘子的上方，严禁将两根导线置于两绝缘子的内侧。

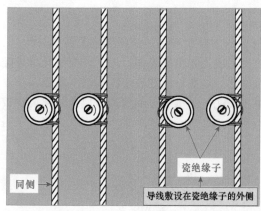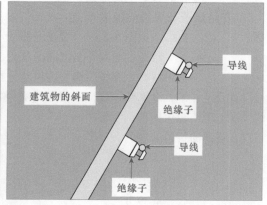

图5-6 瓷绝缘子配线中导线的敷设规范

无论是瓷夹配线还是瓷绝缘子配线，在对导线进行敷设时，都应该使导线处于平直、无松弛的状态，并且导线在转弯处避免有急弯的情况。

**3．瓷绝缘子固定时的规范**

图5-7为瓷绝缘子固定时的规范。使用瓷绝缘子配线时，对瓷绝缘子位置的固定是非常重要的，在进行该操作时应按相关的规范进行。例如在室外，瓷绝缘子在墙面上固定时，固定点之间的距离不应超过200mm，并且不可以固定在雨、雪等能落到导线的地方；固定瓷绝缘子时，应使导线与建筑物表面的最小距离大于等于10mm，瓷绝缘子在配线时不可以将瓷绝缘子倒装。

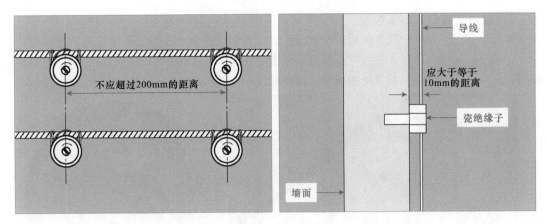

图5-7　瓷绝缘子固定时的规范

## 5.2　金属管配线

### 5.2.1　金属管配线的明敷操作

金属管配线的明敷操作规范是指使用金属材质的管制品,将线路敷设于相应的场所,是一种常见的配线方式,室内和室外都适用。采用金属管配线可以使导线能够很好地受到保护,并且能减少因线路短路而发生火灾。

**1.金属管的选用规范**

　　在使用金属管明敷于潮湿的场所时,由于金属管会受到不同程度的锈蚀,为了保障线路的安全,应采用较厚的水、煤气钢管;若是敷设于干燥的场所时,则可以选用金属电线管。图5-8所示为金属管配线的明敷操作规程。

钢管

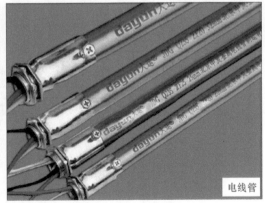

电线管

图5-8　金属管的选用

　　选用金属管进行配线时,其表面不应有穿孔、裂缝和明显的凹凸不平等现象;其内部不允许出现锈蚀的现象,尽量选用内壁光滑的金属管。

## 2. 金属管管口的加工规范

图 5-9 所示为金属管管口的加工规范。在使用金属管进行配线时，为了防止穿线时金属管口划伤导线，其管口的位置应使用专用工具进行打磨，使其没有毛刺或是尖锐的棱角。

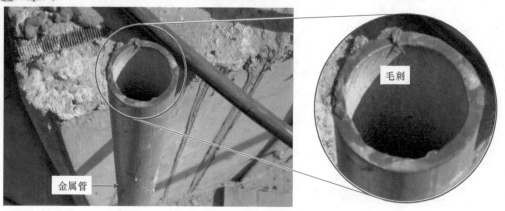

毛刺

金属管

图 5-9　金属管管口的加工规范

## 3. 金属管的弯头规范

在敷设金属管时，为了减少配线时的困难程度，应尽量减少弯头出现的总量，例如每根金属管的弯头不应超过 3 个，直角弯头不应超过 2 个。

在对金属管进行弯曲时，应采用专用的弯管器进行操作，以避免弯制不良，例如出现裂缝、明显的凹瘪等现象。

## 4. 金属管弯头操作规范

图 5-10 为金属管弯头的操作规范。使用弯管器对金属管进行弯管操作时，应按相关的操作规范执行。例如，金属管的平均弯曲半径，不得小于金属管外径的 6 倍，在明敷时且只有一个弯时，可将金属管的弯曲半径减少为管子外径的 4 倍。

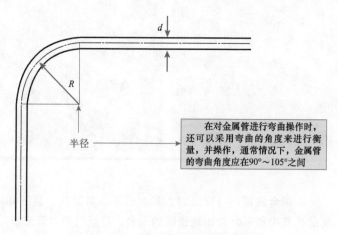

在对金属管进行弯曲操作时，还可以采用弯曲的角度来进行衡量，并操作，通常情况下，金属管的弯曲角度应在90°～105°之间

图 5-10　金属管弯头的操作规范

**5. 金属管连接规范**

图 5-11 所示为金属管使用长度的规范。金属管配线连接，若管路较长或有较多弯头时，则需要适当加装接线盒，通常对于无弯头情况时，金属管的长度不应超过 30m；对于有一个弯头情况时，金属管的长度不应超过 20m；对于有两个弯头情况时，金属管的长度不应超过 15m；对于有三个弯头情况时，金属管的长度不应超过 8m。

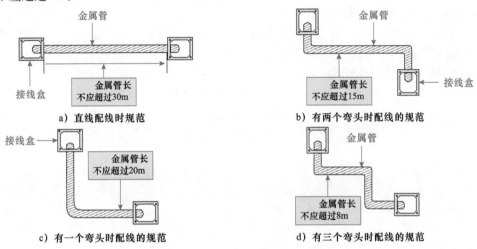

图 5-11　金属管使用长度的规范

**6. 金属管配线时的固定规范**

图 5-12 所示为金属管配线时的固定规范。金属管配线时，为了其美观和方便拆卸，在对金属管进行固定时，通常会使用管卡进行固定。若是没有设计要求时，则对金属管卡的固定间隔不应超过 3m；在距离接线盒 0.3m 的区域，应使用管卡进行固定；在弯头两边也应使用管卡进行固定。

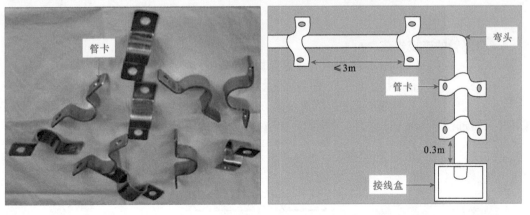

图 5-12　金属管配线时的固定规范

### 5.2.2　金属管配线的暗敷操作

暗敷是指将导线穿管并埋设在墙内、地板下或顶棚内进行配线，该操作对于施工要求较高，对于线路进行检查和维护时较困难。

**1. 金属管配线时弯头的操作规范**

金属管配线的过程中，若遇到有弯头的情况时，金属管的弯头弯曲的半径不应小于管外径的 6 倍；敷设于地下或是混凝土的楼板时，金属管的弯曲半径不应小于管外径的 10 倍。

 **金属管在转角时，其角度应大于 90°，为了便于导线的穿过，敷设金属管时，每根金属管的转弯点不应多于两个，并且不可以有 S 形拐角。**

**2. 金属管管径的选用规范**

由于金属管配线时，由于内部穿线的难度较大，所以选用的管径要大一点，一般管内填充物最多为总空间的 30% 左右，以便于穿线。

**3. 金属管管口的操作规范**

 图 5-13 所示为金属管管口的操作规范。金属管配线时，通常会采用直埋操作，为了减小直埋管在沉陷时连接管口处对导线的剪切力，在加工金属管管口时可以将其做成喇叭形，若是将金属管口伸出地面时，应距离地面 25～50mm。

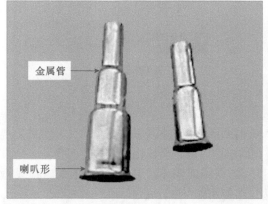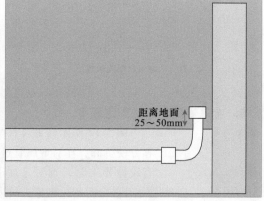

图 5-13　金属管管口的操作规范

**4. 金属管的连接规范**

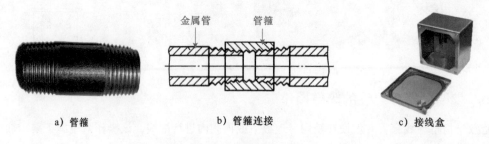 图 5-14 所示为金属管的连接规范。金属管在连接时，可以使用管箍进行连接，也可以使用接线盒进行连接，采用管箍连接两根金属管时，将钢管的螺扣部分应顺螺纹的方向缠绕麻丝绳后再拧紧，以加强其密封程度；采用接线盒进行连接两金属管时，钢管的一端应在连接盒内使用锁紧螺母夹紧，防止脱落。

a) 管箍　　b) 管箍连接　　c) 接线盒

图 5-14　金属管的连接规范

## 5.3 金属线槽配线

### 5.3.1 金属线槽配线的明敷操作

金属线槽配线用于明敷时，一般适用于正常环境的室内场所，带有槽盖的金属线槽，具有较强的封闭性，其耐火性能也较好，可以敷设在建筑物顶棚内，但是对于金属线槽有严重腐蚀的场所不可以采用该类配线方式。

**1. 金属线槽配线时导线的安装规范**

金属线槽配线时，其内部的导线不能有接头，若是在易于检修的场所，可以允许在金属线槽内有分支的接头，并且在金属线槽内配线时，其内部导线的截面积不应超过金属线槽内截面积的20%，载流导线不宜超过30根。

**2. 金属线槽的安装规范**

图5-15所示为金属线槽的安装规范。金属线槽配线时，遇到特殊情况时，需要设置安装支架或是吊架：即线槽的接头处；直线敷设金属线槽的长度为1～1.5m时；金属线槽的首端、终端以及进出接线盒的0.5m处。

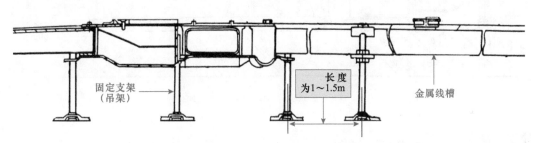

固定支架
（吊架）

长度
为1～1.5m

金属线槽

图5-15 金属线槽的安装规范

### 5.3.2 金属线槽配线的暗敷操作

金属线槽配线使用在暗敷中时，通常适用于正常环境下大空间且隔断变化多、用电设备移动性大或敷设有多种功能的场所，主要是敷设于现浇混凝土地面、楼板或楼板垫层内。

**1. 金属线槽配线时接线盒的使用规范**

图5-16所示为金属线槽配线时接线盒的使用规范。金属线槽配线时，为了便于穿线，金属线槽在交叉/转弯或是分支处配线时应设置分线盒；金属线槽配线时，若直线长度超过6m时，应采用分线盒进行连接。并且为了日后线路的维护，分线盒应能够开启，并采取防水措施。

**2. 金属线槽配线时环境的规范**

图5-17所示金属线槽配线时环境的规范。金属线槽配线时，若是敷设在现浇混凝土的楼板内，要求楼板的厚度不应小于200mm；若是在楼板垫层内时，要求垫层的厚度不应小于70mm，并且避免与其他的管路有交叉的现象。

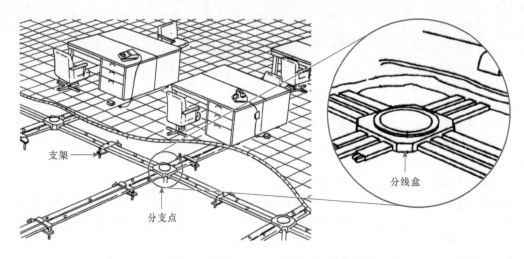

图 5-16  金属线槽配线时接线盒的使用规范

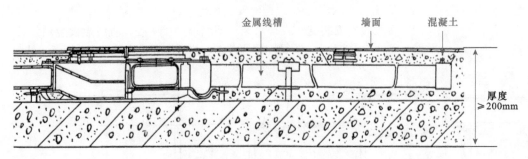

图 5-17  金属线槽配线时环境的规范

# 5.4  塑料管配线

## 5.4.1  塑料管配线的明敷操作

塑料管配线明敷的操作方式具有配线施工操作方便，施工时间短，抗腐蚀性强等特点，适合应用在腐蚀性较强的环境中。在使用塑料管进行配线时可分为硬质塑料管和半硬质塑料管。

### 1. 塑料管配线的固定规范

图 5-18 所示为塑料管配线的固定规范，塑料管配线时，应使用管卡进行固定、支撑。在距离塑料管始端、终端、开关、接线盒或电气设备处 150～500mm 时应固定一次，如果多条塑料管敷设时要保持其间距均匀。

塑料管配线前，应先对塑料管本身其进行检查，其表面不可以有裂缝、瘪陷的现象，其内部不可以有杂物，而且保证明敷塑料管的管壁厚度不小于 2mm。

### 2. 塑料管的连接规范

图 5-19 为塑料管的连接规范。塑料管之间的连接可以采用插入法和套接法连接，插入法是指将粘结剂涂抹在 A 塑料硬管的表面，然后将 A 塑料硬管插入 B 塑料硬管内约 A 塑料硬管管径的 1.2～1.5 倍深度即可；套接法

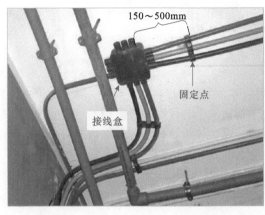
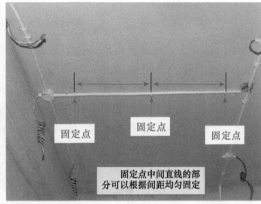

图 5-18　塑料管配线的固定规范

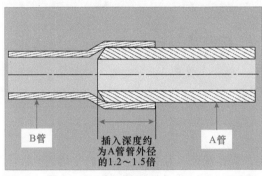
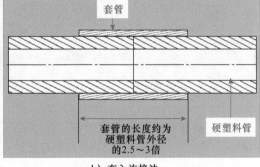

a) 插入连接法　　　　　　　　　　　　b) 套入连接法

图 5-19　塑料管的连接规范

则是同直径的硬塑料管扩大成套管，其长度约为硬塑料管外径的 2.5～3 倍，插接时，先将套管加热至 130℃左右，约 1～2min 使套管软后，同时将两根硬塑料管插入套管即可。

　　　　　　　在使用塑料管敷设连接时，可使用辅助连接配件进行连接弯曲或分支等操作，例如直接头、正三通头、90°弯头、45°弯头、异径接头等，如图 5-20 所示，在安装连接过程中，可以根据其环境的需要使用相应的配件。

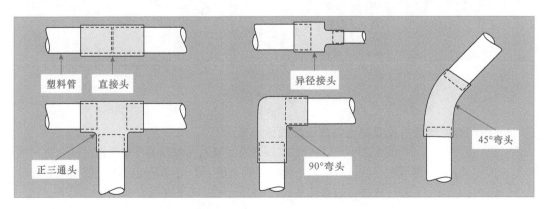

图 5-20　塑料管配线时用到的配件

### 5.4.2 塑料管配线的暗敷操作

塑料管配线的暗敷操作是指将塑料管埋入墙壁内的一种配线方式。

**1. 塑料管的选用规范**

图 5-21 为塑料管的选用规范。在选用塑料管配线时，首先应检查塑料管的表面是否有裂缝或是瘪陷的现象，若存在该现象则不可以使用；然后检查塑料管内部是否存有异物或是尖锐的物体，若有该情况时，则不可以选用，将塑料管用于暗敷时，要求其管壁的厚度应不小于3mm。

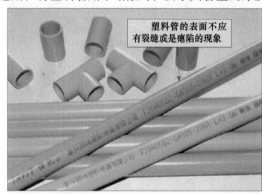
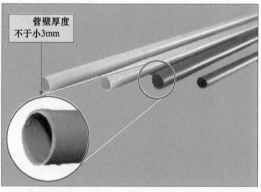

图 5-21 塑料管的选用规范

**2. 塑料管弯曲时的操作规范**

图 5-22 为塑料管弯曲时的操作规范。为了便于导线的穿越，塑料管的弯头部分的角度一般不应小于 90°，要有明显的圆弧，不可以出现管内弯瘪的现象。

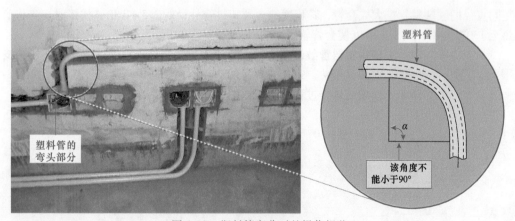

图 5-22 塑料管弯曲时的操作规范

**3. 塑料管在砖墙内及混凝土内敷设的操作规范**

图 5-23 为塑料管在砖墙内及混凝土内敷设的操作规范。线管在砖墙内暗线敷设时，一般在土建砌砖时预埋，否则应先在砖墙上留槽或开槽，然后在砖缝里打入木楔并钉上钉子，再用铁丝将线管绑扎在钉子上，并进一步将钉子钉入，若是在混凝土内暗线敷设时，可用铁丝将管子绑扎在钢筋上，将管子用垫块垫高 10～15mm，使管子与混凝土模板间保持足够距离，并防止浇灌混凝土时把管子拉开。

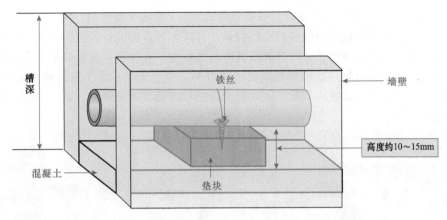

图 5-23 塑料管在砖墙内及混凝土内敷设时的操作规范

**4. 塑料管配线时其他的操作规范**

塑料管配线时，两个接线盒之间的塑料管为一个线段，每线段内塑料管口的连接数量要尽量减少；并且根据用电的需求，使用塑料管配线时，应尽量减少弯头的操作。

## 5.5 塑料线槽配线与钢索配线

### 5.5.1 塑料线槽配线

塑料线槽配线是指将绝缘导线敷设在塑料槽板的线槽内，上面使用盖板把导线盖住，该类配线方式适用于办公室、生活间等干燥房屋内的照明；也适用于工程改造时更换线路时使用，通常该类配线方式是在墙面抹灰粉刷后进行。

**1. 塑料线槽配线时导线敷设规范**

图 5-24 为塑料线槽配线时导线的操作规范。塑料线槽配线时，其内部的导线填充率及载流导线的根数，应满足导线的安全散热要求，并且在塑料线槽的内部不可以有接头、分支接头等，若有接头的情况，可以使用接线盒进行连接。

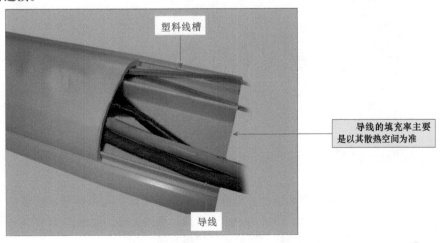

图 5-24 塑料线槽配线时导线的操作规范

如图 5-25 所示，在有些电工为了节省成本和劳动，将强电导线和弱电导线放置在同一线槽内进行敷设，这样会对弱电设备的通信传输造成影响，是非常错误的行为，另外线槽内的线缆也不宜过多，通常规定在线槽内的导线或是电缆的总截面积不应超过线槽内总截面积的 **20％**。有些电工在使用塑料线槽敷设线缆时，线槽内的导线数量过多，且接头凌乱，这样会为日后用电留下安全隐患，必须将线缆理清重新设计敷设方式。

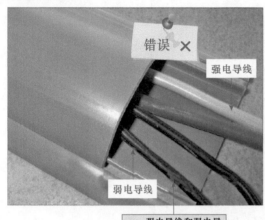
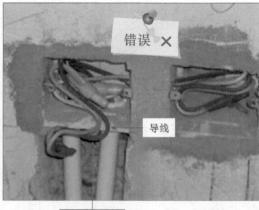

图 5-25　使用塑料线槽配线时规范以及线缆在塑料槽内的配线规范

**2. 塑料线槽配线时导线的固定规范**

图 5-26 所示为使用塑料线槽配线时导线的操作规范。线缆水平敷设在塑料线槽中可以不绑扎，其槽内的缆线应顺直，尽量不要交叉，线缆在导线进出线槽的部位以及拐弯处应绑扎固定。若导线在线槽内是垂直配线时应每间隔 1.5m 的距离固定一次。

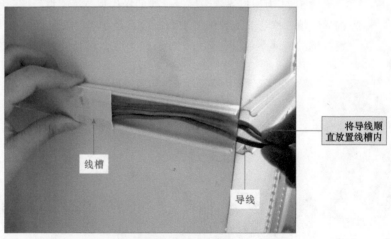

图 5-26　使用塑料线槽配线时导线的操作规范

为方便塑料线槽的敷设连接，目前，市场上有很多塑料线槽的敷设连接配件，如阴转角、阳转角、分支三通、直转角等，如图 5-27 所示，使用这些配件可以为塑料线槽的敷设连接提供方便。

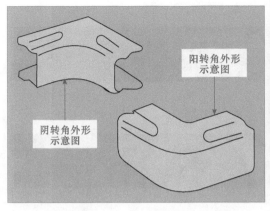
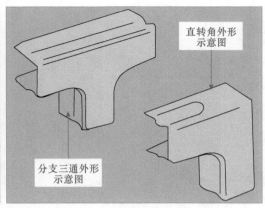

图 5-27　塑料线槽配线时用到的相关附件

### 3. 塑料线槽配线时线槽的固定规范

图 5-28 所示为塑料线槽的固定规范。对线槽的槽底进行固定时，其固定点之间的距离应根据线槽的规格而定。例如塑料线槽的宽度为 20~40mm 时，其两固定点间的最大距离应 80mm，可采用单排固定法；若塑料线槽的宽度为 60mm 时，其两固定点的最大距离应为 100mm，可采用双排固定法并且固定点纵向间距为 30mm；若塑料线槽的宽度为 80~120mm 时，其固定点之间的距离应为 80mm，可采用双排固定法并且固定点纵向间距为 50mm。

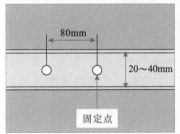
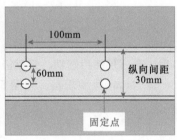
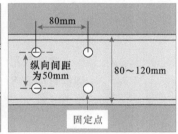

图 5-28　塑料线槽的固定规范

## 5.5.2　钢索配线

钢索配线方式就是指钢索上吊瓷柱配线、吊钢管配线或是塑料护套线配线，同时灯具也可以吊装在钢索上，通常应用于一般性房顶较高的生产厂房内，可以降低灯具安装的高度，提高被照面的亮度，也方便照明灯的布置。

### 1. 钢索配线中钢索的选用规范

正常情况下对于钢索配线中用到的钢索在选用时，应选用镀锌钢索，不得使用含油芯的钢索；若是敷设在潮湿或有腐蚀性的场所时，可以选用塑料护套钢索。通常，单根钢索的直径应小于 0.5mm，并不应有扭曲和断股的现象。图 5-29 为钢索配线中钢索的选用规范。

### 2. 钢索配线时导线的固定规范

钢索配线敷设后，其导线的弧度（弧垂）不应大于 0.1m，如不能达到时，应增加吊钩，如图 5-30 所示，并且钢索吊钩间的最大间距不超过12m。图 5-30 为钢索配线时导线的固定规范。

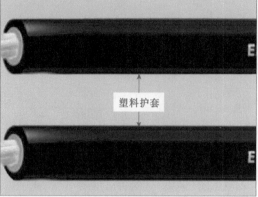

a) 镀锌钢索　　　　　　　　　　　　b) 塑料护套钢索

图 5-29　钢索配线中钢索的选用规范

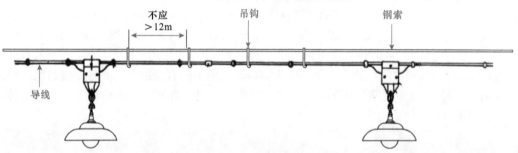

图 5-30　钢索配线时导线的固定规范

　　在选用吊钩时，最好是使用圆钢，且直径不应小于 **8mm**，目前，常用的圆钢直径有 **8mm** 和 **11mm** 两种规格，如图 **5-31** 所示，吊钩的深度不应小于 **20mm**。

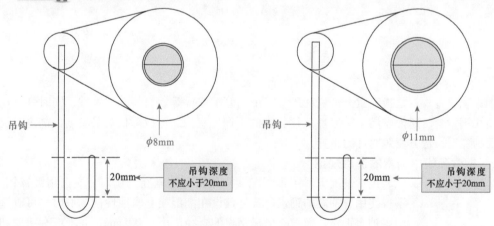

图 5-31　吊钩的选用规范

### 3. 钢索配线的连接规范

　　在钢索配线过程中，若是钢索的长度不超过 50m，可在钢索的一端使用花蓝螺栓进行连接；若钢索的长度超过 50m 时，钢索的两端应均安装花蓝螺栓；且钢索的长度很长，则每超过 50m 时，应在中间加装一个花蓝螺栓进行连接。图 5-32 为钢索配线的连接规范。

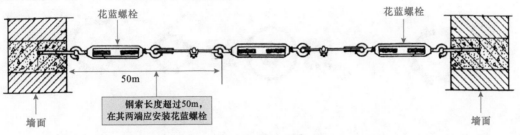

图 5-32 钢索配线的连接规范

# 基本电气控制线路的安装与调试技能

## 6.1 导线的加工与连接方法

### 6.1.1 导线的加工操作

　　导线线头绝缘层的剖削是导线加工的第一步，是为以后导线的连接作好准备。根据导线材料及规格型号的不同，剖削绝缘层的工具及方法也有所不同。通常电工使用钢丝钳、剥线钳或电工刀来剖削或剥除绝缘层，剖削时应注意不能损坏线芯。

**1. 使用钢丝钳剖削绝缘层**

　　塑料软线和线芯截面积为4mm²及以下塑料硬线绝缘层的剖削，可使用钢丝钳。首先使用钢丝钳的刀口轻轻切破绝缘层，再使用钳头钳住要去掉的绝缘层部分，用力向外拨去塑料层，如图6-1所示。

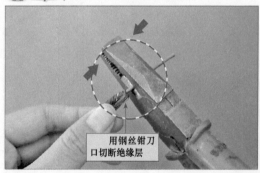
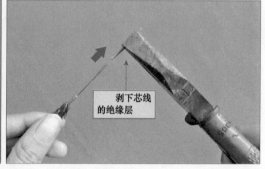

图 6-1　使用钢丝钳剖削绝缘层

**2. 使用剥线钳剖削绝缘层**

　　使用剥线钳剖削绝缘层比较简单。首先将导线需剖削处置于剥线钳合适的刀口中，一只手握住并稳定导线，一只手握住剥线钳的手柄，并轻轻用力，切断导线需剖削处的绝缘层。接着，继续用力使剥线钳的剥线夹打开，将绝缘层剥下，如图6-2所示。

**3. 使用电工刀剖削绝缘层**

　　在剖削橡胶软线（橡胶电缆）或线芯截面积为4mm²及以上塑料硬线绝缘层时，可使用电工刀，用电工刀以45°倾斜切入塑料绝缘层，削去上面一层塑料绝缘层，将余下的线头绝缘层向后扳翻，把该绝缘层剥离线芯，再

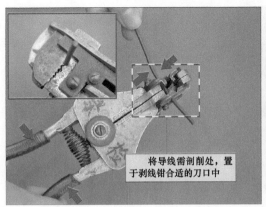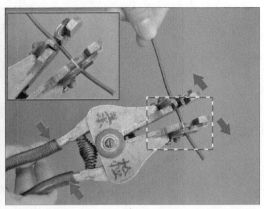

图 6-2　使用剥线钳剖削绝缘层

用电工刀切齐，如图 6-3 所示。

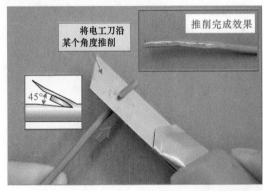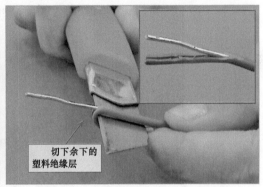

图 6-3　使用电工刀剖削导线绝缘层

　　在剖削塑料护套线外层的塑料护套时，也会用到电工刀，剖削时要用电工刀刀尖对准护套线中间线芯缝隙处划开护套层，以免划伤线芯，如图 6-4 所示。

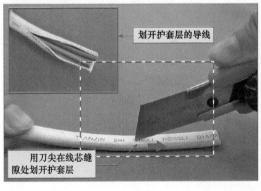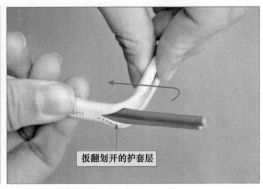

图 6-4　使用电工刀剖削塑料护套线外层的塑料护套

　　在对直径在 0.6mm 以上的漆包线绝缘层的剖削时，只需用电工刀刮去线头表面的绝缘漆即可，如图 6-5 所示。

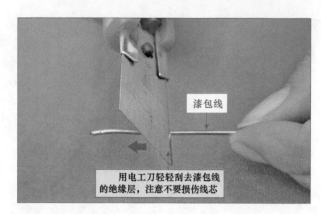

图 6-5　使用电工刀刮去线头表面的绝缘漆

### 4. 使用细砂布剖削绝缘层

对于直径在 0.15~0.6mm 的漆包线，可用细砂纸或纱布夹住漆包线的线头，然后不断转动线头，指导线头周围绝缘层清除干净，如图 6-6 所示。

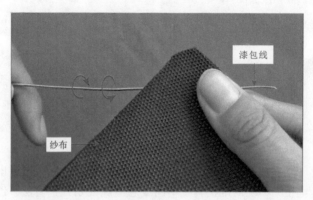

图 6-6　直径在 0.15~0.6mm 的漆包线绝缘层的去除

### 5. 使用细砂纸剖削绝缘层

对于直径在 0.15mm 以下的漆包线，由于其线芯较细，使用刀片或砂纸时都容易将线芯折断或损伤，通常在工具设备齐全的条件下可用 25 W 以下的电烙铁沾焊锡后在线头上来回摩擦几次即可将漆皮去掉，同时线头上会涂有一层焊锡，便于后面的连接操作，如图 6-7 所示。

### 6. 使用微火软化剖削绝缘层

使用微火软化漆包线线头的绝缘层，然后垫上一层软布或带上绝缘手套，将软化的绝缘层擦掉即可，擦拭时注意防烫伤，如图 6-8 所示。

## 6.1.2　导线的连接操作

导线的连接包括单股铜芯导线的连接、多股铜芯导线的连接、电磁线头的连接、铝芯导线的连接、导线的扭接和绕接、用线夹和压线帽连接导线以及导线绝缘的恢复等。

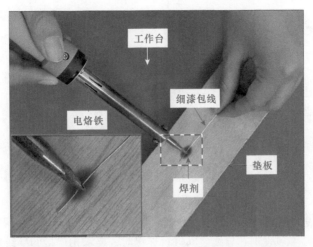

图6-7 用电烙铁去除直径在0.15mm以下的漆包线的绝缘层

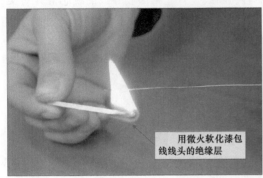
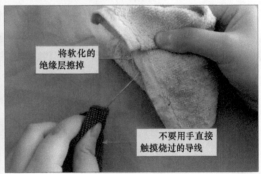

图6-8 用微火软化法去除直径在0.15mm以下的漆包线的绝缘层

## 1. 单股铜芯导线的连接

单股芯线的直接连接主要有绞接法和缠绕法两种方法，其中绞接法用于截面积较小的导线，缠绕法用于截面积较大的导线，如图6-9所示。

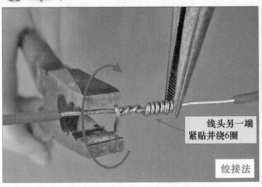
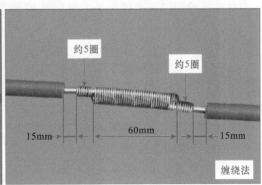

图6-9 单股铜芯导线的连接

有时需要将单股导线进行T形连接，其连接方法与直接连接相似，如图6-10所示。

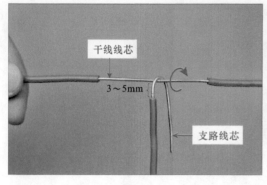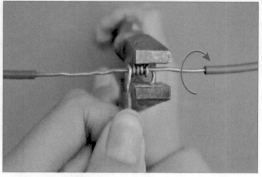

图 6-10　T形连接

### 2. 多股铜芯导线的连接

多股铜芯导线之间进行连接时,要求相连接的导线规格型号也应相同,否则同样会因抗拉力的不同而容易断线。首先将多股导线的线芯散开对叉,将芯线分三组扳起,按顺时针方向紧压着线芯平行的方向缠绕 2~3 圈,由于导线芯数较多,要求连接时操作要规范,不要损伤或弄断芯线,如图 6-11 所示。

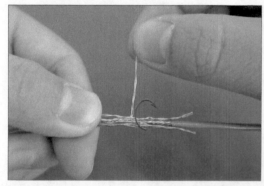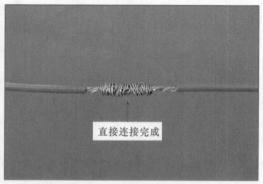

图 6-11　多股铜芯导线的连接

### 3. 电磁线的连接

对电磁线的连接要求接头处的电阻和机械强度都符合实际使用要求,且要保证接头质量良好。

对直径在2mm 以下的电磁线,通常是先绞接后钎焊。绞接时要均匀,两根线头互绕不少于 10 圈,两端要封口,不能留下毛刺,直径大于2mm 的电磁线的连接,多使用套管套接后再钎焊的方法。套管用镀锡的薄铜片卷成,在接缝处留有缝隙,选用时注意套管内径与线头大小配合,其长度为导线直径的 8 倍左右。如图 6-12 所示为不同规格电磁线头的连接。

### 4. 铝芯导线的连接

铝的表面极易氧化,而且这类氧化铝膜电阻率较高,除小截面积铝芯线外,其余铝导线的连接都不采用铜芯线的连接方法。在电气线路施工中,铝线线头的连接常用螺钉压接法、压接管压接法和沟线夹螺钉压接法 3 种。

螺钉压接法是除去铝芯线的绝缘层,用钢丝刷刷去铝芯线头的铝氧化膜,并涂上中性凡士林,将导线线头插入接头的线孔内,再旋转压线螺钉压接,如图 6-13 所示。

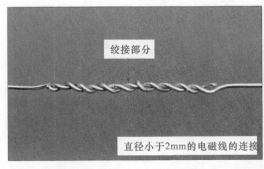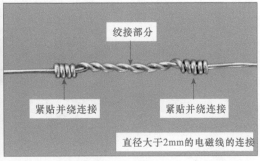

图 6-12　不同规格电磁线头的连接

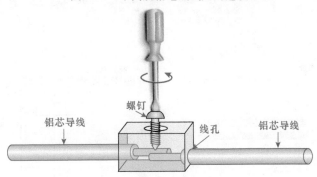

图 6-13　螺钉压接法连接铝芯导线

压接管压接法用于较大负荷的多股铝芯导线的直线连接，需要用压接钳和压接管，根据多股铝芯线规格选择合适的压接管，除去需连接的两根多股铝芯导线的绝缘层，用钢丝刷清除铝芯线头和压接管内壁的铝氧化层，涂上中性凡士林。然后将两根铝芯线头相对穿入压接管，并使线端穿出压接管 25 ~ 30mm，最后进行压接，压接时第一道压坑应在铝芯线头一侧，不可压反。若压接的是铜芯铝绞线，应在两线之间垫上一层铝质垫片，如图 6-14 所示。

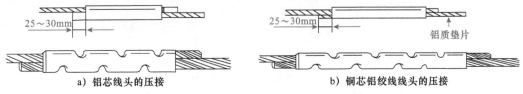

图 6-14　压接管压接法连接铝芯导线

沟线夹螺钉压接法适用于架空线路的分支连接，是使用强力沟形金属线夹的连接方法。在安装沟线夹之前，先用钢丝刷除去导线线头和沟线夹夹线部分的氧化层和污物，涂上中性凡士林，然后将导线卡入线槽，旋紧螺钉，使沟线夹夹紧线头，从而完成压接，如图 6-15 所示。

**5. 导线的扭接和绕接**

在一些应用场合，导线连接后仍需要与原导线平行方向走线，这时导线通常采用扭接和绕接的方法连接导线。如图 6-16 所示。

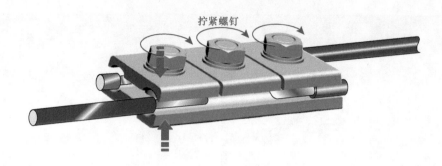

图 6-15 沟线夹螺钉压接法连接铝芯导线

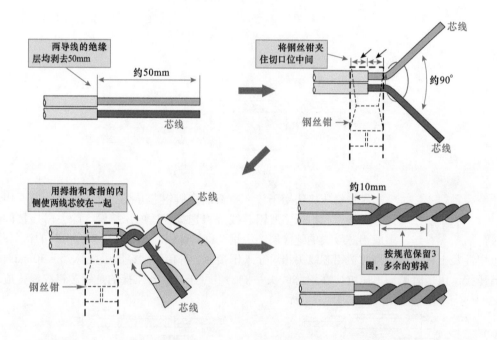

图 6-16 导线的扭接

扭接用于两根导线的连接，绕接用于三根导线的连接，其连接方法如图 6-17 所示。

## 6. 用线夹和压线帽连接导线

在导线连接中，用线夹和压线帽连接导线的方法也较为常见，在实际操作用，可根据不同类型的导线选择合适的线夹进行连接。

如图 6-18 所示为使用线夹连接导线的方法。连接时将导线平行对齐插入线夹中并加紧，然后将多余的导线切去仅保留 2 ~ 3mm，或保留 10mm，再将导线头部弯曲。

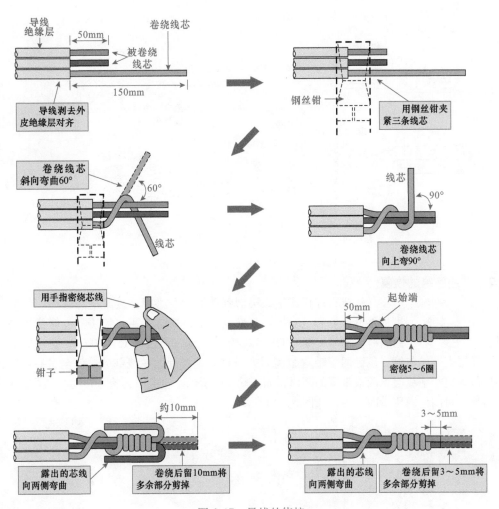

图 6-17　导线的绕接

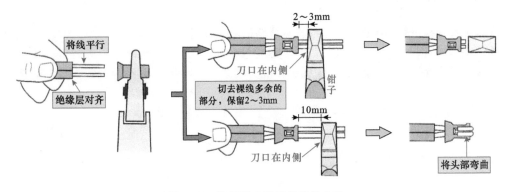

图 6-18　使用线夹连接导线的方法

图6-19所示为使用压线帽连接导线的方法。

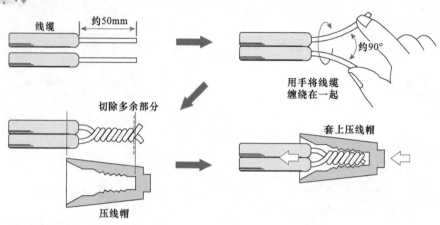

图 6-19　使用压线帽连接导线的方法

### 7. 导线绝缘的恢复

导线进行连接或绝缘层遭到破坏后，必须恢复其绝缘性能。恢复后强度应不低于原有绝缘层。其恢复方法，通常采用包缠法。包缠使用的绝缘材料有黄蜡带、涤纶膜带和胶带。绝缘的宽度为 15 ~ 20mm。包缠时需要从完整绝缘层上开始包缠，包缠两根带宽距离后方可进入连接处的芯线部分；包至另一端时，也需同样包入完整绝缘层上两根带宽的距离，如图 6-20a 所示。包缠时，绝缘带与导线应保持 55°的倾斜角，每圈包缠压带的一半，如图 6-20b 所示。

 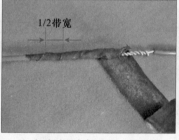 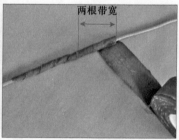

a) 从绝缘外层上开始缠绕　　b) 包缠过程中每层压1/2的带宽　　c) 缠绕末端包缠绝缘层两圈

图 6-20　绝缘带的包缠方法

在对绝缘导线进行绝缘恢复时，应根据线路的不同而进行不同程度的恢复。220V 线路上的导线恢复绝缘层时，先包缠一层黄蜡带（或涤纶薄膜带），然后再包缠一层黑胶带。380V 线路上的导线恢复绝缘层时，先包缠 2 ~ 3 层黄蜡带（或涤纶薄膜带），然后再包缠 2 层黑胶带。

## 6.2　家庭照明线路的安装与调试技能

### 6.2.1　家庭照明线路的设计

家庭照明线路的设计是家庭照明线路施工过程中的重要环节。电工要在施工前熟悉施工环境，并按用户要求，确定好线路的规划，然后在此基础上，选配整个线路系统所需要的灯具和控制部件，并制定出整体施工方案。

**1. 家庭照明线路的控制方式的选择**

家庭照明线路的控制方式主要有单控开关控制单个照明灯、单控开关控制多个照明灯、多控开关控制单个照明灯和多控开关控制多个照明灯 4 种形式，在家庭照明线路设计时应根据用户的需求进行合理的选择。

（1）单控开关控制单个照明灯

单控开关控制单个照明灯是指一个单控开关只对一盏灯进行控制，它是家庭照明线路中常用的一种控制方式，如在卧室、卫生间、厨房等的进门处设置一个单控开关对其卧室的照明灯进行控制，如图 6-21 所示。

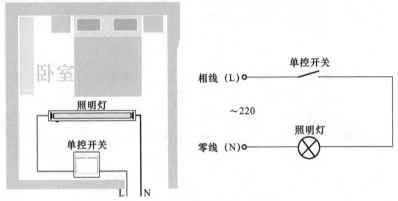

图 6-21 单控开关控制单个照明灯

（2）单控开关控制多个照明灯

单控开关控制多个照明灯是指使用一个单控开关，对两盏或两盏以上的照明灯进行控制，它在家庭照明中常用于一些空间较大，使用一盏照明灯无法照亮整个空间的地方，如在客厅的进门处设置一个单控开关，对其客厅内的两盏照明灯进行控制，如图 6-22 所示。

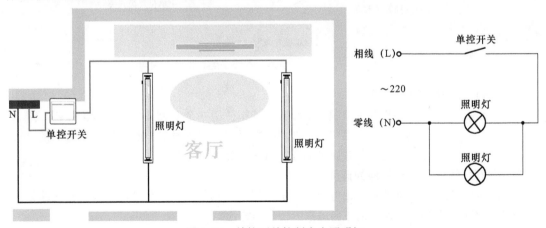

图 6-22 单控开关控制多个照明灯

（3）多控开关控制单个照明灯

多控开关控制单个照明灯是指使用双控开关或三控开关，对一盏照明灯进行控制，它在家庭照明中常用于需要多个方位对一盏照明灯进行控制的地方，如在客厅、卧室等地方，如图 6-23 所示，在卧室的进门处和床头

处各设置了一个单控开关，用于对其卧室内的照明灯进行控制。

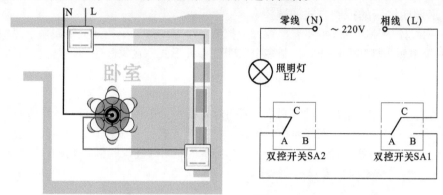

图 6-23　多控开关控制单个照明灯

　　　　在家庭照明中，若室内空间较大，常会用到三个方位对一盏照明灯进行控制，如客厅的空间较大，需要在进门口处、卧室进入客厅的门口处和走廊处各设置一个开关，对客厅内的照明灯进行控制，此时可以采用一个两位双控开关和两个单位双控开关进行控制，如图 6-24 所示。

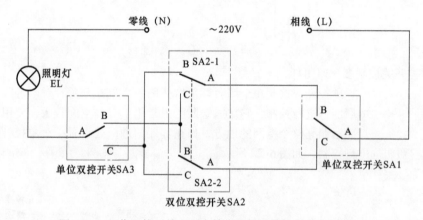

图 6-24　两位双控开关和两个单位双控开关控制单个照明灯

（4）多控开关控制多个照明灯

　　　　多控开关控制多个照明灯是指使用一个多控开关，对多个照明灯进行控制，它在家庭照明中常用于需要多控开关对多个照明灯进行控制的环境中，如走廊与客厅等地方，如图 6-25 所示。

**2. 家庭照明线路主要部件的选配**

家庭照明线路的主要部件主要由导线、开关、照明灯具等组成，在进行家庭照明线路设计时，应根据需要对其照明线路中的主要部件进行合理的选配。

（1）导线的选配

　　　　家庭照明线路的用电设备主要是各种灯具，其总功率相比较小，通过的电路约为 4A 左右，根据导线载流量进行计算并考虑其导线的机械强度，此时选择横截面积为 1.0mm² 的铜芯导线即可满足需要，如图 6-26 所示。

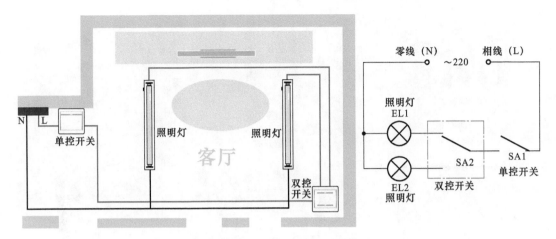

图6-25　多控开关控制多个照明灯

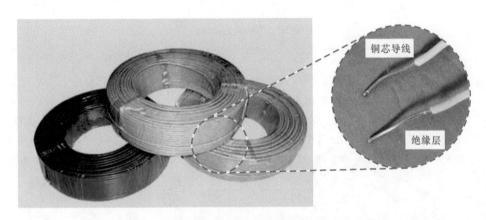

图6-26　铜芯导线的实物外形

（2）开关的选配

　　　　　　家庭照明线路中开关是用来控制照明灯通断的器件，按开关的安装方式不同，分为明装和安装开关，其中明装开关现在已经随着社会的发展被暗装开关而替代。暗装开关的安全性比较高，且美观，不易损坏。如图6-27所示为几种常见的暗装开关。

　　暗装开关主要有单控开关、多控开关两种。其中单控开关是指只对一条线路进行控制的开关，又可分为单位单控开关、双位单控开关以及多位单控开关等；双控开关是指能够对两条甚至三条线路进行控制的开关，又可分为单位双控开关、双位双控开关以及多位双控开关等。在选配时，可根据家庭照明线路的控制方式的不同需要以及用户的不同需求选择不同类型的控制开关。

（3）照明灯具的选配

　　照明灯具在家庭居住环境中具有非常重要的作用，并且随着生活水平的提高，人们对家庭照明灯具的布置和安装提出了更高的要求，如：除了对照明灯具光源品质的选择上更加科学化以外，在其造型外观上的选择更是多种多样。现在主流的照明灯具主要有两种，一种是荧光灯，一种是节能灯。

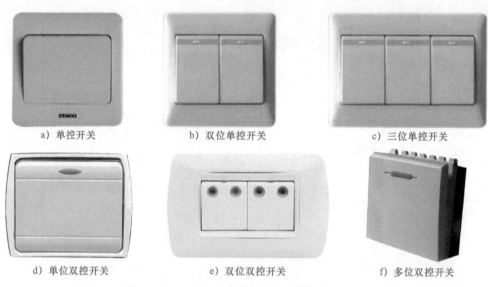

a) 单控开关　　　　b) 双位单控开关　　　　　c) 三位单控开关

d) 单位双控开关　　　e) 双位双控开关　　　　f) 多位双控开关

图 6-27　几种常见的暗装开关

① 荧光灯的选配

在家庭生活中，荧光灯通常安装在需要明亮的环境中，如客厅、卧室、地下室等，根据不同的安装环境，对荧光灯亮度、外形的选择也各有不同，常见的荧光灯有直管型荧光灯、环形荧光灯和 2D 形荧光灯等，选配时可根据用户不同的需要进行选择，如图 6-28 所示。

直管型荧光灯　　　　　　环形荧光灯　　　　　　2D形荧光灯

图 6-28　荧光灯的外形

② 节能灯的选配

节能灯又称为紧凑型荧光灯，它具有节能、环保、耐用等特点，在家庭环境中通常安装在阳台、洗手间、厨房等，并且根据不同的安装环境，对节能灯的亮度、功率的选择也各有不同，常用的节能灯外形有 U 形、螺旋型、球泡型、一体塔型、梅花型、莲花型等，如图 6-29 所示。

### 6.2.2　家庭照明线路的安装与调试

对家庭照明线路的设计以及主要部件选配完成后，即可对家庭照明线路进行安装，安装时应遵循一定的安装要求进行，以保证安装完成后的家庭照明线路的安全、可靠。

**1. 家庭照明线路的安装**

下面我们以单控开关控制单个照明灯的控制方式为例对其家庭照明线路的安装进行介绍。

图 6-29　节能灯的外形

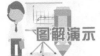　1）在对家庭照明线路中的开关及照明灯进行安装时，首先应了解开关以及照明灯在线路中的连接关系，如图 6-30 所示。

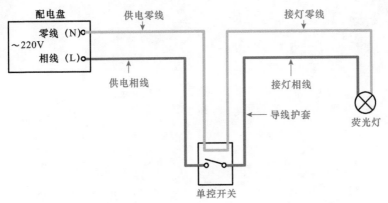

图 6-30　照明灯和开关的连接关系

　2）使用剥线钳将开关接线盒内预留的导线剥至适合的长度，按照上述连接关系示意图与其单控开关进行连接，如图 6-31 所示。

3）单控开关接线完成后，将开关底板的固定点摆放位置与接线盒两侧的固定点相对应放置开关，然后选择合适的紧固螺钉将单控开关底板进行固定，最后将单控开关两侧的护板安装到开关上，便完成了单控开关的安装操作，如图 6-32 所示。

4）接下来对照明灯进行安装，在此以荧光灯为例进行安装，在安装前，应根据灯架上固定螺钉在天花板上相应的安装位置上进行钻孔，并将胀管装入钻孔内，如图 6-33 所示。

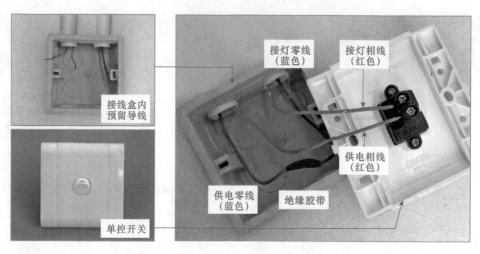

图 6-31　单控开关的接线

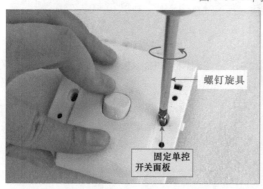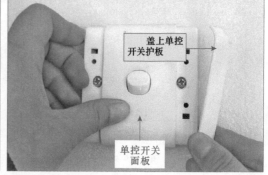

图 6-32　单控开关的安装固定

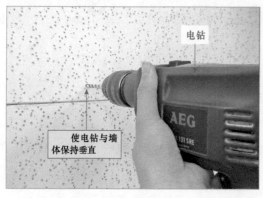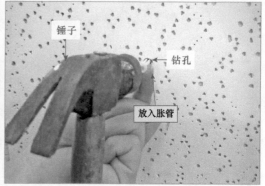

图 6-33　钻孔和安装胀管

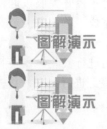

5）接着将灯架对准胀管的位置，然后用匹配的木螺钉拧入固定在天花板的胀管中，将灯架固定在天花板上，如图 6-34 所示。

6）接着将灯架上预留的导线端子与供电线进行连接，如图 6-35 所示，将供电线路中的相线连接镇流器一端；零线连接灯座一端，接地线连接到灯架的卡线片上，连接完成后，使用绝缘胶带进行绝缘保护。

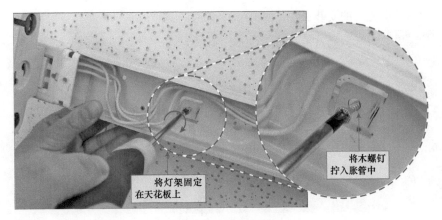

图 6-34　固定灯架

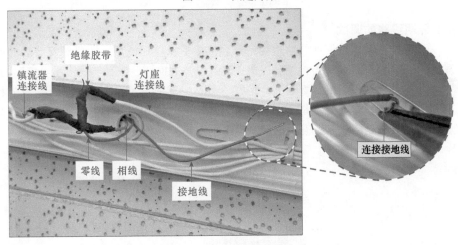

图 6-35　荧光灯接线操作

7）接线完成后，盖上灯架外壳，再将荧光灯管安装在灯架的固定架上，如图 6-36 所示。

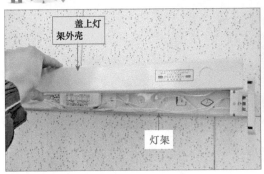
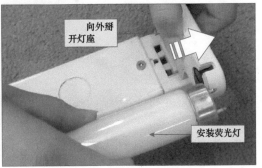

图 6-36　盖上灯架外壳、安装荧光灯

8）两根荧光灯管都装入灯架后，适当用力向内推灯架两端的灯座，确保荧光灯管两头的电极触点与灯座接触良好，最后将辉光启动器插入辉光启动座的连接口，旋转一定角度，使其两个触点与灯架的接口完全可靠扣

合, 至此便完成了荧光灯的安装操作, 如图 6-37 所示。

向内推
灯架两端

装入辉光启
动器并旋转

图 6-37　固定灯座、安装辉光启动器

### 2. 家庭照明线路的调试

室内照明线路连接完毕后, 并不能立即使用, 还要对安装后的照明线路进行调试与检测, 以免荧光灯、开关损坏, 或有接线错误等情况的发生, 造成设备的损坏或人身伤害。如图 6-38 所示, 进行调试时, 应首先接通电源, 并按下单控开关, 查看荧光灯是否能够正常地被点亮, 若不能正常使用, 则应检查线路的连接以及荧光灯的安装是否正常, 开关的接线是否牢固等。

荧光灯点亮

按下单控开关

图 6-38　家庭照明线路的调试

## 6.3　小区供电线路的安装与调试技能

### 6.3.1　小区供电线路的设计

小区供电线路的设计是小区供电线路施工过程中的重要环节。电工要在施工前熟悉小区的施工环境, 对线路的敷设、小区照明线路及变配电系统等进行合理的规划, 并根据不同的安装环境, 选择不同的设备, 并制定出整体施工方案, 从而满足小区的供电要求。

**1. 小区供电线路的供电方式**

**（1）小区供电方式**

小区的供电一般都是由发电厂经变电站后，通过电线杆、地下管网等方式送往小区的变配电室，如图6-39所示，三相交流电源是发电厂将风能、水能或核能等自然界的能源转换成电能，经高压线传输到变电站中，由变电站的变电和配电设备将高压或超高压降为中低电压，经柱上变压器、电线杆、地下传输网络送给小区的变配电室。

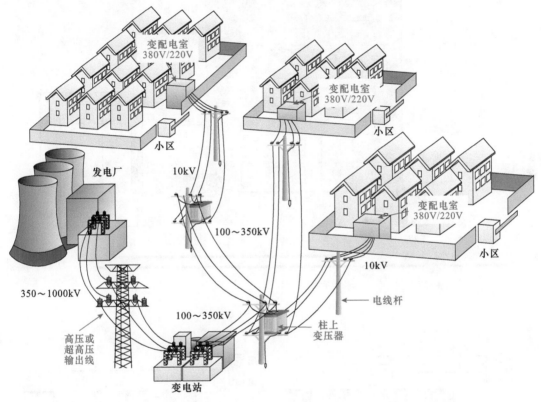

图6-39 小区的供电方式

**（2）小区楼宇供电方式**

电力传输线路进入小区变配电室后，由变配电室送出三相380V交流电压分别送给小区各栋楼及各单元的总配电箱中，由楼内的总配电箱按照三相交流平衡分配的原则，将其分成3路单相交流电送入各楼层中，使得日常生活中实际使用的为单相交流电，如图6-40所示。

**（3）小区进户供电方式**

三相380V进入楼宇后，由楼内的总配电箱进行各楼层的配电，其配电网络的基本连接方式主要有放射式、树干式、混合式和链式4种，如图6-41所示，电工进行配电操作时，应根据用户需求综合运用各种配电方式，进行线路的连接敷设。

放射式供电方式一般多在较重要的负荷配电时使用；树干式供电方式一般在不重要的照明场所配电时使用；混合式供电方式是一种介于放射式和树干式之间的配电方式；链式供电方式

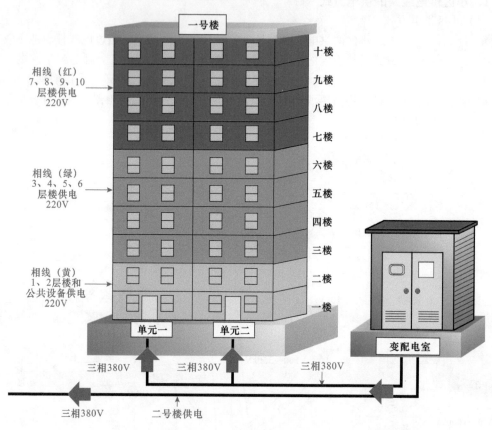

图 6-40 小区楼宇的供电方式

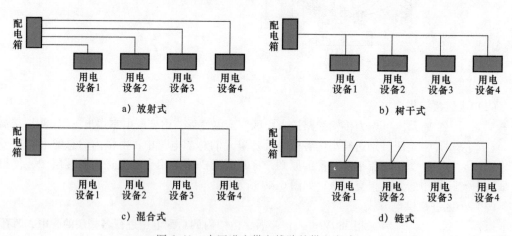

图 6-41 小区进户供电线路的供电方式

一般在距离变配电所较远,而彼此自检距离又近的不重要的小容量设备配电时使用,连接台数不宜超过 3~4 台。

常用的供电方式很少有单独使用的,往往是综合运用,下面以几种典型的配电方案为例进行介绍,来帮助电工合理地选择进户供电线路的供电方式。

① 多层建筑物配电系统

如图 6-42 所示，为多层建筑物配电系统。其进户线直接进入大楼的总配电箱，由总配电箱采取干线或立管（竖井）方式向各层分配电箱供电，再经分配电箱引出支线向各个房间的用电设备供电。

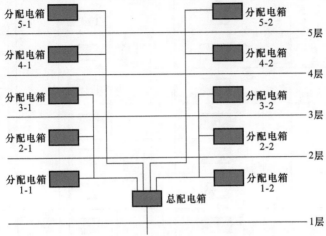

图 6-42　多层建筑物配电系统

② 住宅建筑配电系统

如图 6-43 所示，为住宅建筑配电系统。以每一楼梯间作为单元，进户线引至该住宅的楼宇配电箱（在某一单元内），再由干线引至每一单元的总配电箱，各单元采用树干式（或放射式）向各层用户的分配电箱供电。

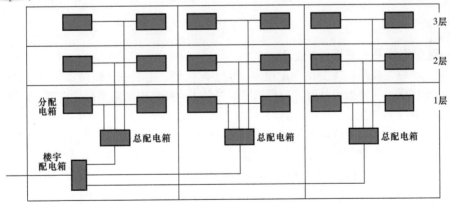

图 6-43　住宅建筑配电系统

③ 高层建筑配电系统

如图 6-44 所示，为高层建筑配电系统，该系统分别采用 4 种方案。其中方案 a、方案 b、方案 c 采用的是混合式，先将整栋楼按区域和层分为若干供电区，设置电气竖井，并划分每个供电区的楼层，由每路干线向一个供电区供电，故称为分区树干式配电系统。

其中方案 a 和方案 b 基本相同，只是方案 b 增加了一个公用备用回路（树干式）。方案 c 增加了一个分区配电箱，与方案 a 和方案 b 对比，可靠性更高。方案 d 采用树干式配电方式，配电干线少，减少了低压电平及供电回路数，安装维修方便，但供电的可靠性和控制的灵活性较差。

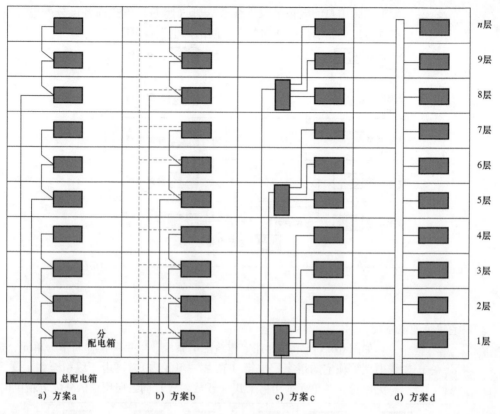

图 6-44　高层建筑配电系统

### 2．小区供电线路主要部件的选配

小区供电线路主要部件主要由变配电室、楼宇配电箱、电能表、断路器、电线、电缆等组成，在进行小区供电线路的设计时，应根据需要对其供电线路中的主要部件进行合理的选配。

（1）变配电室的选配

变配电室是用来放置变配电设备的专用房间，需要建设在指定的安装位置，便于小区各单元楼供电，是小区供电线路中必不可少的设备，典型的小区变配电室如图 6-45 所示。

图 6-45　变配电室

变配电室的主要功能是将高压三相6.6~10kV的电源经开关及检测设备后送到单相高压变压器和三相高压变压器中，经变压器变成单相220V电压和三相380V电压，再送往楼宇配电箱内。

（2）配电箱的选配

配电箱是每个住户供电都会涉及到的设备，配电箱里一定要包括电能表、断路器这些基本配件，并且必须安装在一起，其中电能表是用来计量用电量的，配电箱中的断路器位于主干供电线路上，因此是对主干供电线路上的电力进行控制、保护的装置，也可称之为总断路器、总开关。图6-46是楼宇配电箱和用户配电箱，从图可看出楼宇配电箱内采用的是三相接线方式的电能表和总断路器，而用户配电箱内采用的是单向接线方式的电能表和总断路器。

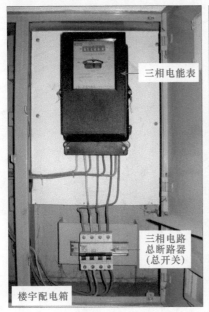
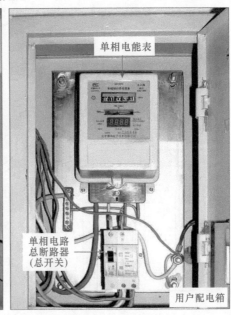

图6-46　配电箱内的基本配件

选配配电箱内的总断路器和电能表时，应满足总断路器的额定电流必小于电能表的最大额定电流。电能表的容量应根据用户的需要进行选择，若电能表选用最大额定电流为40A，那么总断路器必须采用小于40A的断路器。

电能表和总断路器的额定电流有许多等级，如5~20A、10~30A、10~40A、20~40A、20~80A等，如果使用的家用电器比较多，低额定电流的电能表和总断路器就无法满足工作要求。此时，可根据使用的家用电器的功率总和，按照功率计算公式 $P$（W）$= UI$（VA），计算出实际需要的电能表和总断路器的额定电流的大小。

（3）电线、电缆的选配

选择电线、电缆时，传输电流的值与电缆的规格要相适应，即电缆的载流量是各个支路电流的总和，如选择电缆留的余量过大，会造成浪费，如电缆直径选择得过小，会使电缆在传输电流的过程中产生较大的热量，导线过热会引起线路损坏，还可能引起火灾，选用时应注意。除此之外选择室外电线、电缆时还应保证电线、电缆具有良好的防水性能、防腐蚀性能、温度范围、可承受压力和其他外力等。

### 6.3.2 小区供电线路的安装与调试

小区供配电线路设计及主要部件选配完成后，即可根据所设计的供电线路，对其主要部件进行安装接线操作，并对安装完毕后的线路进行调试。

**1. 小区供电线路的安装**

1）变配电室是小区供电线路中不可缺少的设备，也是供电线路的核心，在进行小区供电线路的敷设和连接前，应首先对其变配电室进行架设，如图6-47所示。架设的变配电室应符合安全、可靠、力学性能好等要求，从外界线路引入的三相高压电源线，通过地下管网送到小区变配电室内，为了安全可靠，必须使用铁管进行防护。

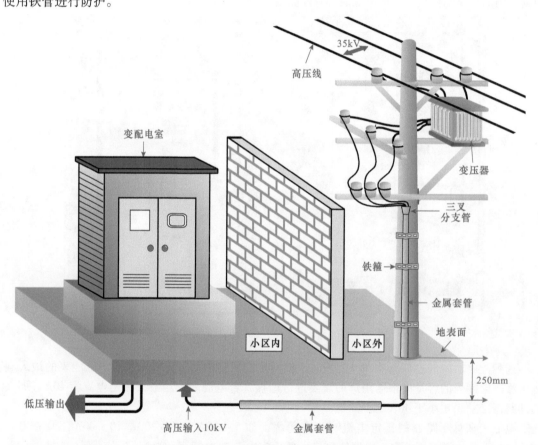

图6-47 变配电室的架设以及与外接线路的连接

三相高压电源线分别用绝缘性能良好的导线，在施工过程中，严格按施工要求和安全规范进行，特别注意不要损伤电缆的绝缘层。低压输出端应与高压输入端分离，不要靠近，最好是分为两侧，输出线也采用金属套管保护。并且施工过程中一定要注意在断电的情况下进行。

2）接下来对其变配电室内的主要部件进行连接，变配电室的主要功能是将高压三相6.6kV或10kV的电源经开关及检测设备后送到单相高压变压器和三相高压变压器中，经变压器变成单相220V电压和三相380V电压，再送往楼宇配电箱内，连接时可按图6-48的接线方法进行连接。

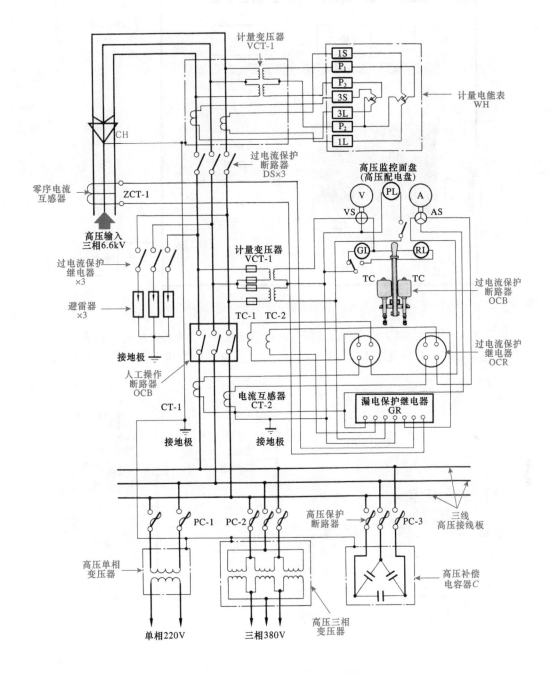

图 6-48　变配电室的线路连接图

3）在变配电室架设、连接完成后，将变配电室的输出线按照规划的布线图进行地下管网线路的敷设，引入各楼宇配电箱中，如图 6-49 所示。

在施工时，可以根据预埋线路的地下管网图，为小区中的各个楼宇进行线路的架设，该线路不光包括变配电室输送来的强电管网，也有包括弱电（电话、网络、有线电视）管网线路。

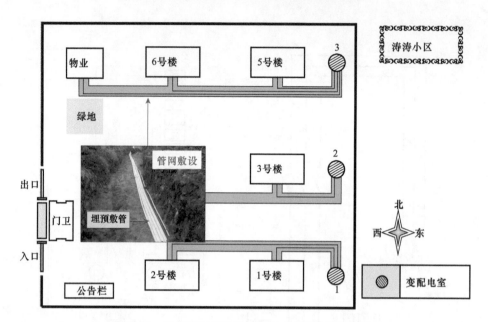

图 6-49    将变配电室的输出线引入各楼宇配电箱中

4）低压供电线路引入楼宇配电箱后，由楼宇配电箱根据预先设计的进户供电方式将其供电线路引入各层分配电箱和楼道照明系统中，如图 6-50所示。

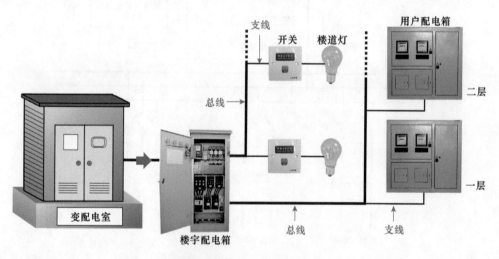

图 6-50    楼宇内供电线路的分配

5）楼宇配电箱内的低压供电线路引入各楼层后，接下来就需要对每层楼的楼道里的照明灯和用户配电箱进行安装了，楼道配电箱用来检测住户的用电量，如图 6-51 所示。配电箱是由电能表、总断路器以及传输线路等组成的，以每层楼有两个住户为例，配电箱中有两组供电线路，分别连接两个住户供电线路的电气设备。

6）接下来需要对其楼道照明线路进行安装连接，楼道照明线路主要由楼道灯和控制开关等

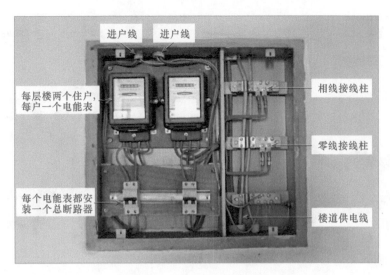

图 6-51　配电箱的安装实物图

组成。

　　　　安装楼道灯时，将楼道灯灯座的相线和零线分别与墙板上预留的电源供电的相线和零线进行连接，连接完成后将照明灯的灯座定位在设定的位置，使用十字螺钉旋具将其固定在墙板上，拧入灯泡，即完成了楼道灯的安装，如图 6-52 所示。

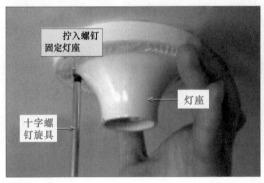
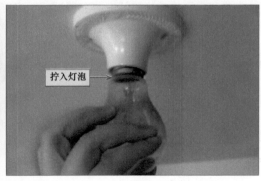

图 6-52　楼道灯的安装

7）楼道灯安装完成后，接下来对其楼道灯控制开关进行安装，楼道灯的控制开关通常采用触摸开关和声控开关等，其安装方法同单控开关的安装方法相同，再此可参照 6.2.2 节中单控开关安装方法进行安装。

**2．小区供电线路的调试**

　　　　楼道灯安装完成后，需要对其进行检验操作，以免开关已经损坏，或接线错误等情况的发生。启动电源后，使用控制开关可以控制楼道灯的点亮与自动熄灭，因此，说明小区供电线路安装正常，如图 6-53 所示，为楼道灯采用触摸开关和声控开关控制的调试过程。

图 6-53　楼道灯采用触摸开关和声控开关控制的调试过程

## 6.4　电力拖动线路的安装与调试技能

### 6.4.1　电力拖动线路的设计

电力拖动线路也是电气控制线路中最为常见的系统之一，该线路主要是指电动机的控制线路，可以对电动机的起动、运转和停机进行控制，此外还具有过电流、过热和缺相自动保护功能。在进行电力拖动线路的安装和调试前，应首先对该线路进行设计。

**1.　电力拖动线路控制方式的选择**

电力拖动线路是依靠启停按钮、接触器、时间继电器等控制部件来控制电动机，进而实现对电动机的点动控制、连续控制、减压起动控制、顺序控制、正反转控制、间歇控制、调速控制、制动控制等。电工在选择控制方式时，可根据不同机械设备的不同工作方式进行选择。

（1）点动控制方式

点动控制方式是指按下按钮时电动机就转动，松开按钮时电动机就停止动作，该控制方式通常用于需要电动机做短时且连续的工作环境上，如起重机的升降控制，吊车的上下左右移动控制等。

（2）连续控制方式

连续控制方式是指按下电动机启动按钮后再松开，控制电路仍保持接通状态，电动机能够继续正常运转，在运转状态按下停机键，电动机停止运转，松开停机键，复位后，电动机仍处于停机状态。该控制方式常用于需要电动机长时间工作的环境上。

（3）减压起动控制方式

减压起动是指在电动机起动时，加在定子绕组上的电压小于额定电压，当电动机起动后，再将加在定子绕组上的电压升至额定电压。防止起动电流过大，损坏供电系统中的相关设备。该控制方式适用于容量在 10kW 以上的电动机或由于其他原因不允许直接起动的电动机上。

（4）顺序控制方式

顺序控制方式是指对电力拖动线路中的各个电动机的起动顺序进行控制，该控制方式通常应用在要求某一电动机先运行，另一电动机后运行的设备中。

（5）正反转控制方式

正、反转控制方式是指能够使电动机实现正、反两个方向运转的电路，该控制方式通常应用于需要运动部件进行正、反两个方向运动的环境中，如起重机悬吊重物时的上升与下降，机床工作台的前进与后退等。

（6）间歇控制方式

间歇控制方式是指控制电动机运行一段时间，自动停止，然后再自动起动，这样反复控制，来实现电动机的间歇运行。该控制方式适用于具有交替运转加工的设备中。

（7）调速控制方式

调速控制方式是指机械负载不变的条件下通过人为改变电动机的旋转速度。该控制方式适用需要在工作过程中调整动力设备的速度的生产设备中。

（8）制动控制方式

电动机在切断电源后，由于惯性作用，还要继续旋转一段时间后才能完全停止。但在实际生产过程中有时候要求电动机能迅速停车和准确定位，如万能铣床、卧式镗床、组合机床等机床中的电动机，因此要求采取一定的措施使电动机能够立即准确地停转，所采取的措施称为制动控制方式。该控制方式适用于需要电动机立即停机的加工设备中，以提高加工精度。

**2. 电力拖动线路主要部件的选配**

电力拖动线路主要由控制开关、接触器、继电器等控制部件构成，在进行电力拖动线路设计时，应根据需要对其电力拖动线路中的主要部件进行合理的选配。

（1）控制开关的选配

控制开关是指对电力拖动线路发出操作指令的电气设备，它具有接通与断开电路的功能，利用这种功能，可以实现对生产机械的自动控制。如图6-54所示，电力拖动线路中的控制开关主要有电源总开关、按钮、转换开关等。选配时可根据控制开关的功能进行选择。

　　a）按钮开关　　　　　b）转换开关　　　c）电源总开关（刀开关）　d）电源总开关（断路器）

图6-54　控制开关的选配

（2）接触器的选配

接触器也称电磁开关，它是通过电磁机构的动作频繁接通和断开主电路供电的装置。常用于电动机、电热设备、电焊机等的控制。如图6-55所示，接触器按照其电源类型的不同可分为交流接触器和直流接触器两种。选配接触器时，可根据电力拖动线路的电源类型进行选择。

（3）继电器的选配

继电器是一种当输入量（电、磁、声、光、热）达到一定值时，输出量将发生跳跃式变化的自动控制器件，在电力拖动线路中常用于电动机的控制及保护。如图6-56所示，电力拖动线路中常用的继电器主要有电磁继电器、固态继电器、时间继电器、中间继电器、温度继电器、过热保护继电器、速度继电器、

a) 交流接触器                    b) 直流接触器

图 6-55   接触器的选配

压力继电器、电流继电器、电压继电器等。

a) 电磁继电器   b) 固态继电器   c) 时间继电器   d) 中间继电器   e) 温度继电器

f) 过热保护继电器   g) 速度继电器   h) 压力继电器   i) 电流继电器   j) 电压继电器

图 6-56   继电器的选配

① 电磁继电器

电磁继电器具有输入回路和输出回路，通常用于自动的控制系统中，实际上是用较小的电流或电压去控制较大的电流或电压的一种自动开关，在电路中起到了自动调节、保护和转换电路的作用。

② 固态继电器

固态继电器是一种无触点电子开关，由分立元器件和芯片混合而成的。用隔离器件实现了控制端与负载端的隔离，可以用输入微小的控制信号，达到直接驱动大电流负载的作用。

③ 时间继电器

时间继电器是其感测机构接收到外界动作信号，经过一段时间延时后触点才动作或输出电路产生跳跃式改变的继电器，主要用于需要按时间顺序控制的电路中，延时接通和切断某些控制电路。

④ 中间继电器

中间继电器实际上是一种动作值与释放值固定的电压继电器，是用来增加控制电路中信号数量或将信号放大的继电器。其输入信号是线圈的通电和断电，输出信号是触点的动作。中间继电器的主要特点在触点系统中，没有主、辅触点的区别，允许通过的电流也是相等的。触点数量也较多，在控制电路中起到中间放大的作用。

⑤ 温度继电器

温度继电器是一种通过温度高低变化来控制电路导通与切断的继电器，利用了温度的变化来实现对电路的导通或切断，该继电器具有重量轻、控温精度高等特点。

⑥ 过热保护继电器

过热保护继电器是一种电气保护元件，它是利用电流的热效应来推动动作机构使触点闭合或断开的保护电器。由于过热保护继电器发热元件具有热惯性，因此在电路中不能做瞬时过载保护，更不能做短路保护。

⑦ 速度继电器

速度继电器又称为反接制动继电器，主要是与接触器配合使用，实现电动机的反接制动。

⑧ 压力继电器

压力继电器是将压力转换成电信号的液压器件，常用于电力拖动线路的液压或气压的控制系统中，它可以根据压力的变化情况来决定触点的开通和断开。

⑨ 电流继电器

电流继电器是指当继电器的电流超过整定值时，引起开关电器有延时或无延时动作的继电器。电流继电器又可分为过电流继电器和欠电流继电器。主要用于频繁起动和重载起动的场合，作为电动机和主电路的过载和短路保护。

⑩ 电压继电器

电压继电器又称零电压继电器，是一种按电压值的大小而动作的继电器。电压继电器具有导线细、匝数多、阻抗大的特点，电压继电器根据动作电压的不同，还可分为过电压继电器和欠电压继电器。

## 6.4.2 电力拖动线路的安装与调试

电力拖动线路设计及主要部件选配完成后，即可根据所设计的电力拖动线路，对其主要部件进行安装接线操作，并对安装完毕后的线路进行调试。下面我们以电动机连续控制线路为例对其安装与调试进行介绍。如图6-57所示，为电动机连续控制线路的控制原理图。

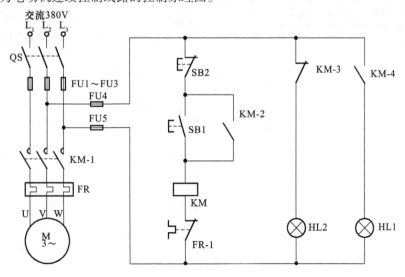

图 6-57 电动机连续控制线路的控制原理图

## 1. 电力拖动线路的安装

1）在进行电力拖动线路的安装前，可参照图 6-57 中的电动机连续控制线路的设计图进行，在安装时，通常先安装电动机供电电路，然后再安装控制电路，如图 6-58 所示为电力拖动系统的连接示意图。

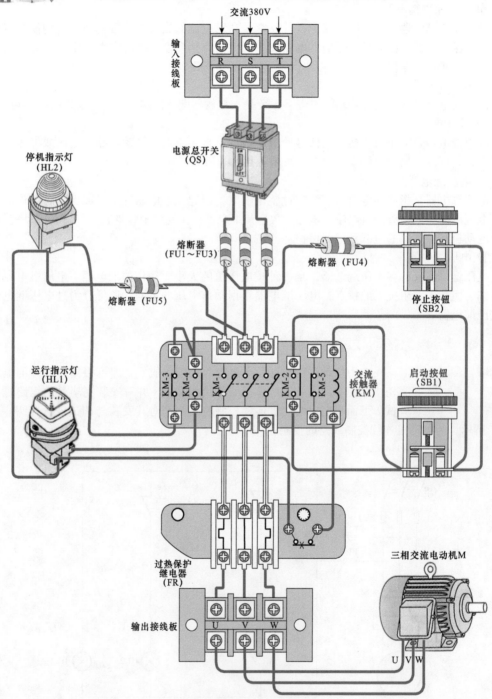

图 6-58　电力拖动系统的连接示意图

2）选择一个控制箱，将相应的控制器件根据设计要求安装在控制箱内，然后根据连接线路图和连接示意图，对各控制器件进行线路连接，控制箱中的控制线路安装完毕，最后，依据安装布线图完成控制器件与电动机之间的线缆敷设和连接，如图6-59所示为电动机点动控制线路的安装示意图。

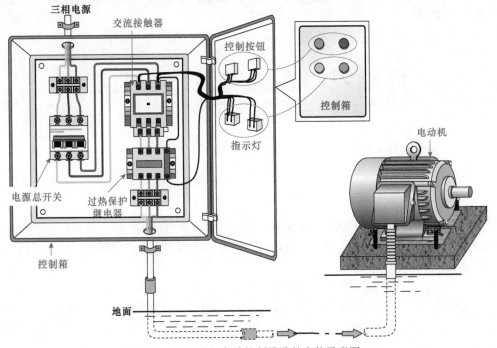

图6-59 电动机点动控制线路的安装示意图

在整个电力线路的安装过程中，选择的各电气部件的额定电流应满足该电路的要求，以免造成电路无法运行工作或烧坏某些电气部件；同时还应严格按照电力拖动线路原理图的连接方式进行连接，不得按照自己的想法进行连接，以免连接错误无法实现电动机的控制或造成电动机的损坏；最后还应保证安控制箱内的电气部件安装牢固，并符合电气设备安装的工艺要求，且连接后不得有裸导线外漏，以保证控制人员操作控制按键时的安全。

**2. 电力拖动线路的调试**

电力拖动线路安装完成后，需要对其进行测试检验，测试检验时可分为断电和通电两种方法进行。

（1）电力拖动线路的断电测试

断电测试电力拖动线路时应按照控制线路原理图和接线图从电源端开始，逐段确认接线有无漏接、错接之处，检查导线接点是否符合工艺要求，若经检测无误，在进行通电测试观察其是否能够正常运行。

（2）电力拖动线路的通电测试

通电测试电力拖动线路时，应严格按照安全操作规程中的有关规定进行实际操作，以确保人身安全。

根据电路的设计原理，接通三相电源 $L_1$、$L_2$、$L_3$，合上总电源开关 QS。当按下启动按钮 SB1 后，电动机开始运转；按下停止按钮 SB2 后，电动机因断电停止转动，符合电路的设计原理，说明线路连接正确，可以投入使用。

若通电测试检验过程中出现问题，应及时进行检修，确定都正常后，才可投入使用。

# 第 ⑦ 章

# 灯控照明系统安装维护技能

## 7.1 路灯照明系统的安装与维护

### 7.1.1 路灯照明系统的特点

路灯照明系统是智能楼宇中不可缺少的一部分，它主要包括在夜间为小区内部和周围边界提供路灯照明和地灯照明用电，它们都是设置在物业小区周围边界或园区内，具有照明和卫护的作用。

在一个小区的路灯照明系统中主要是有多个路灯和多个地灯组成，每个路灯都包括灯罩（防尘罩）、灯杆、路灯和相关的线缆组成的，每个地灯也相应的包括防尘罩、灯具和相关的线缆。图7-1所示为典型路灯照明系统。

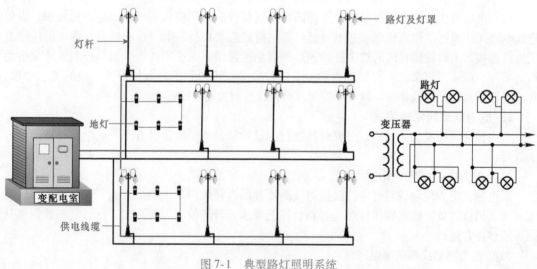

图7-1　典型路灯照明系统

### 1. 路灯（高压钠灯）

路灯作为一种光源器件是该照明系统中最重要的部件，路灯的种类较多，可分为高压钠灯、金属卤化物灯、高压汞灯、低压钠灯、LED路灯，根据使用环境的不同，可分别选用不同类别的路灯。图7-2所示为路灯的实物外形。

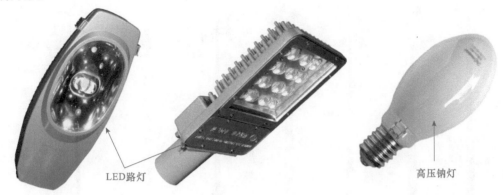

LED路灯　　　　　　　　　　　高压钠灯

图 7-2　路灯的实物外形

## 2. 灯罩

灯罩主要是用来保护路灯，同时还可以起到防尘的作用，除此之外，还可以根据不同形状的灯罩来美化周边的环境。图 7-3 所示为灯罩的实物外形。

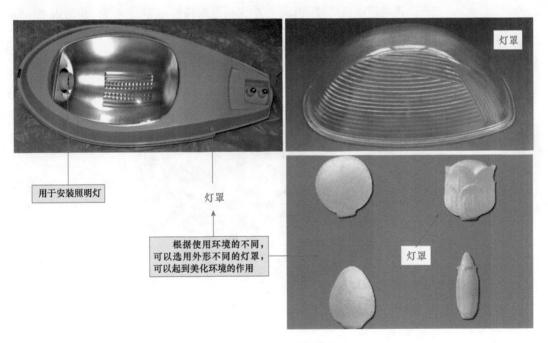

用于安装照明灯　　　　　　　灯罩

灯罩

根据使用环境的不同，可以选用外形不同的灯罩，可以起到美化环境的作用

灯罩

图 7-3　灯罩的实物外形

## 3. 灯杆

在路灯照明系统中，灯杆主要用来敷设供电线缆以及承载路灯，在灯杆上可承载的路灯可分为单、双两种，灯杆的高度约为5m。图 7-4 所示为灯杆的实物外形。

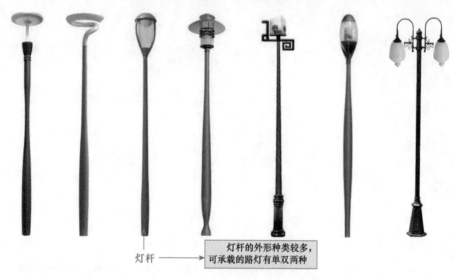

灯杆 ——

灯杆的外形种类较多，
可承载的路灯有单双两种

图 7-4 灯杆的实物外形

### 4. 供电线缆

  供电线缆在路灯照明系统中主要是连接配电箱与路灯，作为供电电压的传输通道，供电线缆的横截面积可根据供电电量进行匹配，选择不同横截面积的供电线缆。图 7-5 所示为供电线缆的实物外形。

图 7-5 供电线缆的实物外形

## 7.1.2 路灯照明系统的安装

  在安装路灯照明系统前，应选择合适的路灯、线缆，通常需要考虑灯具的光线分布，以方便路面有较高的亮度和均匀度，并应尽量限制眩光的产生。路灯照明系统的安装可大致分为3步：线缆的敷设、灯杆的安装、灯具的安装。

### 1. 线缆的敷设

目前路灯照明系统中常见的线路的敷设一般都采用埋地暗敷的方式。挖好沟道后，将电缆穿过套管，再将套管敷设在电缆沟道内，在电缆管套上方盖好盖板，并将盖板间的缝隙密封，完成线缆的敷设。

**2. 灯杆的安装定位与固定**

　　灯杆在进行安装时，首先将灯杆在敷线时预留的位置确定好，然后将线缆引入灯杆，并将灯杆埋在地下适当深度，并固定牢固，最后将供电线缆与灯线接好。图7-6所示为灯杆的安装与固定。

线缆

将线缆引入到灯杆中，并将灯杆直立安装在预留的位置进行固定

灯杆

图7-6　灯杆的安装定位与固定

　　安装灯杆之前，应根据需要选择合适的一些灯杆，通常灯杆的高度可选择为**5m**，路灯之间的距离为**25m**左右，可根据道路路型的复杂程度，使路口多、分叉多的地方有较好的视觉指导作用，所以在在主次干道采用的均为对称排列。

**3. 灯具的安装定位与固定**

　　灯杆安装固定完成后，接下来就需要对照明灯具和灯罩进行安装了，首先将选择好的照明灯固定在灯杆上，然后再将灯罩固定在灯杆上，并检查是否端正、牢固，避免松动、歪斜的现象。图7-7所示为灯具的安装与固定。

**7.1.3　路灯照明系统的维护**

　　路灯照明系统在长期运行过程中必然会出现各种故障。这就需要维修人员能做好路灯照明系统的日常维护工作，使系统避免出现严重的故障，或出现故障后能迅速排除。

　　维修人员应该注意的路灯照明系统的各个方面：

　　● 因为小区照明系统是暗埋方式，因此地面上每隔一段距离就有一个铁盖，这些盖子经常被盗，所以要随时注意盖子的情况，以免盖子被盗发生事故。

　　● 定期检查照明灯具的情况，灯具照明是有寿命的，所以要注意照明灯具的寿命，在达到灯具的寿命时要及时更换，有时灯具会因某些原因而不发光，也要注意及时更换。

　　● 定期检测灯身的透明罩，并应经常清扫擦拭，无法清扫干净的应更换。

　　● 定期检测电缆情况，电缆长期在外面有时会因为某些原因而损坏，所以要随时注意电缆的情况。

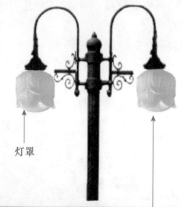

照明灯　　　　　　　　　灯罩

一个灯具适用不同规范的灯泡时，应将灯口固定点调整到与灯泡容量相同的位置，得到最佳配光曲线

灯罩在固定前应检查是否完整无损，安装时灯罩应加胶圈

图 7-7　灯具的安装定位与固定

图 7-8 所示为路灯照明系统线缆的日常维护。由于灯杆长期暴露在外界环境下，因此使用一段时间后，也需要对灯杆做一定的检查。另外，在路灯照明系统中，各铁质的部件如出现严重锈蚀或裂缝、伤痕等情况，漆皮脱落或锈蚀应除锈刷漆或镀锌。

使用维修工具检查路灯照明灯内部的线缆是否正常

维修工具

检查路灯照明系统供电线缆是否正常

图 7-8　路灯照明系统线缆的日常维护

定期检测供电系统中照明的安全防范情况，如防雷与接地措施是否有效。图 7-9 所示为检查供电系统中的接地是否良好。

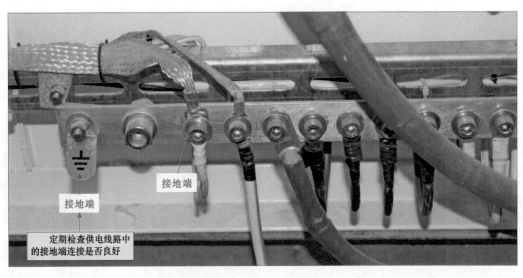

接地端

接地端

定期检查供电线路中
的接地端连接是否良好

图 7-9　检查供电系统中的接地是否良好

## 7.2　楼道照明系统的安装与维护

### 7.2.1　楼道照明系统的特点

楼道照明系统是指在楼宇中为公共场所设置的照明系统，主要是为用户提供照明服务，通常设置安装于楼梯、楼道和楼体等位置，楼道照明系统是由照明灯、控制开关和线路等部分组成，正常采用交流 220V 电源进行供电。图 7-10 所示为典型楼道照明系统。

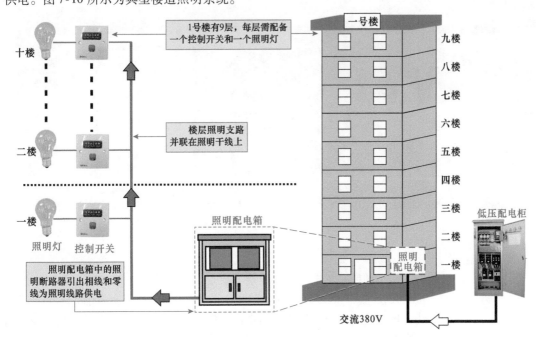

1号楼有9层，每层需配备
一个控制开关和一个照明灯

一号楼

九楼
八楼
七楼
六楼
五楼
四楼
三楼
二楼
一楼

十楼

楼层照明支路
并联在照明干线上

二楼

照明配电箱

一楼

照明灯　控制开关

照明配电箱中的照
明断路器引出相线和零
线为照明线路供电

照明
配电箱

低压配电柜

交流380V

图 7-10　典型楼道照明系统

**1.照明灯**

照明灯主要是为楼道提供光源，目前市场上的楼道照明灯具品种繁多，如：白炽灯、荧光灯、碘钨灯等。在日常生活中通常使用白炽灯和荧光灯作为楼道照明光源。图 7-11 所示为典型楼道照明系统中照明灯的实物外形。

图 7-11　典型楼道照明系统中照明灯的实物外形

**2.控制开关**

控制开关用于控制电路的接通或断开，在这里用来控制楼道照明灯的点亮或熄灭。目前，楼道开关一般会选用声控开关（或声光控开关）、人体感应开关和触摸开关等。图 7-12 所示为典型楼道照明系统中控制开关的实物外形。

图 7-12　典型楼道照明系统中控制开关的实物外形

**3.供电线缆**

楼道照明系统中的供电线缆主要是实现照明配电箱与楼道照明灯的连接。在楼道照明系统中照明配电箱引出的供电线缆与照明线路（支路线缆）的供电线缆有所区别，通常需要进行区分。图 7-13 所示为典型楼道照明系统中供电线缆的实物外形。

供电线缆

图 7-13 典型楼道照明系统中供电线缆的实物外形

 **7.2.2 楼道照明系统的安装**

楼道照明系统中的照明灯进行安装时应将照明灯安装在楼道的中心位置，以保证光源的分布均匀；将照明灯具的控制开关安装在楼梯或电梯口处，安装时应注意其安装的高度，距地面的高度应为 1.3m。

**1. 开槽布线**

对楼道照明灯安装前，应先使用开凿工具按照设计要求在指定的墙体位置开槽，并确定照明灯、控制开关接线盒及照明支路接线盒的安装位置，然后进行穿线操作。图 7-14 所示为开槽布线的方法。

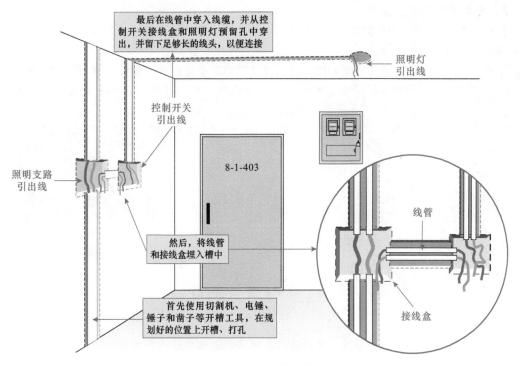

图 7-14 开槽布线的方法

## 2. 楼层照明支路的连接

开槽布线完成后，对照明支路接线盒中的引出线与控制开关接线盒中的引出线进行连接，通过照明支路为楼道照明灯进行供电。图 7-15 所示为楼层照明支路的连接方法。

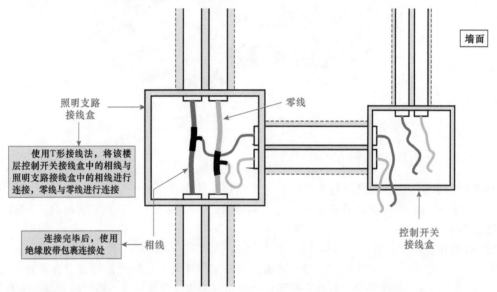

墙面

照明支路
接线盒

零线

使用T形接线法，将该楼层控制开关接线盒中的相线与照明支路接线盒中的相线进行连接，零线与零线进行连接

连接完毕后，使用绝缘胶带包裹连接处

相线

控制开关
接线盒

图 7-15　楼层照明支路的连接方法

## 3. 控制开关的安装连接

控制开关是用于控制楼道照明灯具通断的器件，楼层照明支路的连接完成后，接下来就可以对控制开关进行安装连接了。

首先使用剥线钳将预留导线的端子进行剥线操作，并将控制开关接线盒中与照明支路连接的零线和照明灯具的零线（蓝色）接线端子进行连接。图 7-16 所示为导线的加工方法。

与照明支路
连接线

控制开关
接线盒

剥线钳

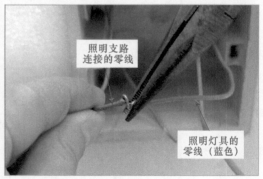

照明支路
连接的零线

照明灯具的
零线（蓝色）

图 7-16　导线的加工方法

使用绝缘胶带对导线连接处的裸露导线进行绝缘处理，使接线处有良好的绝缘性能，接下来拧松控制开关接线柱的固定螺钉，方便导线的连接。图 7-17 所示为控制开关的安装方法。

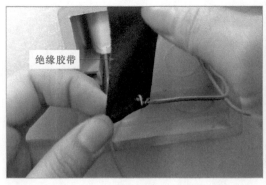
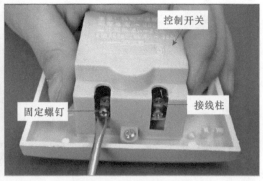

图 7-17　控制开关的安装方法

将照明支路连接的相线（红色）的预留端子穿入控制开关其中一根接线柱中。然后使用十字螺钉旋具拧紧控制开关接线柱的固定螺钉，固定与照明支路连接的相线。图 7-18 所示为照明支路相线的连接方法。

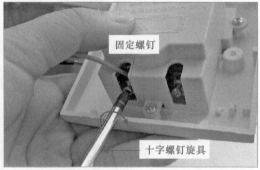

图 7-18　照明支路相线的连接方法

使用同样的方法将照明灯具连接端相线（红色）的预留端子穿入控制开关的另一个接线柱中并进行固定，向外拉动导线，检查导线端子连接是否牢固。图 7-19 所示为照明灯相线的连接方法。

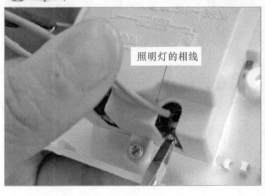
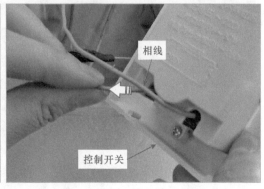

图 7-19　照明灯相线的连接方法

将多余的连接线盘绕在控制开关接线盒中，然后把控制开关放置在预留的安装位置，并将固定螺钉放入控制开关与接线盒的固定孔中，拧紧螺钉，将控制开关进行固定，完成控制开关的安装。图 7-20 所示为控制开关的安装方法。

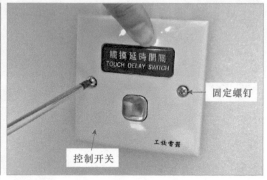

图 7-20　控制开关的安装方法

### 4. 照明灯的安装连接

照明灯是用于为楼道提供亮度的器件，控制开关连接完成后，接下来我们就可以对照明灯进行安装连接了。

首先将照明灯预留的相线端子和零线端子分别连接在灯座的相线和零线连接端上，然后将灯座定位在楼道灯设定的位置，使用十字螺钉旋具拧紧灯座的固定螺钉，将其固定在墙板上，最后将灯泡拧入灯座中，至此便完成了楼道照明系统的安装。图 7-21 所示为照明灯的安装方法。

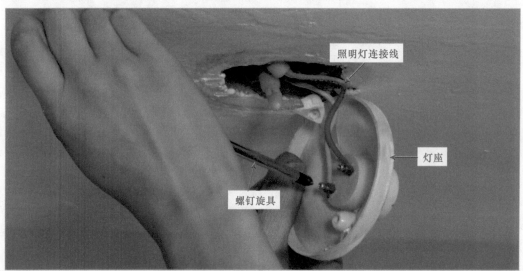
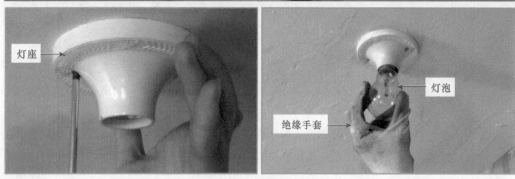

图 7-21　照明灯的安装方法

### 5．照明灯安装完成后进行验证

楼道照明系统安装连接完成后，需要对其进行检验操作，以免开关、照明灯已经损坏，或接线错误等情况的发生。

通常先开启电源，然后用手触摸控制开关（触摸延时开关），正常情况下，照明灯点亮，当手离开控制开关（触摸延时开关）一会后照明灯自动熄灭，此时说明楼道照明系统安装正常。图 7-22 所示为楼道照明系统的验证方法。

图 7-22　照明灯安装完成后的检测方法

## 7.2.3　楼道照明系统的维护

楼道照明系统给人们带来了很大的方便，因此对该系统进行日常维护是非常重要的，经常对楼道照明灯进行检查，做好楼道灯具的日常维护工作，以保证该系统的正常运行。

图 7-23 所示为楼道照明系统中照明灯的维护方法。首先，检查楼宇灯是否完好，并对存在故障的灯具进行及时的更换。要注意，楼宇灯具不应安装在潮湿度高，易燃易爆的地方。

图 7-23　楼道照明系统中照明灯的维护方法

## 7.3 应急照明系统的安装与维护

### 7.3.1 应急照明系统的特点

应急照明系统是指正常照明电源发生断电后立即采用应急灯具通电发光，维持继续照明的一种照明系统。应急照明系统一般设在特定的部位，是智能楼宇的一种特殊公共照明用电系统。图7-24所示为典型应急照明系统。

图解演示

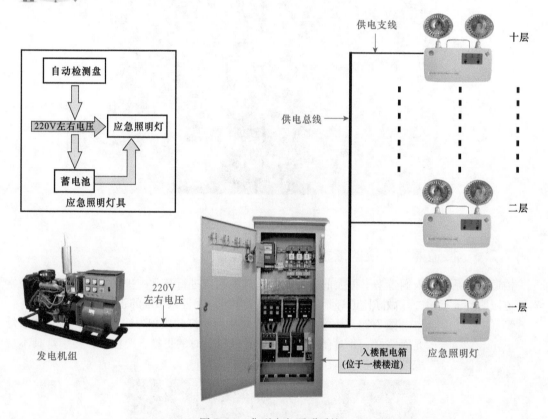

图7-24 典型应急照明系统

应急照明系统分为三种，即备用照明、安全照明和疏散照明：

备用照明是指在正常照明灯突然熄灭，采用备用照明使正在进行的工作正常的运行或安全的停止的一种照明装置，如工厂、学校等通常安装这种照明装置。

安全照明是指正常照明突然熄灭，采用安全照明使处于潜在危险中的人员安全脱离危险的一种照明装置，如医院、煤矿等通常安装这种照明装置。

疏散照明是指发生火灾时，保证人员立即疏散，安全逃离火灾现场的一种照明装置。在物业小区中通常安装这种照明装置。

## 1. 应急照明灯

智能楼宇中的应急照明灯主要是在断电情况下，提供光源。应急照明灯通常为双头应急照明灯，该类应急照明灯应用范围比较广，安装使用方便，光源一般采用钨丝灯泡。图 7-25 所示为应急照明灯的实物外形。

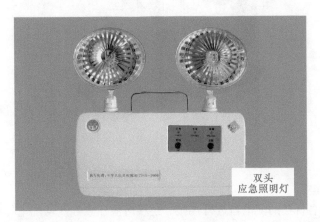

图 7-25　应急照明灯的实物外形

应急照明灯除了使用较多的双头应急照明灯外，还有荧光型应急照明灯和吸顶应急照明灯，如图 7-26 所示。荧光型应急照明灯光效高，启动速度快，光源一般采用荧光灯管或节能灯。如果采用荧光型应急照明灯具还需要有一个与之相匹配的逆变器和镇流器。

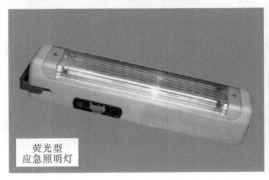

图 7-26　其他应急照明灯的实物外形

## 2. 发电机组

当正常电源断电后，由发电机组发电，供给应急照明灯具所需的电，发电机应具有连续三次自动起动的功能，但由于发电机从停电到起动需要大约 15s 的时间，因此它一般用于疏散照明和备用照明。图 7-27 所示为发电机组的实物外形。

## 7.3.2　应急照明系统的安装

应急照明系统在安装时，该用电系统中的线路通常与楼道照明线路、家庭用电线路的电缆敷设在一起，安装前应先按照前文的方法对应急照明线路进行敷设，线路敷设完成后便可对灯

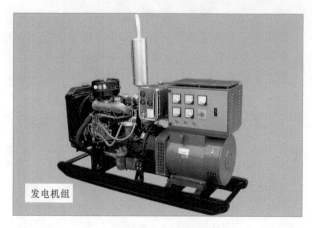

图 7-27　发电机组的实物外形

具进行安装连接。

### 1. 配电箱的连接

将敷设好的线与各栋楼的配电箱进行连接，连接时应注意导线与配电箱要使用正规的接线柱进行连接，然后将连接好的导线再从配电箱引出，分配到各楼层。

不同类别的线路不能穿在同一个管内或线槽内，如不同电压、电流、防火墙的线路都不可敷设在同一个钢管内，而且在配电箱内的端子板也要进行标注并做好隔离；敷设于管内或线槽内的绝缘导线或电缆的总截面积应小于线槽或管孔的净截面积。

### 2. 应急照明灯的连接

应急照明灯的连接方法主要有两种，分别为两线制接线方法和三线制接线方法：

1）两线制的接线方法适用于应急照明灯具只在应急时使用，平时不工作，正常电源断电后，应急照明灯自动点亮；

2）三线制的接线方法可以对应急照明灯具进行平时的开关控制，正常电路断电后不论开关的状态是开还是关，应急照明灯具都会自动点亮。

连接应急照明灯时，先将应急照明灯预留的相线端子与应急照明灯的相线进行连接，零线与零线进行连接，最后使用绝缘胶带对连接处的裸露导线进行绝缘处理，完成导线的连接。图 7-28 所示为应急照明灯的连接方法。

将应急灯的连接线连接完成后，则需要将应急照明灯固定在墙面上，并连接好相应的供电插座。图 7-29 所示为固定应急照明灯的方法。

在安装固定应急照明灯具时，一般将高度设置在 2m 以上，以使普通人的身高不能触及到，应急照明灯具的位置一般选择在电梯出口处和楼道出口处。

### 3. 应急照明系统安装完成后的验证

应急照明灯安装完成后，要对该用电系统其进行检测。检测时将正常电源切断后，检测应急照明灯具的亮度，持续照明时间，从断电到启动的时间等是否符合要求，正常情况下应急灯的实际持续时间不应小于应急灯标注的持续时间。

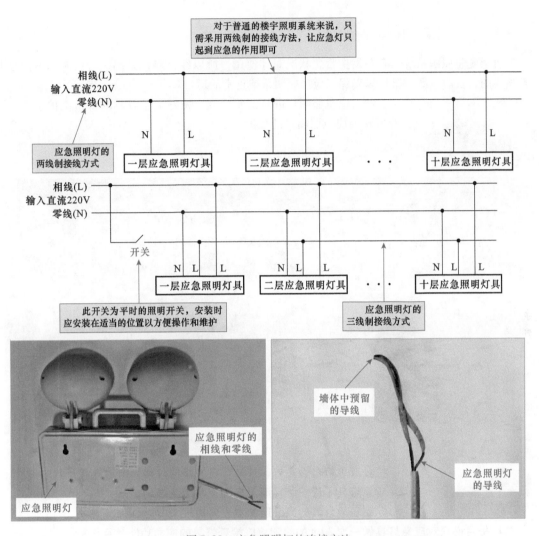

对于普通的楼宇照明系统来说，只需采用两线制的接线方法，让应急灯只起到应急的作用即可

相线(L)
输入直流220V
零线(N)

应急照明灯的两线制接线方式

N L　　　N L　　　・・・　　　N L

一层应急照明灯具　　　二层应急照明灯具　　　十层应急照明灯具

相线(L)
输入直流220V
零线(N)

开关

N L L　　　N L L　　　・・・　　　N L L

一层应急照明灯具　　　二层应急照明灯具　　　十层应急照明灯具

此开关为平时的照明开关，安装时应安装在适当的位置以方便操作和维护

应急照明灯的三线制接线方式

应急照明灯的相线和零线

墙体中预留的导线

应急照明灯的导线

应急照明灯

图7-28　应急照明灯的连接方法

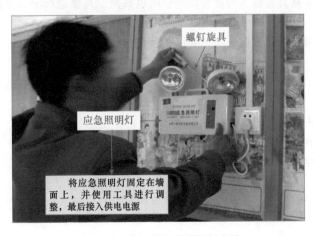

螺钉旋具

应急照明灯

将应急照明灯固定在墙面上，并使用工具进行调整，最后接入供电电源

图7-29　固定应急照明灯的方法

**7.3.3 应急照明系统的维护**

由于应急照明系统只有在发生紧急状况时才使用，所以经常对该系统进行检测和维护是非常重要的，及时检测和维护以确保该应急照明系统正常的运行。

图解演示 经常对应急照明灯进行试验检查，做好应急灯具的日常维护工作。图7-30所示为应急照明灯的维护。

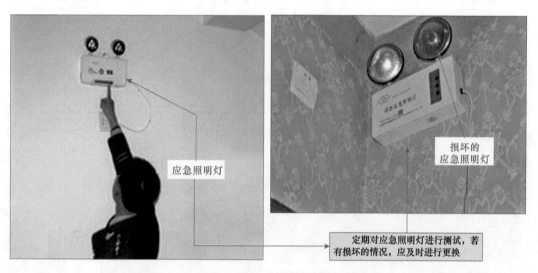

应急照明灯

损坏的
应急照明灯

定期对应急照明灯进行测试，若
有损坏的情况，应及时进行更换

图7-30 应急照明灯的维护

① 检查应急灯是否完好，并对存在故障的灯具和电池进行及时的更换。
② 应急灯具不应安装在潮湿度高，易燃易爆的地方。
③ 控制应急灯具的高度避免发生碰撞。
④ 每月必须对应急灯具做一次30 s的检测，以检查灯具的应急功能是否正常。
⑤ 由于应急灯具只有在应急时才会使用，所以每两个月要进行一次充放电，以维持灯具电池的使用寿命。
⑥ 每年对电池供电的装置做一次90min的检测，以确保应急灯具的正常使用。

在断电情况下，应急照明灯是由蓄电池进行供电，因此对蓄电池的日常维护也非常重要。蓄电池损坏的因素比较多，如充放电不当是减少电池使用寿命的主要因素，所以对蓄电池的维护十分重要。

① 保持蓄电池正常的充电，避免频繁充放电，防止过电压。
② 若应急灯存放或断电期超过三个月，则需每三个月充电一次，以保证蓄电池的质量。
③ 在使用新电池前应先充20h左右的电，还要经过2~3次的充放电过程，使其达到电池的最佳容量。
④ 蓄电池虽然带有过充保护的功能，但也要对其进行定期放电的维护，以延长电池组的使用寿命。

# 7.4 室内照明系统的设计与安装

## 7.4.1 室内照明系统的控制形式

室内照明线路主要是由导线、开关、照明灯具等组成。通过不同的连接形式达到不同的照明控制效果。

图7-31为室内照明系统常见的控制形式。室内照明系统主要有单控开关控制单个照明灯、单控开关控制多个照明灯、多控开关控制单个照明灯和多控开关控制多个照明灯。

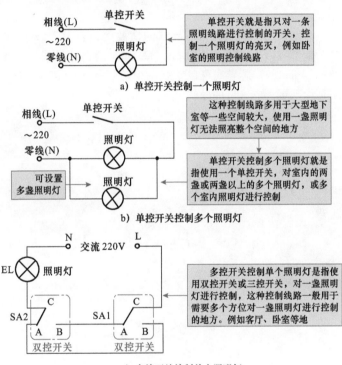

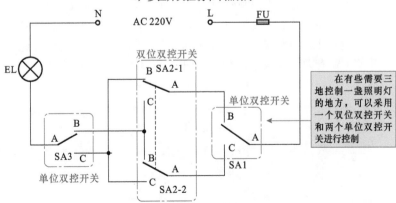

图7-31 室内照明系统常见的控制形式

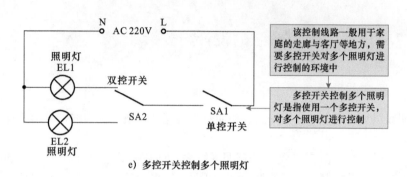

e) 多控开关控制多个照明灯

图 7-31　室内照明系统常见的控制形式（续）

### 1. 导线

在室内的照明线路中，导线的横截面积多为 $2.5mm^2$ 和 $4mm^2$ 两种，并且为铜芯导线，如图 7-32 所示。$2.5mm^2$ 的铜芯导线可以承受的电流量为 28A，$4mm^2$ 的铜芯导线可以承受的电流量一般为 35A，对于大功率的家用电器设备，则需要采用是承受更大电流量的导线。

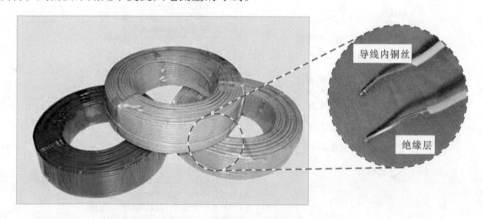

图 7-32　铜芯导线的实物外形

### 2. 开关

开关是用来控制照明灯具、电器等电源通断的器件，按开关的安装方式不同，分为明装和安装开关，明装开关即拉线开关，明装开关现在已经随着社会的发展被暗装开关而替代。暗装开关的安全性比较高，且美观，不易损坏。暗装开关主要有单控开关、双位单控开关和多控开关，如图 7-33 所示为几种暗装开关。

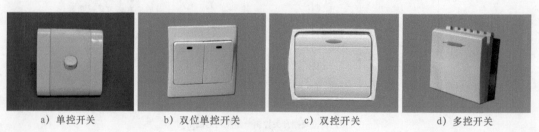

a) 单控开关　　b) 双位单控开关　　c) 双控开关　　d) 多控开关

图 7-33　几种常见的暗装开关

单控开关顾名思义为只对一条线路进行控制的开关，而单控又包含有单位单控开关、双位单控开关以及多位单控开关等。多控开关也可分为单位多控开关和多位双控开关，与单控开关不同，多控开关可以对两条甚至三条线路进行控制，并且主要使用在两个开关控制一盏灯或者多个开关同时对照明灯具进行控制的环境下。

**3. 照明灯具**

照明灯具在家庭居住环境中具有非常重要的作用，并且随着生活水平的提高，人们对家庭照明灯具的布置和安装提出了更高的要求，如：除了对照明灯具光源品质的选择上更加科学化以外，在其造型外观上的选择更是多种多样。现在主流的照明灯具主要有两种，一种是荧光灯，一种是节能灯。

（1）荧光灯

荧光灯在家庭生活中通常安装在需要明亮的环境中，如客厅、卧室、地下室等等，根据不同的安装环境，对荧光灯亮度、外形的选择也各有不同，常见的荧光灯有直管型荧光灯、环形荧光灯和 2D 型荧光灯等，如图 7-34 所示。

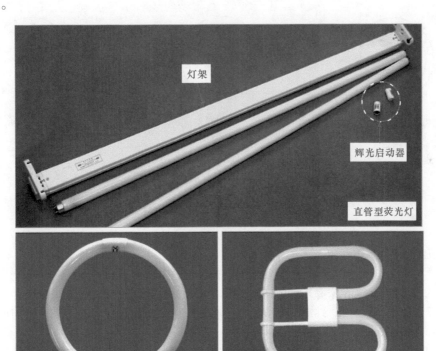

图 7-34　荧光灯的几种类型

荧光灯是利用涂抹在灯管内部上的荧光粉汞膜和灯管内的惰性气体，受电击发光的，在使用中一般都需要配合辉光启动器或镇流器。荧光灯的连接方法有很多种，以一些是采用镇流器与辉光启动器连接照明灯；有的却采用电容器、辉光启动器和镇流器连接照明灯，对其进行供电；还有一些是采用电子辉光启动器对其进行启动供电，如图 7-35 所示为几种荧光灯的连接方法。

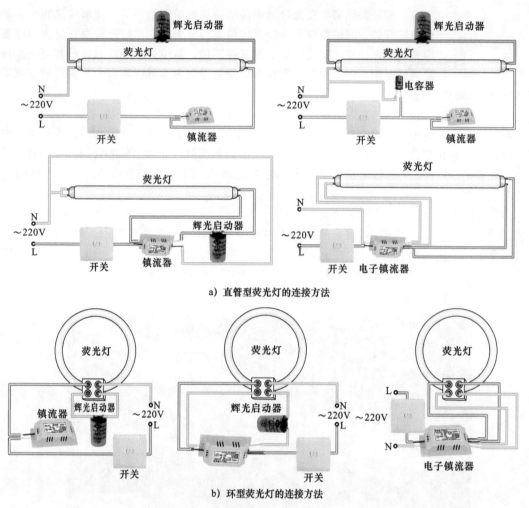

a) 直管型荧光灯的连接方法

b) 环型荧光灯的连接方法

图 7-35　几种荧光灯的连接方法

（2）节能灯

节能灯又称为紧凑型荧光灯，它具有节能、环保、耐用等特点，通常安装在家庭环境中通常安装在阳台、洗手间、厨房等环境中，并且根据不同的安装环境，对节能灯的亮度、功率的选择也各有不同，常用的节能灯外形有 U 形、螺旋型和球泡型，如图 7-36 所示。

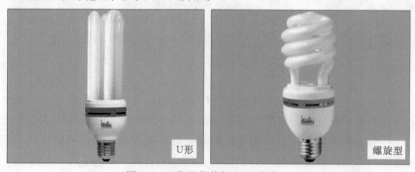

图 7-36　常见节能灯的几种类型

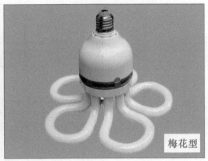

图 7-36　常见节能灯的几种类型（续）

在对家庭照明灯具进行选配时，应当考虑到环境光源和房屋空间的大小，若是较大的房屋中照明灯具应当选择照明亮度较高的荧光灯，而相对厨房和卫生间等比较狭小的地区，应当选择节能灯。

## 7.4.2　室内照明系统的设计要求

对室内照明线路进行安装前，还应了解线路的设计安装要求，根据规定的要求进行安装，才能保证线路的安全，且比较美观。

### 1. 照明灯具的设计要求

照明灯具的安装样式常常可以分为两种类型，即悬挂式和吸顶式，如图 7-37 所示。

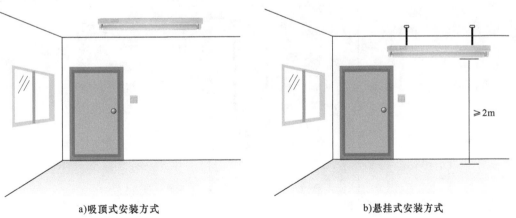

a)吸顶式安装方式　　　　　　　　　　　b)悬挂式安装方式

图 7-37　荧光灯的安装方式

采用悬吊式安装方式的时候，要重点考虑限制眩光（人眼）和安全因素。眩光的强弱与荧光灯的亮度以及人的视角有关，因此悬挂式灯具的安装高度是限制眩光的重要因素，如果悬挂得过高，既不方便维护又不能满足日常生活对光源亮度的需要。如果悬挂过低，则会产生对人眼有害的眩光，降低视觉功能，同时也存在安全隐患。如图 7-38 所示为眩光与视角之间的关系。

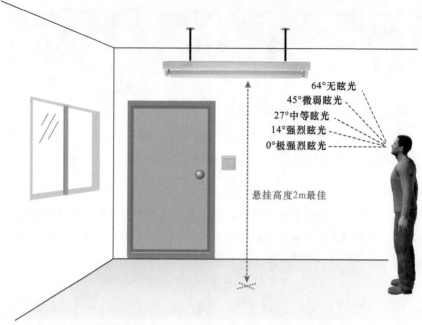

图 7-38 悬吊式荧光灯安装时应考虑眩光影响

**2. 开关安装及线缆敷设的要求**

　　在对开关安装时，也注意开关的安装位置，安装的位置距地面的高度应为 1.3m，与距门框的距离应为 0.15 ~ 0.2m，如果距离过大或过小，则可能会影响使用及美观，如图 7-39 所示。

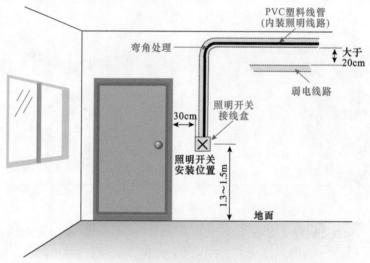

图 7-39 开关安装示意图

## 7.4.3 室内照明系统的安装

**1. 室内照明线路控制开关的安装**

室内照明线路常用的控制开关主要有单控开关和多控开关。

（1）单控开关的安装方法

首先对单控开关进行安装，安装时应根据其安装形式和设计安装要求，对其进行安装，如图7-40所示。对单控开关进行的安装时要将室内总断路器断开，防止触电。

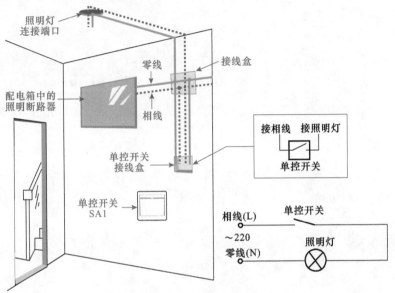

图7-40 单控开关照明线路的安装示意图

根据布线时预留的照明支路导线端子的位置，将接线盒的挡片取下，如图7-41所示。

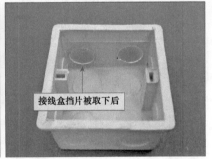

图7-41 取下挡片

接下来，再将接线盒嵌入到墙的开槽中，如图7-42所示，嵌入时要注意接线盒不允许出现歪斜，在嵌入时，要将接线盒的外部边缘处与墙面保持齐平。

按要求将接线盒嵌入墙内后，再使用水泥沙浆填充接线盒与墙之间的多余空隙。使用一字螺钉旋具分别将开关两侧的护板卡扣撬开，将护板取下，如图7-43所示。

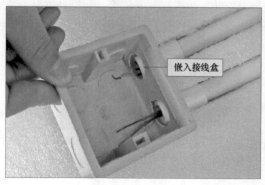

图 7-42　嵌入接线盒

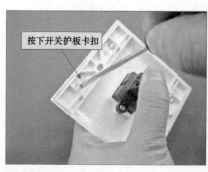

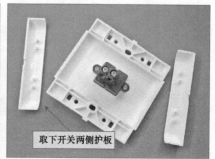

图 7-43　取下单控开关两侧护板

　　　　检查单控开关是否处于关闭状态，如果单控开关处于开启状态，则要将单控开关拨动至关闭状态，如图 **7-44** 所示。

图 7-44　拨动单控开关至关闭状态

　　　　此时，单控开关的准备工作便已经完成。然后再将接线盒中的电源供电及照明灯的零线（蓝色）进行连接，由于照明灯具的连接线均使用硬铜线，因此，在连接零线时需要借助尖嘴钳进行连接，并使用绝缘胶带对其进行绝缘处理，如图 7-45 所示。

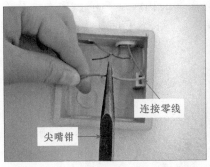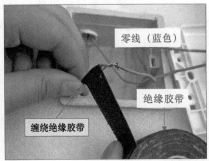

图 7-45　连接零线并进行绝缘处理

　　由于在布线时，预留出的接线端子长于开关连接的标准长度，因此需要使用偏口钳将多余的连接线剪断，预留长度应当为 10 ~ 12mm，如图 7-46 所示。

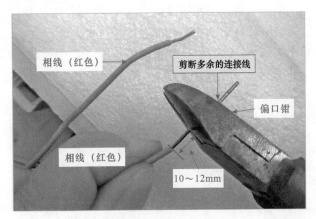

图 7-46　剪断多余的连接线

　　连接开关与电源供电端相线（红色）预留端子，即将电源供电端相线（红色）的预留端子穿入开关其中一根接线桩中，穿入后，选择合适的十字螺钉旋具拧紧开关接线柱处的固定螺钉，如图 7-47 所示。

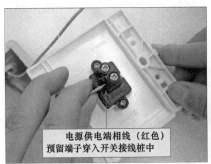

图 7-47　连接电源供电端相线

接下来，再将照明灯连接端的相线（红色）插入到开关的另一个相线连接端子中，用十字螺钉旋具拧紧相线连接端子处的紧固螺钉，如图7-48所示。

拧紧固定螺钉

将照明灯连接端相线插入连接端子

图7-48　连接照明灯相线

至此，开关的相线（红色）连接部分连接便已经完成，为了在以后的使用过程中方便对开关进行维修及更换，因此，通常会预留比较长的连接端子。因此，在开关线路连接后，要将连接线盘绕在接线盒中，如图7-49所示。

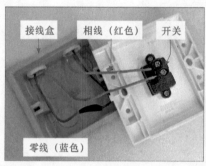

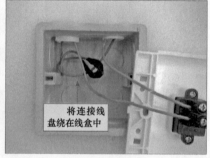

接线盒　　相线（红色）　　开关

零线（蓝色）

将连接线盘绕在线盒中

图7-49　将连接好的导线盘绕在线盒中

将开关底板的固定点摆放位置与接线盒两侧的固定点相对应放置好开关，然后选择合适的紧固螺钉将开关底板进行固定，如图7-50所示。

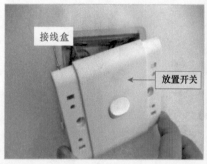

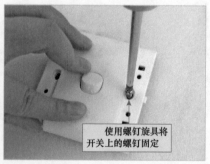

接线盒

放置开关

使用螺钉旋具将开关上的螺钉固定

图7-50　对开关进行固定

将开关两侧的护板安装到开关上，至此，开关便已经安装完成，如图7-51所示。

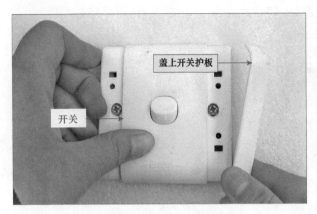

图 7-51 开关安装完成

（2）双控开关的安装方法

双控开关控制照明线路时，按动任何一个双控开关面板上的开关键钮，都可控制照明灯的点亮和熄灭，也可按动其中一个双控开关面板上的按钮点亮照明灯，然后通过另一个双控开关面板上的按钮熄灭照明灯，如图7-52所示。

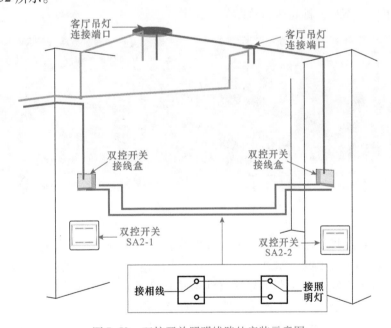

图 7-52 双控开关照明线路的安装示意图

在进行双控开关的安装前，应首先对连接线和两个双控开关进行检查。双控开关一般有两个，其中一个双控开关的接线盒内预留5根导线，其中两根为零线，在接线时应首先将零线进行连接，还有一根相线

和两根控制线；另一个双控开关接线盒内只需预留 3 根导线，分别为一根相线和两根控制线，即可实现双控（两地对一盏照明灯进行控制）。连接时，需根据接线盒内预留导线的颜色进行正确的连接，如图 7-53 所示。

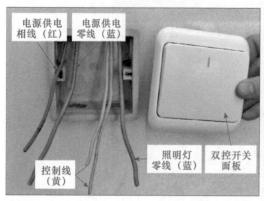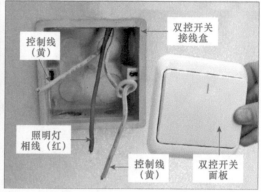

图 7-53　双控开关接线盒内预留导线

双控开关接线盒的安装方法同单控开关接线盒的安装方法相同，在此不再赘述。

双控开关安装时也应做好安装前的准备工作，将其开关的护板取下，便于拧入固定螺钉将开关固定在墙面上，如图 7-54 所示。使用一字螺钉插入双控开关护板和双控开关底座的缝隙中，撬动双控开关护板，将其取下，取下后，即可进行线路的连接了。

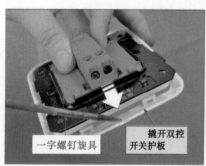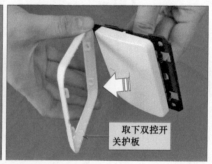

图 7-54　双控开关护板的拆卸方法

双控开关的接线操作需分别对两地的双控开关进行接线和安装操作，安装时，应严格按照开关接线图和开关上的标识进行连接，以免出现错误连接，不能实现双控功能。

由于双控开关接线盒内预留的导线接线端子长度不够，需使用剥线钳分别剥去预留 5 根导线一定长度的绝缘层，用于连接双控开关的接线柱。

剥线操作完成后将双控开关接线盒中的电源供电的零线（蓝）与照明灯的零线（蓝色）进行连接，由于预留的导线为硬铜线，因此，在连接零线时需要借助尖嘴钳进行连接，并使用绝缘胶带对其进行绝缘处理，如图 7-55 所示。

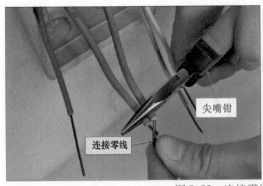
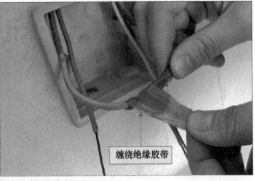

图 7-55　连接零线并进行绝缘处理

将连接好的零线盘绕在接线盒内，然后进行双控开关的连接，由于与双控开关连接的导线的接线端子过长，因此，需要将多余的连接线剪断，如图 7-56 所示。

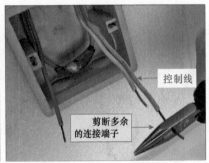

图 7-56　剪断多余的连接线

对双控开关进行连接时，使用合适的螺钉旋具将三个接线柱上的固定螺钉分别拧松，以进行线路的连接，如图 7-57 所示。

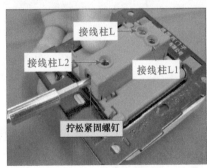
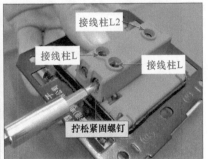

图 7-57　拧松开关接线柱固定螺钉

将电源供电端相线（红色）的预留端子插入双控开关的接线柱 L 中，插入后，选择合适的十字螺钉旋具拧紧该接线柱的紧固螺钉，固定电源供电端的相线，如图 7-58 所示。

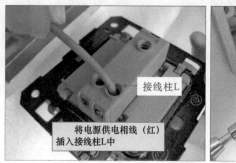

图 7-58　连接电源供电端相线（红）

　　　　将两根控制线（黄色）的预留端子分别插入双控开关的接线柱 L1 和 L2 中，插入后，选择合适的十字螺钉旋具拧紧该接线桩的固定螺钉，固定控制线，如图 7-59 所示。

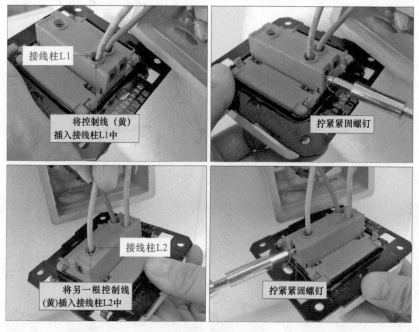

图 7-59　连接控制线（黄）

　　另一个双控开关的连接方法与第一个双控开关的连接方法基本相同，即首先将导线进行加工，再将加工完毕后的导线依次连接到双控开关的接线柱上，并拧紧紧固螺钉即可。
　　安装完成后，也要对安装后的双控开关进行检验操作，将室内的电源接通，按下其中一个双控开关，照明灯点亮，然后按下另一个双控开关，照明灯熄灭，因此，说明双控开关安装正确，可以进行使用。

**2. 室内照明线路照明灯具的安装**
接下来进行室内照明线路照明灯具的安装，比较常见的照明灯就是荧光灯和节能灯。
（1）荧光灯的安装方法

当正确选择好照明灯架以及相配套的灯管、辉光启动器、镇流器等，即可以对其进行安装，安装过程中应当注意安全，应将整个供电系统的电路总断路器进行关闭，防止安装人员触电。

首先应当确定灯架的安装位定，一般来讲都是安装在房屋中央位置，使用记号笔标记好灯架固定孔的位置，便于进行打眼操作，如图7-60所示。

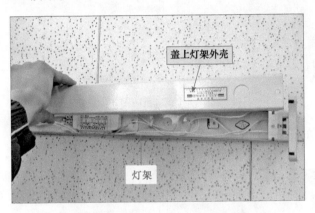

图7-60　找到照明灯架的安装位置并对其标记

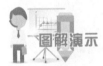

使用电钻钻孔后，选择与钻孔相匹配的胀管埋入钻孔中。然后按图7-61所示，将灯架固定在天花板上，如图7-61所示。

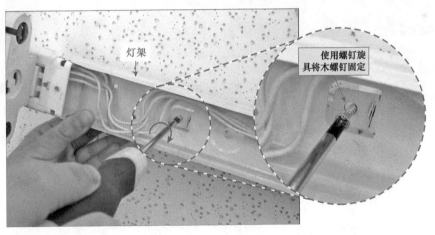

图7-61　胀管固定灯架方式

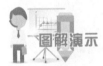

接下来，将布线时预留的照明支路导线端子与灯架内的导线相连。如图7-62所示，在对布线时预留的照明支路导线端子的灯架内的导线相连时，将开关导线端子与镇流器一端进行连接，即相线连接镇流器一端；电源供电端与灯座一端进行连接，即零线连接灯座一端。

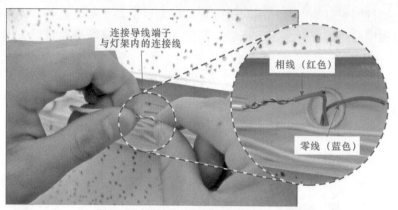

图 7-62　连接导线端子与灯架内的导线

将连接部位进行绝缘胶带的缠绕，并将连接部位封装在灯架内部，如图 7-63 所示。

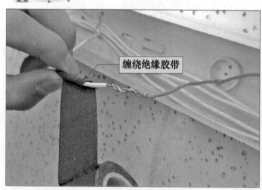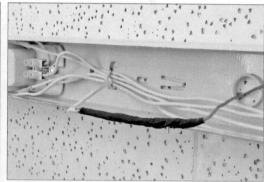

图 7-63　连接点的绝缘保护

在环境比较潮湿的地方安装荧光灯，潮湿的空气会降低灯具中导线及胶带的绝缘性，因此，需要预留出荧光灯的接地线，将接地线连接到灯架的卡线片上，以防止间接接触电击，保护用户的人身安全，如图7-64所示。当进行接地连接后，也应进行绝缘保护。

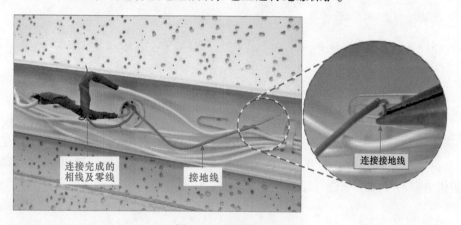

图 7-64　连接接地线

当导线连接完毕，并对其进行绝缘处理后，应当将灯架的外壳盖上，如图7-65所示，并将其固定在灯架上。

图7-65　盖上灯架外壳

灯架安装完毕后，再将荧光灯管的一端安装到灯架的灯座上，安装时要注意荧光灯的电极端应与灯座上的相对应。安装完一端后，再安装荧光灯管的另一端。安装时稍微将另一端的灯座向外掰出一点，将荧光灯管的电极端插装到灯座中，如图7-66所示。用同样的方法将另一根灯管安装在灯架上。

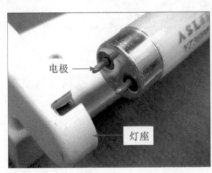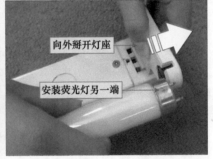

图7-66　荧光灯管的安装

最后安装辉光启动器。辉光启动器装入时，需要根据辉光启动器座的连接口的特点，如图7-67所示，先将辉光启动器插入，再旋转一定角度，使其两个触点与灯架的接口完全可靠扣合。

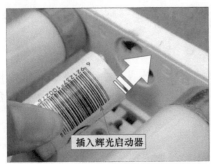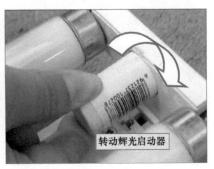

图7-67　装入辉光启动器

此时，荧光灯的安装操作全部完成了，如若照明支路的供电以及开关的连接正常，可以将该电路的总断路器进行闭合，即可通过开关对该荧光灯进行控制。

（2）节能灯的安装方法

悬吊式安装方法主要分为吊线式、吊链式和吊管式三种，根据安装的环境的不同及灯具重量的不同，采用安装方式也不相同，若灯具在1kg以下采用吊线式安装即可；若灯具重量在1kg以上，需要采用吊链式安装；若灯具重量超过3kg时，则需要采用吊管式安装方法。接下来采用吊线式安装进行节能灯的安装。

将挂线盒盖拧开，检查挂线盒底座的接线柱是否完好，有无腐蚀、生锈等现象，如图7-68所示。

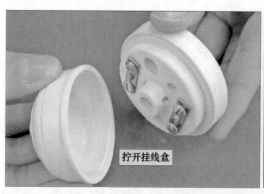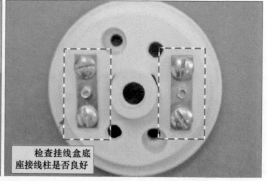

图7-68　检查挂线盒是否良好

将阳台天花板上预留的导线连接端子，穿入挂线盒底座中，对挂线盒进行对位操作，如图7-69所示。

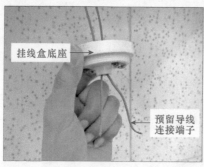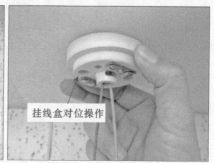

图7-69　对挂线盒进行对位

对位过程中使用比较细的圆珠笔芯或其他工具在天花板上标注出挂线盒的固定点位置，接着使用电钻进行打孔作业后安装固定挂线盒底座。具体操作如图7-70所示。

图 7-70　固定挂线盒

由于预留的导线连接端子过长，因此，使用偏口钳将多余的导线连接端子剪断，再使用剥线钳将预留导线连接端子进行剥线操作，如图 **7-71** 所示。

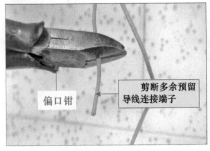

图 7-71　使用偏口钳剪断多余的导线

使用一字螺钉旋具将挂线盒底座的接线柱螺钉松开，由于预留连接线为硬铜线，因此，需要借助尖嘴钳先将电源供电端的零线夹弯，将其连接到挂线盒上，如图 7-72 所示。

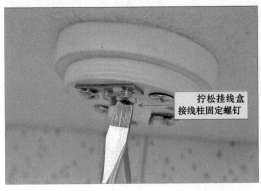

图 7-72　拧松挂线盒接线柱固定螺钉

在使用一字螺钉旋具分别将接线柱的紧固螺钉拧紧，挂线盒接线即完成，如图 7-73 所示。

图 7-73　拧紧固定螺钉

当对灯座进行连接时，应当使用剥线钳将灯座连接线进行剥线操作后，将灯座的连接线从挂线盒盖中心孔中穿出，使其便于与挂线盒进行连接。

然后，按图 7-74 所示，将引出的软线直接与挂线盒的接线柱连接，先将灯座相线连接端的连接线缠绕挂线盒接线柱一圈。

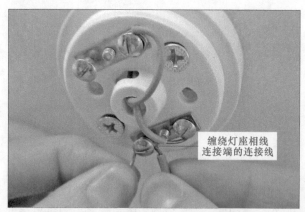

图 7-74　缠绕灯座相线连接端的连接线

由于是螺口灯座，相线应接在与灯座中心铜片相连接的接线柱上，零线应接在与灯座螺纹相连接的接线柱上，如果接反，在装卸灯泡时容易造成触电事故。

灯座相线连接端的连接线连接完成后，使用一字螺钉旋具将接线柱拧紧，当连接后，盘绕剩余的灯座软线过于烦乱，因此需要借助偏口钳将剩余的灯座连接线剪断，如图 7-75 所示。

图 7-75　剪断剩余连接线

　　　　将灯座的另一根连接线与挂线盒的零线连接端连接，其连接方法与灯座相线连接端的连接方式相同，先将灯座零线相线连接端的连接线缠绕挂线盒接线柱一圈，连接完成后，使用一字螺钉旋具将接线柱拧紧，如图7-76所示。

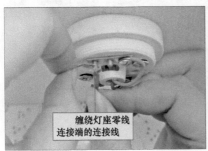

图 7-76　缠绕灯座零线连接端的连接线

　　　　当灯座与挂线盒整体连接完成时，将挂线盒盖拧紧在挂线盒上，并将节能灯拧入灯座中。具体操作如图 7-77 所示。

图 7-77　安装节能灯

第⑧章

供配电系统的规划安装技能

### 8.1 供配电系统的特点

#### 8.1.1 供配电系统的功能特点

配电系统是由多种配电设备（或元件）和配电设施所组成的，以变换电压和直接向终端用户（工厂、企业或家庭等）分配电能为目的的一个电力网络系统，它是电力系统的组成部分之一。

供配电系统是指电力系统中从降压配电变电站（高压配电变电站）出口到用户端的这一段线路及设备，主要用来传输和分配电能，按其所承载电压大小不同可分为高压供配电系统和低压供配电系统两种，如图 8-1 所示。

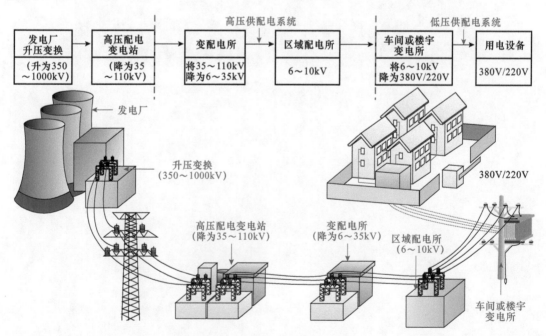

图 8-1　供配电系统

供配电系统主要负责电能的供应和分配，保证终端用户的用电稳定和安全。发电厂（站）将风能、水能、热能或核能等转化为电能，然后经高压供配电系统将电能供应、分配至高压变配电所。高压变配电所的任务是接收电能，并将电能进行降压和分配，降压后的中、高压电能，有的送入大型用电企业变电所，由大型用电企业变电所进一步降压，供大型生产用电。有的经低压供配电系统降后提供生活用电。图 8-2 所示为供配电系统的功能。

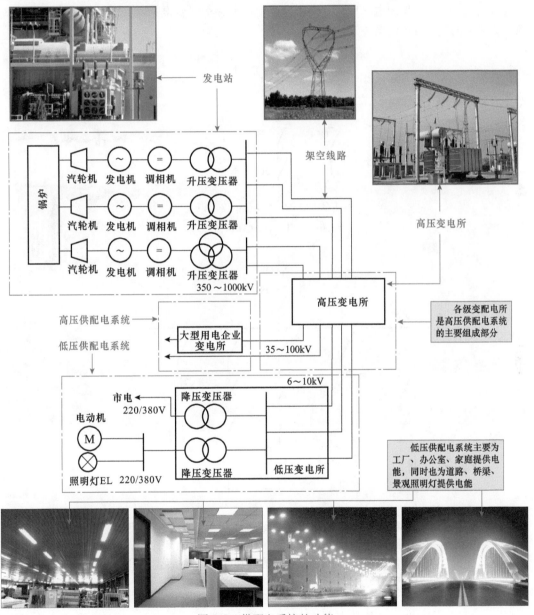

图 8-2　供配电系统的功能

## 8.1.2　供配电系统的结构形式

供配电系统有超高压、高压和低压之分，超高压用于远距离电力输送，高压供配电系统主要为市内大区域进行配电，保证各区域用电稳定、可靠；而低压供配电系统主要为小区域进行配电，如小区、楼宇等，保证区域内用电平衡、安全、稳定。应用在不同环境下的供配电系统，其采用的设备、电气部件和线路结构也会不同。

**1. 高压供配电线路**

区域内的高压供配电系统多采用 6～10kV 的供电和配电线路及设备，主要实现将电力系统中的 35～110kV 的供电电源电压下降为 6～10kV 的高压配电电压，并供给高压配电所、车间变电所和高压用电设备等。图 8-3 所示为典型的高压供配电系统。

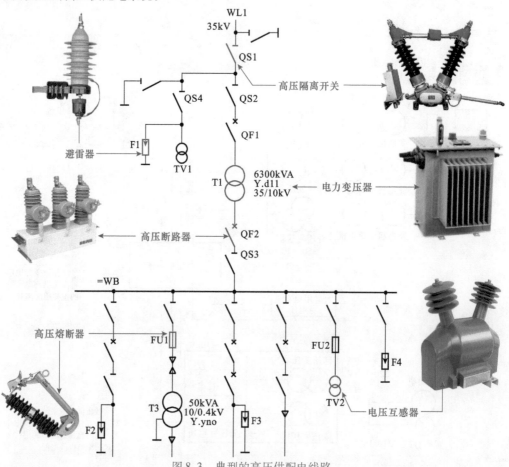

图 8-3 典型的高压供配电线路

电能从发电站到用户要经过多级电压的变化。**500～1000kV 的超高压用于远距离传输；100～500kV 的高压用于中距离传输；35～100kV 的高压用于区间传输和分配；6～35kV 的高压用于近距离传输和分配；6kV 以下的高压用于电力分配。**

高压供配电系统是将发电厂输出的高压电进行传输、分配和降压后输出，并使其作为各种低压供配电线路的电能来源。图 8-4 所示为典型的高压供配电线路的主要部件及实物连接图。从发电厂到用户的传输距离很长，而且需要经过多次变换，超高压电源需要经多次变换和传输变成低压后才能到达用户。

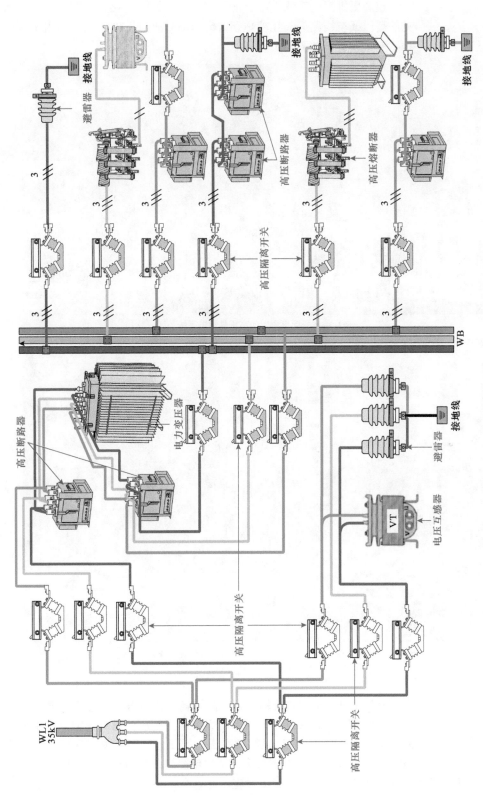

图8-4 典型的高压供配电线路的主要部件及实物连接图

超高压供配电系统应用于远距离电力传输、变换和分配的场所，如常见的高压架空线路、高压变电所、6~10kV 的高压供配电站则用于车间或楼宇变电所等，如图 8-5 所示。

a) 典型变配电所中的高压供配电系统

b) 典型区域配电所中的高压供配电系统

c) 典型变电所中的变配电系统

图 8-5　高压供配电线路的基本应用

　　一般为了降低电能在传输过程中的损耗，在跨省、市远距离电力传输系统中，采用超高压或高压（>100kV），在中短距离的电力传输系统中采用较高的电压（>35kV），在近距离的高压向低压分配和传输中采用基本高压电（<10kV），因而从发电厂或水电站输出电能到分配到各低压配电线路中的过程，即是高压或超高压电的供应、传输、分配的过程，在这个过程中需要一些传输、变换、开关和控制装置。

## 2. 低压供配电线路

低压供配电线路是指380/220V的供电和配电线路，主要实现对交流低压的传输和分配。图8-6所示为典型的低压供配电系统。

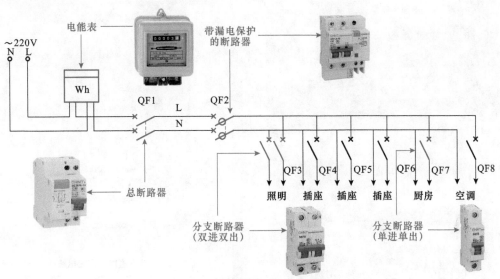

图8-6　典型的低压供配电系统

由于在实际应用中，各种用电设备大都是由380V或220V供电，因此低压供配电系统通常可直接作为各用电设备或用电场所的电源使用，如图8-7所示为家用低压供配电线路的基本结构组成。

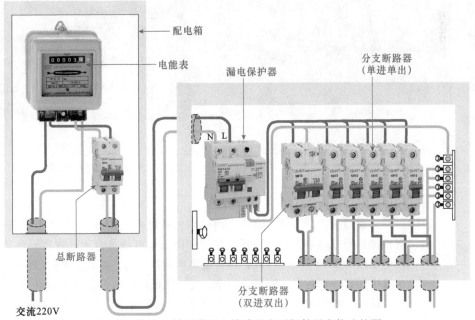

图8-7　典型的低压供配电线路的主要部件及实物连接图

低压供配电线路应用于交流 380V/220V 供电的场合，如各种住宅楼照明供配电、公共设施照明供配电、企业车间设备供配电、临时建筑场地供配电等，如图 8-8 所示。

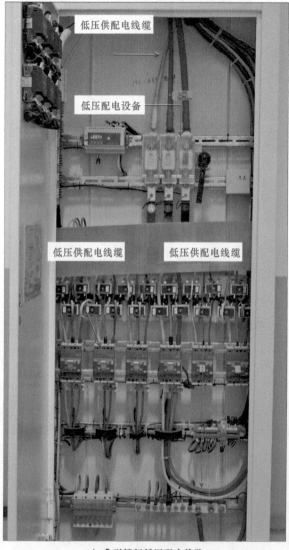

a) 典型楼间低压配电线路

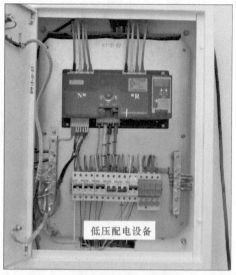

b) 典型室内低压配电线路

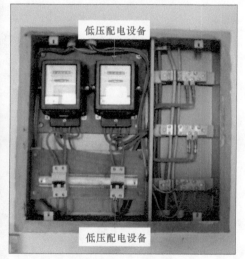

c) 典型室外低压配电线路

图 8-8　低压供配电线路的基本应用

一般情况下，车间、建筑工地等动力用电电压多为 **380V**（三相电），可直接由车间或楼宇变电所降压、传输和低压配电设备分配后得到；生活用供配电电压为 **220V**（单相电），是由变电所转换而来，实际上是由 380V 三相电中其中任意一相与零线构成单相电，经一定低压配电设备分配后得到。

目前，低压配电线路常用的配电形式主要由单相两线式、单相三线式、三相三线式、三相四线式和三相五线式几种，如图 8-9 所示。

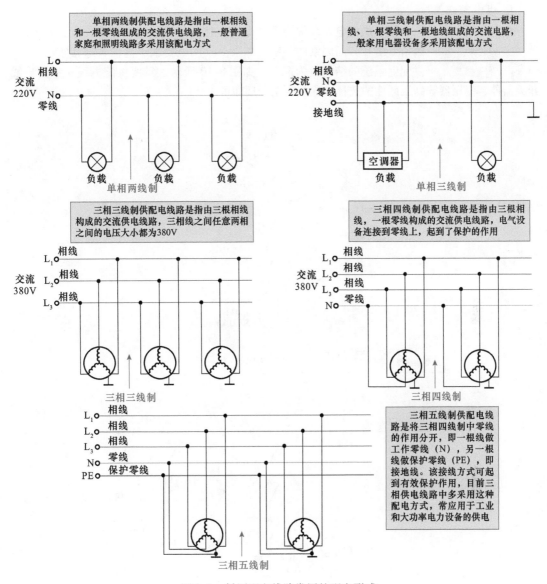

单相两线制供配电线路是指由一根相线和一根零线组成的交流供电线路，一般普通家庭和照明线路多采用该配电方式

单相三线制供配电线路是指由一根相线、一根零线和一根地线组成的交流电路，一般家用电器设备多采用该配电方式

三相三线制供配电线路是指由三根相线构成的交流供电线路，三相线之间任意两相之间的电压大小都为380V

三相四线制供配电线路是指由三根相线，一根零线构成的交流供电线路，电气设备连接到零线上，起到了保护的作用

三相五线制供配电线路是将三相四线制中零线的作用分开，即一根线做工作零线（N），另一根线做保护零线（PE），即接地线。该接线方式可起到有效保护作用，目前三相供电线路中多采用这种配电方式，常应用于工业和大功率电力设备的供电

图 8-9　低压配电线路常用的配电形式

# 8.2　供配电系统的设计规划

## 8.2.1　供配电系统的供电等级与配电方式

楼宇配电系统就是将外部高压干线送来的高压电，经总变配电室降压后，由低压干线分配给各低压支路，送入低压配电柜，再经低压配电柜分配给楼内各配电箱，最终为楼宇各动力设备、照明系统、安防系统等提供电力供应，并满足人们生活的用电需要。

供配电系统的设计规划需要电工人员先对供电等级、配电方式进行考虑，然后对用电负荷进行计算，估计出用电负荷范围，再根据计算结果和安装需要选配适合的供配电器件和线缆。

### 1. 供电等级

楼宇供配电系统常会受供电安全性、可靠性以及环境因素、人为用电因素等诸多方面因素的影响，如果对于用电要求不高的普通楼宇供电，其供配电系统的结构较为简单，如图8-10所示，只要供配电线路中的导线、开关器件、变压器等高压部件的选择和连接安全合理即可。

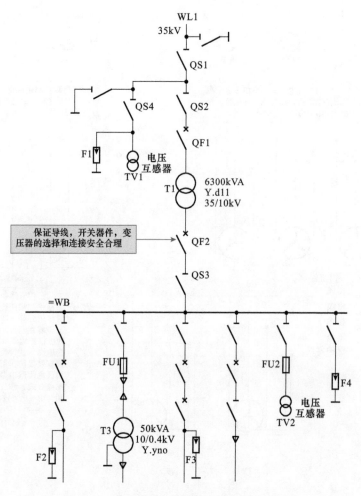

图8-10 用电要求不高的普通楼宇供配电系统

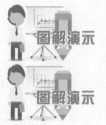

如果对于一些供电可靠性要求较高的楼宇供配电系统，则通常要确保有两条供电回路，如图8-11所示，而且最好每一条供电回路来自于不同的变电所。

如果对于特别要求供电安全稳定的楼宇供配电系统，则除了要有两条供电回路外，还需要有应急电源回路，以确保用电的绝对安全。图8-12所示为特别要求供电安全稳定的楼宇供配电系统。

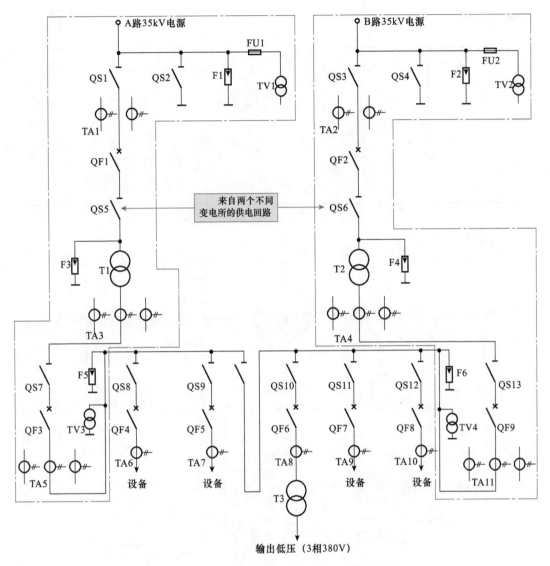

图 8-11　用电可靠性要求较高的楼宇供配电系统

## 2. 配电方式

　　在配电方面，不同的楼宇结构和用电特性，也会导致配电方式上差异。如图 8-13 所示，这是多层建筑物结构的典型配电方式，在配电方式上，送来的低压支路直接接入低压配电箱（低压配电柜），然后由低压配电箱直接分配给动力配电箱、公共照明配电箱以及各楼层配电箱，供电配电连接方式多为混合式接线方式。

　　如果是单元普通住宅楼，在配电方式上会以单元作为单位进行配电，即由低压配电柜分出多组支路分别接到单元内的总配电箱，然后再由单元内的总配电箱向各楼层配电箱供电。图 8-14 所示为多单元住宅楼的典型配电方式。

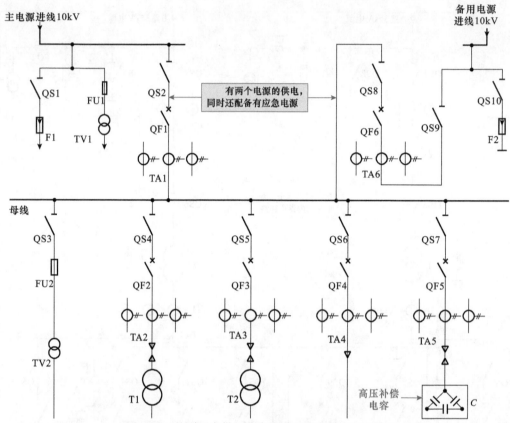

图8-12 特别要求供电安全稳定的楼宇供配电系统

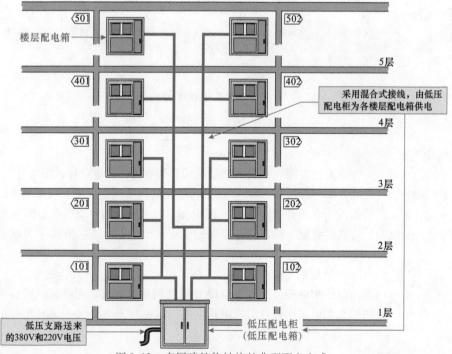

图8-13 多层建筑物结构的典型配电方式

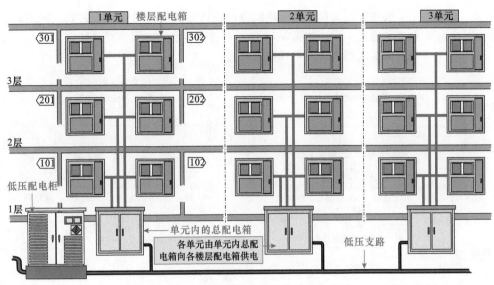

图 8-14　多单元住宅楼的典型配电方式

如果是高层建筑物，在配电方式上会针对不同的用电特性采用不同的配电连接方式，如图 8-15 所示。用于住户用电的配电线路多采用放射式和链式混合的接线方式；用于公共照明的配电线路则采用树干式接线方式；对于用电不均衡部分，则会采用增加分区配电箱的混合配电方式，接线方式上也多为放射式与链式组合的形式。

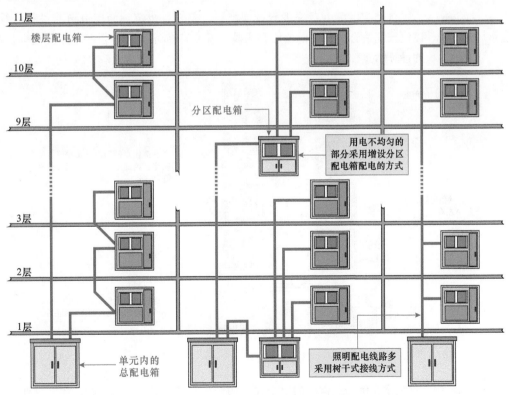

图 8-15　高层建筑物的典型配电方式

在实际配电时，对配电线路的连接方式主要可分为放射式、树干式、混合式和链式4种，如图8-16所示。基本接线方式很少有单独使用的，大多根据实际需求综合运用各种连接方式。

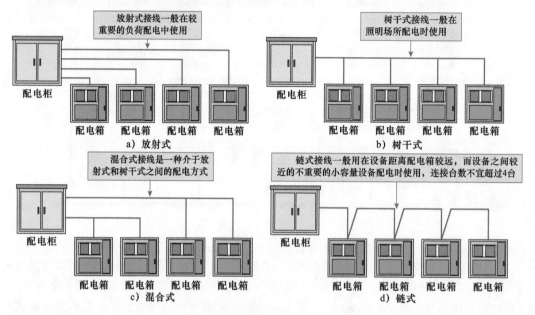

图 8-16  配电网络基本接线方式

对楼宇供配电系统进行设计规划，需要对建筑物的用电负荷进行计算，以便选配适合的供配电器件和线缆。图8-17所示为楼宇供配电系统用电负荷的计算示意图。

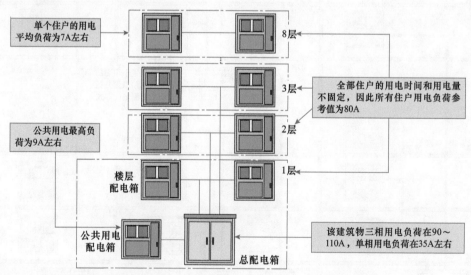

图 8-17  楼宇供配电系统用电负荷的计算示意图

以8层16户的建筑物为例，通常楼内单个住户的用电平均负荷为7A左右，那么该建筑物的所有住户用电负荷为 $7 \times 16 = 112A$，由于住户用电时间和用电量不固定，因此所有住户用电负荷参考值为80A。

　　公共用电部分包括电梯、照明灯以及宽带、有线电视的电源，其用电负荷最高在9A左右。因此该建筑物的用电负荷在90~110A（三相用电）左右，单相用电负荷在35A左右。

## 8.2.2　供配电系统中的设备选配

　　供配电系统中包含有众多设备，不同的设备在系统中所起到的作用也不相同。下面我们就来认识一下供配电系统中的各种电气部件，了解不同部件的功能以及在图中标识的图形符号含义。

**1. 高压供配电系统中的主要设备**

　　高压供配电线路是由各种高压供配电器件和设备组合连接而成，图8-18所示为典型的高压供配电系统（高压变电所的主接线图），根据电路图中各符号表示的含义建立起与实物对应的关系。

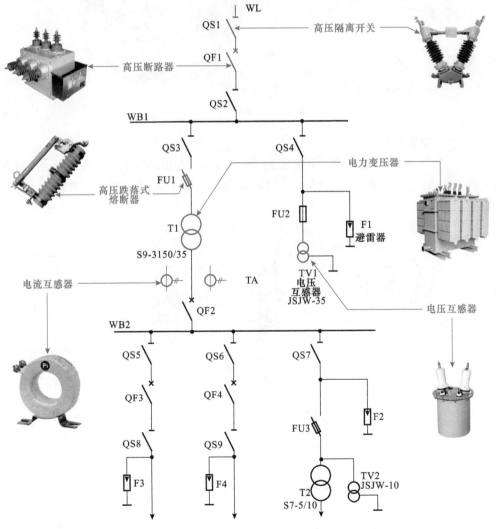

图8-18　典型的高压供配电系统

从图可看出，该高压供配电线路主要由电力变压器（T1、T2）、电压互感器（TV1）、电流互感器（TA）、高压隔离开关（QS1～QS9）、高压断路器（QF1～QF4）、高压熔断器（FU1～FU3）、避雷器（F1～F4）以及两条母线WB1、WB2和电缆构成的。

（1）高压断路器

高压断路器是高压供配电线路中具有保护功能的开关装置，当高压供配电的负载线路中发生短路故障时，高压断路器会自行断路进行保护。图8-19所示为常见的高压断路器实物外形。

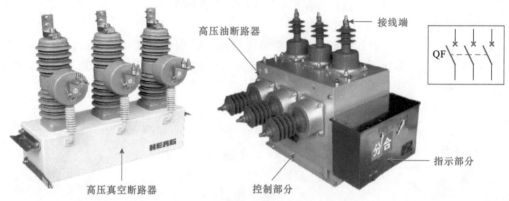

图8-19　高压断路器的实物外形

（2）高压隔离开关

高压隔离开关用于隔离高压电，保护高压电气的安全，使用时需与高压断路器配合使用，图8-20所示为高压隔离开关的实物外形。

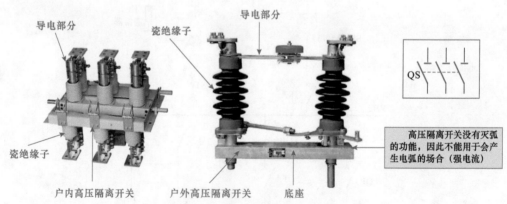

图8-20　高压隔离开关的实物外形

（3）高压熔断器

高压熔断器是用于保护高压供配电线路中设备安全的装置，当高压供配电线路中出现过电流的情况时，高压熔断器会自动断开电路，以确保高压供配电线路及设备的安全。图8-21所示为常见高压熔断器的实物外形。

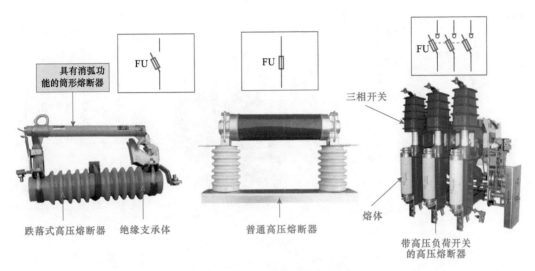

图 8-21 高压熔断器的实物外形

（4）电流互感器

电流互感器是用来检测高压供配电线路流过电流的装置，它是高压供配电线路中的重要组成部分。图 8-22 所示为常见的电流互感器实物外形。

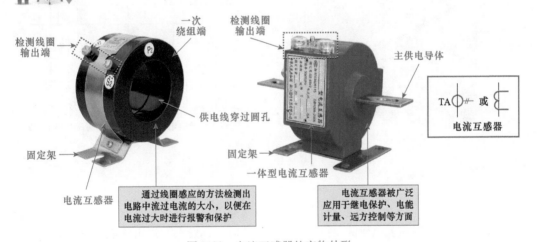

图 8-22 电流互感器的实物外形

（5）电压互感器

电压互感器是一种把高电压按比例关系变换成 100V 或更低等级的二次电压的变压器，通常与电流表或电压表配合使用，指示线路的电压值和电流值，供保护、计量、仪表装置使用。图 8-23 所示为电压互感器实物外形。

（6）高压补偿电容

高压补偿电容器是一种耐高压的大型金属壳电容器，它有三个端子，内部有三个电容器（制成一体），分别接到三相电源上，与负载并联，用以补偿相位延迟的无效功率，提高供电效率，图 8-24 所示为高压补偿电容的实物外形。

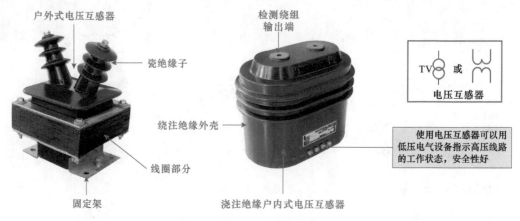

图 8-23　电压互感器的实物外形

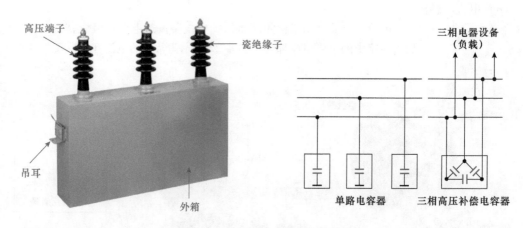

图 8-24　高压补偿电容的实物外形

（7）电力变压器

电力变压器是高压供配电线路中最重要的特征元件，用于实现电能的输送、电压的变换。在远程传输时，将发电站送出的电源电压升高，以减少在电力传输过程中的损失，便于长途输送电力；在用电的地方，变压器将高压降低，供用电设备和用户使用。图 8-25 所示为常见的电力变压器的实物外形。

（8）计量变压器

计量变压器是采用变压器耦合的方式将高压转换成低压，用以检测高压供电线路的电压和电流。感应出的信号去驱动用来指示电压和指示电流的表头，以便观察变配电系统的工作电压和工作电流。图 8-26 所示为计量变压器的实物外形。

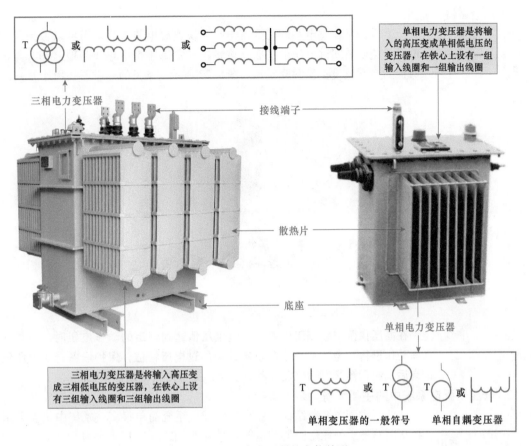

图 8-25　电力变压器的实物外形

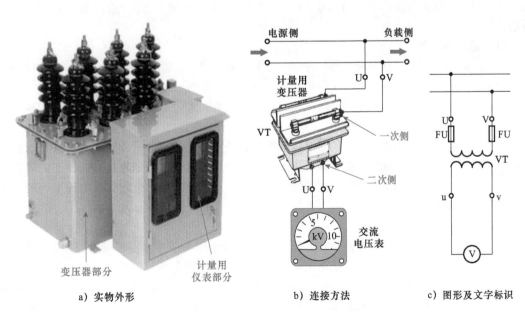

a) 实物外形　　　　　　b) 连接方法　　　　　　c) 图形及文字标识

图 8-26　常用计量变压器的实物外形

（9）避雷器

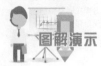

避雷器是在供电系统受到雷击时的快速放电装置，从而可以保护变配电设备免受瞬间过电压的危害，避雷器通常用于带电导线与地之间，与被保护的变配电设备呈并联状态。图 8-27 所示为常见的避雷器实物外形。

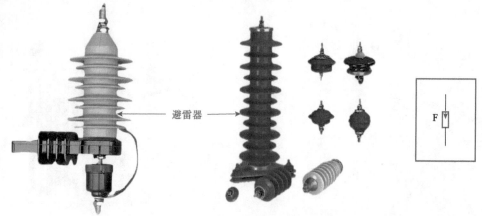

图 8-27　常见的避雷器实物外形

在高压供配电线路工作时，当过电压值达到规定的动作电压时，避雷器立即动作进行放电，从而限制供电设备的过电压幅值，保护设备；当电压值正常后，避雷器又迅速恢复原状，以保证变配电系统正常供电。

**2. 低压供配电系统中的主要设备**

低压供配电系统结构要比高压供配电系统简单很多，系统中主要是由低压断路器、低压熔断器和电能表等组成。图 8-28 所示为典型的低压供配电系统（多层住宅低压供配电线路）。从图中可以看出，该低压供配电线路主要由带漏电保护功能的断路器（QF1）、电能表（Wh5、Wh8）、用户总断路器和支路断路器构成的。

（1）低压断路器

低压断路器俗称空气开关，主要用于接通或切断供电线路且具有过载、短路或欠电压保护的功能，常用于不频繁接通和切断电路的环境中。根据具体功能不同，低压断路器主要有普通塑壳断路器和漏电保护器两种，如图 8-29 所示。

漏电保护断路器又叫漏电保护开关，实际上是一种具有漏电保护功能的开关，低压供配电线路中的总断路器一般选用该类断路器，这种开关具有漏电、触电、过载、短路的保护功能，对防止发生触电或因漏电而引起的火灾事故有明显的效果。

（2）低压熔断器

低压熔断器在低压供配电系统中用作线路和设备的短路及过载保护，当低压供配电线路正常工作时，熔断器相当于一根导线，起通路作用；当通过低压熔断器的电流大于规定值时，低压熔断器会使自身的熔体熔断而自动断开电路，从而对低压供配电线路上的其他电器设备起保护作用。图 8-30 所示为几种常见低压熔断器。

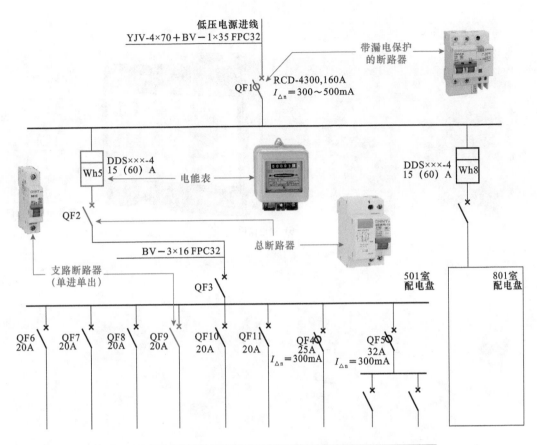

图 8-28　典型的低压供配电线路（多层住宅低压供配电线路）

| 用途 | 照明1 | 照明2 | 空调1 | 空调2 | 空调3 | 备用 | 厨房插座 | 客厅插座 | 卧室插座 |
|------|-------|-------|-------|-------|-------|------|----------|----------|----------|
| 截面管径 | BV-3×2.5 FPC20 | | BV-3×4 FPC25 | BV-3×2.5 FPC20 | | | BV-3×4 FPC20 | BV-3×2.5 FPC20 | |

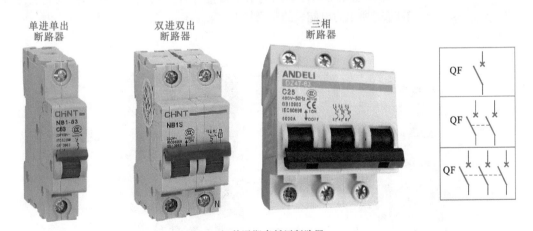

a）普通塑壳低压断路器

图 8-29　典型断路器的实物外形

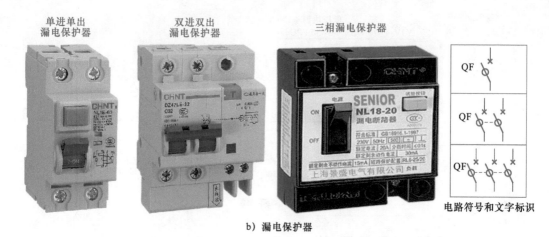

b）漏电保护器

图 8-29　典型断路器的实物外形（续）

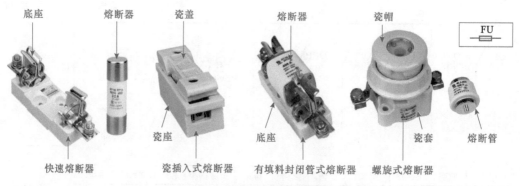

图 8-30　低压熔断器的实物外形

（3）电能表

电能表是用来计量用电量的器件，有三相电能表和单相电能表之分，图 8-31 所示为电能表的实物外形。

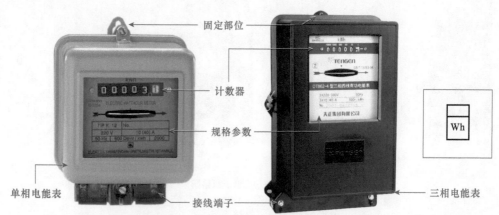

图 8-31　电能表的实物外形

## 8.3 供配电系统的安装与检验

### 8.3.1 供配电系统的安装

供配电系统需要先制定出施工方案，根据总体设计方案对供配电布线方式、安装规划等具体工作进行细化，以便于指导电工操作人员施工作业。确认所有的安装细节后，准备好安装工具和设备，开始对供配电系统进行安装。这里将安装操作分为制定方案、安装楼道总配电箱、安装楼层配电箱和安装配电盘4个部分，分别进行介绍。

#### 1. 制定施工方案

图8-32 所示为8 层16 户建筑物的供配电线路图。楼宇用电负荷部分分为住户用电和公共用电两部分，其中住户用电是指16 户家庭用电；公共用电是指电梯间、楼道照明、有线电视电源、宽带电源和应急灯这几部分的用电。楼宇供配电系统宜采用树干式，这种方式投资费用低，施工方便，易于扩展。

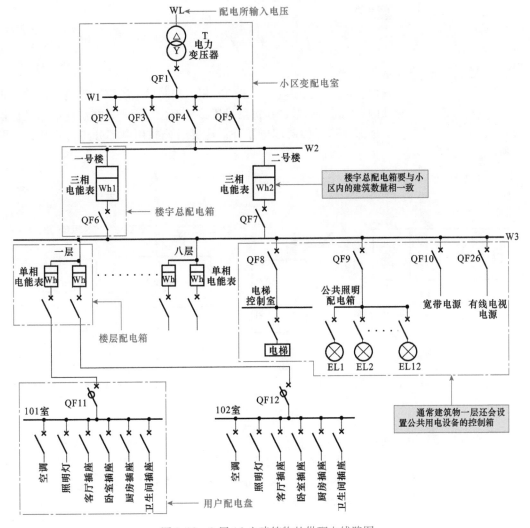

图8-32 8 层16 户建筑物的供配电线路图

因家庭用电为单相 **220V**，为保证三相供电平衡，输入的三根相线应分别为不同的楼层供电。在该建筑物中，红色相线（$L_1$）应为 **1** 层、**2** 层住户和公共用电部分供电；黄色相线（$L_2$）应为 **3 ~ 5** 层的住户供电；绿色相线（$L_3$）应为 **6 ~ 8** 层的住户供电。

该建筑物为多层建筑物，输入供电线缆应选用三相五线制，接地方式应采用 TN – S 系统，即整个供电系统的零线（N）与保护线（PE）是分开的，如图 8-33 所示。

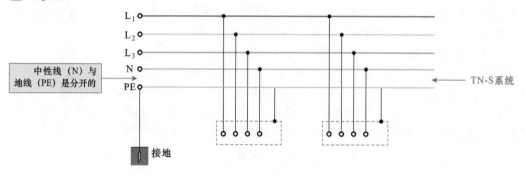

图 8-33　接地方式

（1）制定布线方式

根据线路图，总配电箱引出的三相五线制供电线缆（干线）应采用垂直穿顶的方式进行暗敷，在每层设置接线部位，用来与楼层配电箱进行连接；一楼部分除了楼层配电箱外，还要与公共用电部分进行连接，如图 8-34 所示。

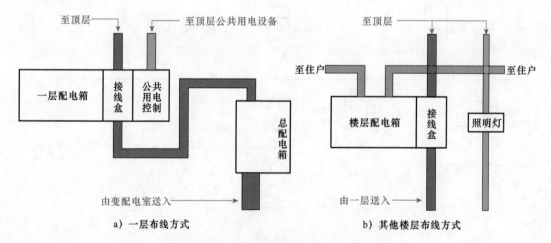

a）一层布线方式　　　　　　　　　　　b）其他楼层布线方式

图 8-34　供配电系统的布线方式

（2）总配电箱安装规划

该建筑物的总配电箱内部安装器件少，箱体可采用嵌入式安装，选择放置在一楼的承重墙上，箱体距地面高度应不小于 1.8m。配电箱输出的入户线缆应暗敷于墙壁内，如图 8-35 所示。

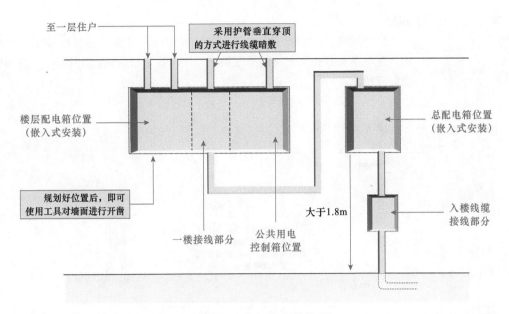

图 8-35　总配电箱安装规划

（3）楼层配电箱安装规划

楼层配电箱应靠近供电干线采用嵌入式安装，配电箱应放置于楼道内无振动的承重墙上，距地面高度不小于 1.5m。配电箱输出的入户线缆应暗敷于墙壁内，取最近距离开槽、穿墙，线缆由位于门左上角的穿墙孔引入室内，以便连接住户配电盘，如图 8-36 所示。

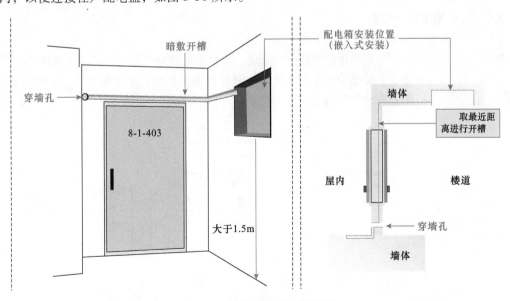

图 8-36　楼层配电箱安装规划

嵌入式安装方式是配电箱的主要安装方式，此外，还可将配电箱外壳直接安装在墙面上，这种安装方式非常简单，配线也可采用明敷方式，在配电箱增设时，常采用此种安装方式。

### （4）配电盘安装规划

住户配电盘应放置于屋内进门处，方便入户线路的连接以及用户的使用。配电盘放置在无振动的承重墙上，配电盘下沿距离地面1.9m左右，如图8-37所示。

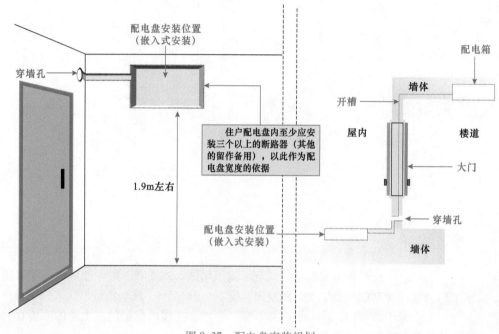

图 8-37　配电盘安装规划

## 2. 楼道总配电箱的安装

### （1）总配电箱的安装

三相供电的干线敷设好后，将总配电箱放置到安装槽中，如图 8-38 所示，安装槽中应预先敷设木块或板砖等铺垫物，配电箱放入后，应保证安装稳固，无倾斜、振动等现象。

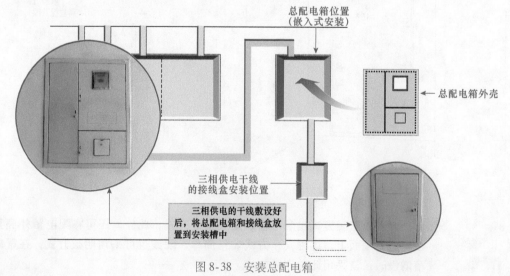

图 8-38　安装总配电箱

（2）配电箱内部器件的安装连接

图 8-39 所示为三相电能表和总断路器的安装。绝缘木板固定在底板上方，距底板上沿 5cm 处，支撑板安装在绝缘木板下方，距木板 20cm 处。保证电能表和总断路器安装牢固，无松动后，再将底板安装回配电箱中。

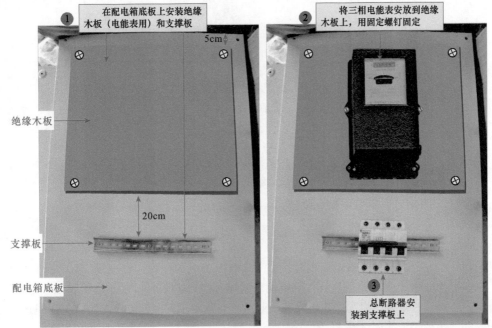

图 8-39　三相电能表和总断路器的安装位置

使用绝缘硬线（黄色、绿色、红色、蓝色）对电能表与总断路器进行连接，如图 8-40 所示。连接时要保证连接处牢固，无裸露铜线，线缆弯曲角度自然。

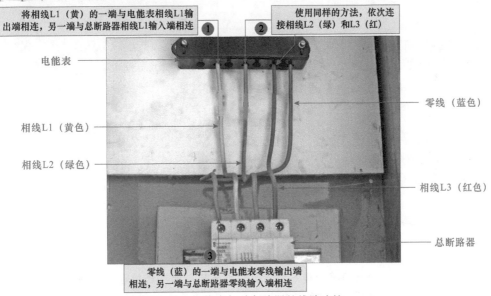

图 8-40　电能表与总断路器的线路连接

接下来将输出的三相供电线缆与总断路器进行连接，按照标识将相线（$L_1$、$L_2$、$L_3$）、零线（N）连接到断路器中，并拧紧固定螺钉，如图 8-41 所示。

总断路器

零线（蓝色）
相线$L_1$（黄色）

将输出相线、零线与总断路器相连

相线$L_3$（红色）
相线$L_2$（绿色）

图 8-41　输出线路的连接

连接电能表时，要注意电能表上的标识，将相线（$L_1$、$L_2$、$L_3$）和零线（蓝色）连接到电能表的输入端，如图 8-42 所示。接线处一定要固定良好，以免产生电火花引起火灾等危险情况。配电箱内的供电线缆连接好后，将输入和输出的接地线固定到 PE 线端子上。

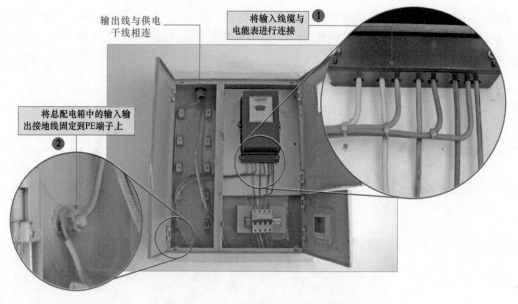

输出线与供电干线相连

将输入线缆与电能表进行连接 ❶

将总配电箱中的输入输出接地线固定到PE端子上 ❷

图 8-42　输入线路以及接地线的连接

总配电箱的输入线缆暂时不要与入楼干线相连，待整栋楼供配电系统安装完成后，再进行连接。

## 3. 楼层配电箱的安装

（1）配电箱的固定

在安装配电箱的墙面上，使用电钻钻出 4 个安装孔，安装孔的位置要与配电箱安装孔相对应，在安装孔中插入胀管，使用固定螺钉将配电箱固定在安装墙面上，如图 8-43 所示。

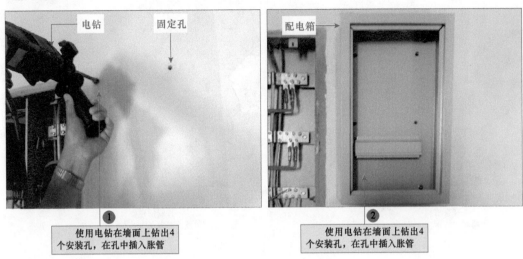

图 8-43　配电箱的固定

（2）电能表和总断路器的安装

将电能表和总断路器固定到配电箱中，按照提示连接好电能表与总断路器之间的线缆，再连接好总断路器输出的线缆，如图 8-44 所示。提醒：固定、连接操作之前，要确定断路器处于断开状态。

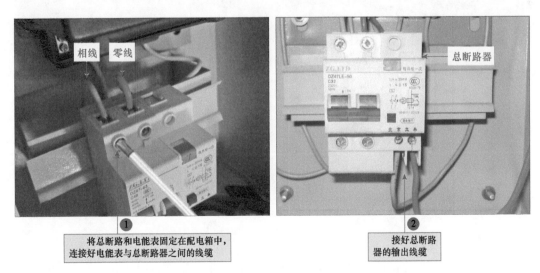

图 8-44　固定并连接电能表和总断路器

（3）板槽的安装和固定

从配电箱上端引出明敷导线的板槽，并使用电钻工具在板槽和墙面上钻孔，再使用固定螺钉将板槽固定在墙壁上，如图8-45所示。

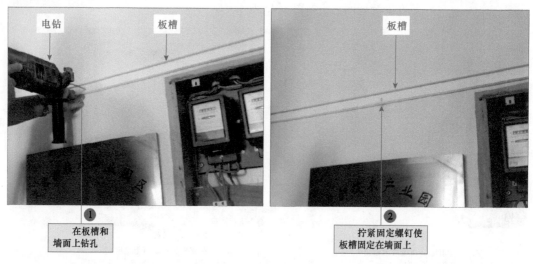

① 在板槽和墙面上钻孔

② 拧紧固定螺钉使板槽固定在墙面上

图8-45　安装板槽并进行固定

（4）打穿墙孔并穿入导线

板槽固定好后，使用电钻在墙壁上打穿墙孔，穿墙孔的位置要和明敷板槽齐平，穿墙孔打穿完毕后，再将室外的导线（断路器输出端的导线）穿入穿墙孔，引入室内，如图8-46所示。

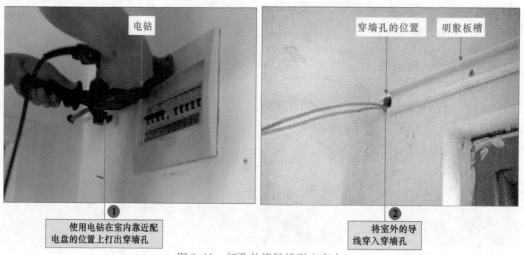

① 使用电钻在室内靠近配电盘的位置上打出穿墙孔

② 将室外的导线穿入穿墙孔

图8-46　打孔并将导线引入室内

（5）电能表输入线的连接

将相线和零线连接到电能表的输入端上，并拧紧固定螺钉，保证连接牢固，如图8-47所示。接着将地线固定在配线箱的外壳上，并拧紧固定螺钉。然后将电能表输入线（相线和零线）与楼道接线处的供电端进行连接。

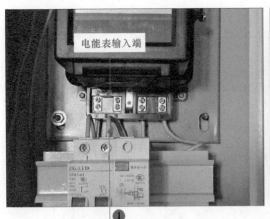

电能表输入端

① 将线缆的一端与电能表输入端相连

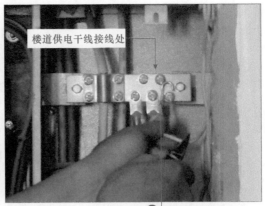

楼道供电干线接线处

② 将线缆的另一端弯成钩状，挂到接线柱上，并拧紧螺钉

图8-47　电能表输入线的连接

相关资料

　　在进行线路连接的整个过程中，应注意手或钳子尽量不要碰触到接线柱的触片及导线的裸露处，避免造成触电事故。良好的安全避电习惯是每一位电工操作人员必须具备的基本素质，也是为自己负责的行为表现。

### 4. 配电盘的安装

（1）配电盘的安装

图解演示

　　室内管路敷设好后，先将室外线缆引到室内配电盘处，再将配电盘放置到事先开凿出的凹槽中，如图8-48所示。

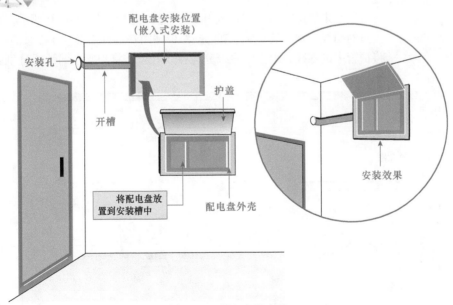

配电盘安装位置（嵌入式安装）

安装孔

开槽

将配电盘放置到安装槽中

护盖

配电盘外壳

安装效果

图8-48　配电盘的安装

（2）支路断路器的安装和连接

图解演示

　　将支路断路器安装到配电盘内部的支撑板上，然后将室外送来的线缆接到总断路器（双进双出）上，并拧紧螺钉，然后使用跨接连接法将相线

与其他断路器相连，零线直接连接到零线分配接线柱上，地线连接到地线分配接线柱上即可，如图 8-49 所示。

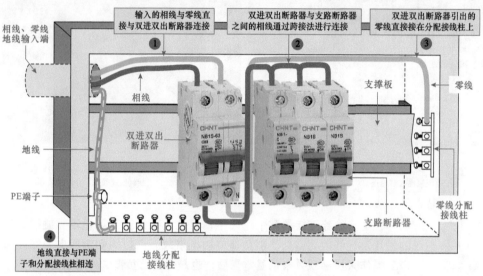

图 8-49　支路断路器的安装和连接

　零线分配接线柱必须与配电盘金属外壳绝缘，而接地分配接线柱必须与配电盘金属外壳做好电气连接。零线分配接线柱和接地分配接线柱的个数应比支路个数多，以便以后扩展支路时使用。

（3）支路线路的连接

　接下来使用支路用线缆（4mm²）进行连接，如图 8-50 所示，将不同支路的相线分别与其对应的支路断路器输出端进行连接，并拧紧固定螺钉。将护管中的零线分别接到零线分配接线柱上，将护管中的地线分别接到地线分配接线柱上。

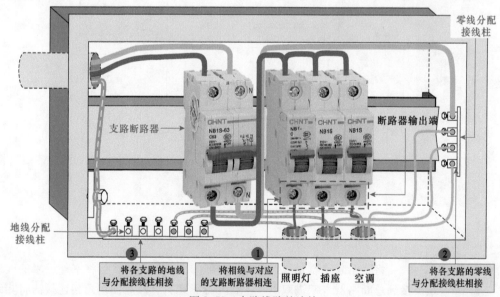

图 8-50　支路线路的连接

### 8.3.2　供配电系统的验收

供配电系统安装完毕后，就需要对系统的安装质量进行检验，检验合格才能交付使用。通常对楼宇配电系统统进行验收，要仔细检查每一条供电支路是否能够正常工作，设备安装是否良好，运行参数是否异常等。图8-51所示为楼宇配电系统的基本检修流程。

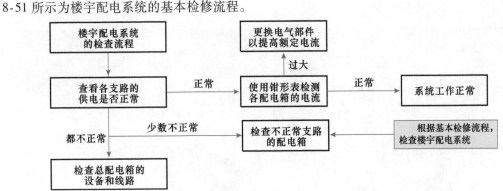

图 8-51　楼宇配电系统的基本检修流程

图 8-52 所示为已安装好的楼宇配电系统线路图。根据线路图，依照检修流程，先对各支路的工作情况进行检查，确认支路正常供电的情况下，可使用钳形表检测总供电电流，确认系统供电是否正常；若有支路供电异常，应对该支路配箱的电气部件及线缆进行检查；若所有支路供电全部异常，应对楼宇的总配电箱进行检查。

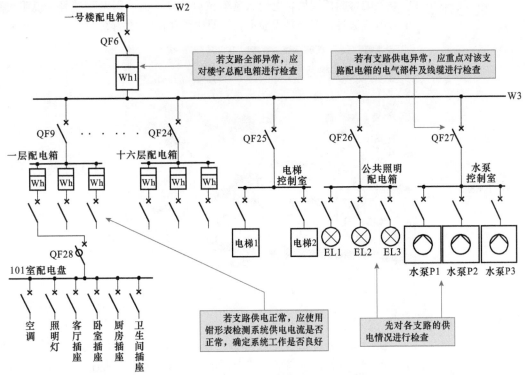

图 8-52　已安装好的楼宇配电系统线路图

### 1. 查看用电设备的工作情况

首先查看楼道照明灯、电梯以及室内照明设备是否能够正常工作，如图 8-53 所示。若发现用电设备不能工作（排除用电设备损坏的情况），就需要根据具体情况检查相应的线缆连接部位是否有问题，例如，只有照明灯不亮，说明照明灯的线缆连接有问题；若用电设备都不工作，就需要检查总配电箱的连接是否正常。

图 8-53  查看用电设备的工作情况

### 2. 检查线路的通断

使用电子试电笔对线路的通断进行检查，如图 8-54 所示，按下电子试电笔上的检测按键后，电子试电笔显示屏显示出"闪电"符号，说明线路中有电流通过，若屏幕无显示，说明线缆存在断路故障。

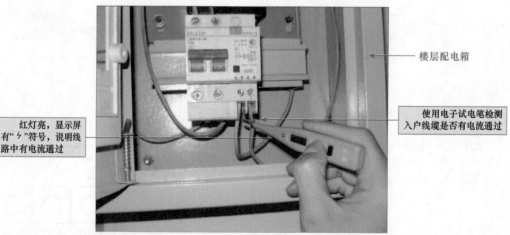

图 8-54  检查线路的通断

### 3. 检查输入输出的电流

使用钳形表检查各配电箱和配电盘中是否有电流通过，如图 8-55 所示，将钳形表的档位调整至"AC 200A"档，用钳头钳住配电箱中的单根相线，即可在钳形表上看到电流读数。以此为根据便可知道线缆是否有电流通过，通过电流是否在允许范围内。

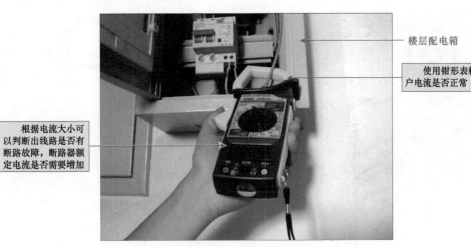

楼层配电箱

使用钳形表检测入户电流是否正常

根据电流大小可以判断出线路是否有断路故障，断路器额定电流是否需要增加

图 8-55 检查输入输出的电流

# 第⑨章

# 电力拖动系统的规划安装技能

## 📚 9.1 电力拖动系统的特点

### 📖 9.1.1 电力拖动系统的功能特点 🔧

电力拖动系统是指通过电动机拖动生产机械完成一定工作要求的设备统称，实际上就是通过控制电动机的旋转方式，从而使电动机所带动的机械设备完成诸如运输、加工等工作，下面我们从功能与应用两方面对电力拖动系统进行介绍。电力拖动系统主要是控制器件（控制按键、按钮、传感、保护器件等）、动力部件（电动机）和机械传动等部分构成的。这些部件和装置按设定的控制关系通过线路连接在一起，使得电动机能够在控制器件的控制下完成相应的运转动作，进而带动机械传动装置动作，实现传送、推拉、升降、抽放等工作目的。

电力拖动系统主要用来控制电动机的工作状态，系统中控制电动机的部件以及部件间的连接方式有很多种，使电动机具有起动、运转、变速、制动、正转、反转和停机等多种工作状态，从而满足电动机拖动设备的工作需求。

图 9-1 所示为车库大门控制线路示意图，该线路属于典型的电力拖动系统。从图中可以看出，按钮可对电动机进行控制，而电动机则带动车库卷帘门开启或关闭，当卷帘门升起或降下到一定位置时，由限位开关控制电动机停机。

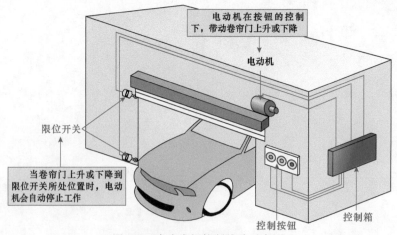

图 9-1 车库大门控制线路示意图

## 9.1.2　电力拖动系统的结构形式

电力拖动系统的控制方式多样，操作控制比较简单，广泛应用于日常生产、生活中。电力拖动系统主要应用于工业和农业生产中，例如加工机床、水源运输等；而日常生活中这类线路比较少，比较常见的电力拖动系统包括电梯、小区自动门等。

图9-2所示为工业生产中的电力拖动系统。工业生产中的加工机床、货物升降机、电动葫芦、给排水控制设备等都需要电动机进行拖动，针对不同的机械设备，电动机的控制方式也有很多种。

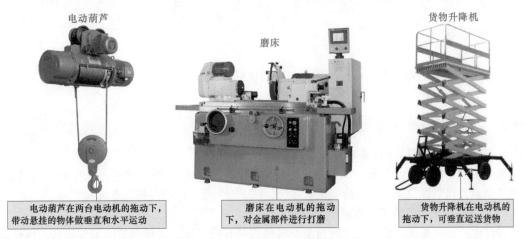

电动葫芦　　　　　　　　　磨床　　　　　　　　　货物升降机

| 电动葫芦在两台电动机的拖动下，带动悬挂的物体做垂直和水平运动 | 磨床在电动机的拖动下，对金属部件进行打磨 | 货物升降机在电动机的拖动下，可垂直运送货物 |

图9-2　工业生产中的电力拖动系统

图9-3所示为农业生产中的电力拖动系统，农业生产中的排灌设备、农产品加工设备、粮食传送设备等都需要电动机提供动力，电动机的控制线路要满足相应设备的工作需求，才可使设备正常工作。

电动机　水泵　　　　　　粮食加工设备　　　　　粮食传送带

| 农村排灌时，主要通过电动机带动水泵，抽取地下水或河、湖水源进行输送 | 粮食加工设备在电动机的带动下，对粮食进行各种不同的加工 | 电动机为粮食传送带提供动力，对粮食进行短距离输送 |

图9-3　农业生产中的电力拖动系统

图9-4所示为日常生活中的电力拖动系统，日常生活中的电梯、自动门等设备的主要动力源是电动机，通过控制线路对电动机的工作状态进行控制，来满足人们的生活需要，提供更加快捷、方便的生活方式。

扶梯

电梯

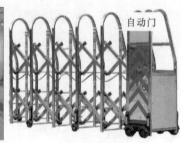
自动门

扶梯在内部电动机的带动下，匀速循环往复工作

电动机根据指令，朝不同的方向旋转，带动电梯在楼层间移动、停下

电动机根据指令，控制栅栏门打开或关闭

图 9-4　日常生活中的电力拖动系统

## 9.2　电力拖动系统的设计规划

### 9.2.1　电力拖动系统的设计要求和设计方案

#### 1. 电力拖动系统的设计要求

电力拖动系统的设计不能一蹴而就，而要遵循一定的设计原则和顺序，综合多方面考量，才能规划设计出满足设备需要，使用控制方便，利于检测维修的电力拖动系统。

（1）满足机械设备的工作需求

设计电力拖动系统之前，要对所拖动的机械设备有所了解，清楚设备的工作要求，预先设想控制线路的工作方式和保护措施等。对于一般的电力拖动系统只要满足电动机的起动、停止、旋转方向等功能，并做好短路、过热保护即可；而有些特殊要求的电力拖动系统，可能还需要减压起动、调速（在一定范围内）、间歇工作等，当出现意外或发生事故时，还要有必要的紧急制动及警示预报。

（2）力求控制线路的简单合理

确定好控制线路的工作方式后，便可开始在图样上设计系统的控制线路，设计过程中应遵循控制线路简单、经济、合理、便于操作的原则。

① 线路中连接导线的数量

在设计控制线路时，应考虑到各个元器件之间的实际连接和布线，特别应注意电气箱、操作台和行程开关之间的连接导线，如图 9-5 所示。例如启动按钮与停止按钮是直接连接的，这样的连接方式可以减少引线。

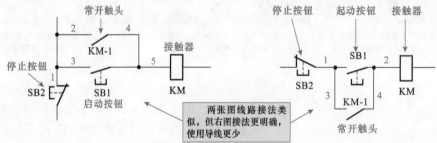

图 9-5　减少连接导线的数量

② 线路中电气部件的数量

在对电力拖动系统控制线路进行设计时，应合理减少电气部件的数量，从而达到简化线路的目的，而且还可以提高线路的可靠性，如图9-6所示。线路中所用到的相同电气部件最好采用相同型号、质量合格的产品。

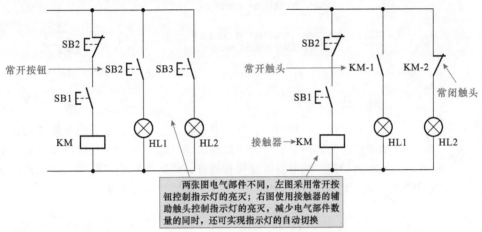

两张图电气部件不同，左图采用常开按钮控制指示灯的亮灭；右图使用接触器的辅助触头控制指示灯的亮灭，减少电气部件数量的同时，还可实现指示灯的自动切换

图9-6 减少电气部件的数量

③ 线路中触头的数量

在设计电力拖动系统控制线路时，为了使控制线路简化，在功能不变的情况下，应对控制线路进行整合，尽量减少触头的使用，每个接线端最多只连接两根导线，如图9-7所示。

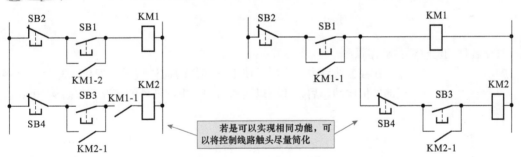

若是可以实现相同功能，可以将控制线路触头尽量简化

图9-7 减少触头的使用

（3）保证控制线路的工作安全可靠

① 电气部件的连接方式

电力拖动系统的控制线路中，常常使用接触器或继电器的触点与电动机相连，由接触器或继电器的线圈对触点进行控制。在使用时要注意它们的额定工作电压以及控制关系，若两个交流接触器的线圈串接在电路中，一个接触器断路，则两个接触器均不能正常工作，而且会因为分压而使工作电流不足，如图9-8所示。

② 正确连接电气部件的触头

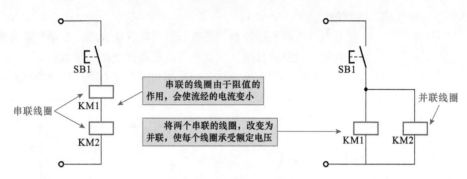

图9-8　电气部件的连接方式

　　　　　　有些电气部件同时具有常开和常闭触头,且触头的位置靠的很近,例如限位开关的两个触头。在对该类部件进行连接时,应对共用同一电源的所有接触器、继电器以及执行器件,将其线圈的一端接在电源的一侧,控制触头接在电源的另一侧,以免触头断开时产生的电弧造成电源短路,其连接方式如图9-9所示。

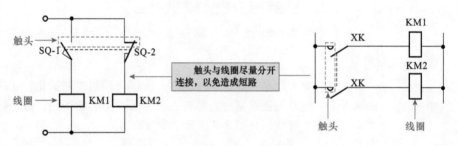

图9-9　正确连接电气部件的触头

③ 合理的电气部件动作顺序

　　　　　　在控制线路中,应尽量使电气部件的动作顺序合理化,避免经许多电气部件依次动作后,才可以接通另一个电气部件的情况,如图9-10所示。

图9-10　电气部件动作合理

④ 应具有必要的保护环节

控制线路出现事故时,应能保证操作人员、电气设备、生产机械的安全,并能有效地制止事故的扩大。为此,在控制电路中应采取一定的保护措施。常用的有漏电、过载、短路、过电流、过电压、联锁与行程保护等措施，必要时还可设置相应的警示灯。

（4）方便系统的操作和维修

控制线路均应操作简单，能迅速和方便地由一种控制方式转换到另一种控制方式，例如由自动控制转到手动控制。系统整体应便于维修和更换，有条件的最好配备隔离电器，以便带电抢修。

**2. 电力拖动系统的设计方案**

了解机械设备的工作要求后，就可遵循上述设计规划原则，按照一定的设计顺序对电力拖动系统进行设计规划，一般可将设计过程划分为三个阶段：供电部分的设计、控制部分的设计和保护部分的设计。

（1）设计准备

某一台机械设备需要三相交流电动机进行拖动，要求按下起动按钮时电动机起动，当松开按钮时，电动机照常工作，按下停止按钮电动机便停止，并且设备需要在远、近两处进行控制；当电动机运行过程中如果出现过热的情况时，可以自行断开供电进行降温；除此之外，控制部分应配备相应的指示灯，提示工作情况。

根据要求，需要设计两组起停按钮，并配有自锁功能，交流接触器对电动机、两个指示灯进行控制，主供电线路和支路中设置过热保护继电器、熔断器。

（2）供电部分的设计

首先是供电部分的设计，该阶段的设计内容主要是整理绘制电力拖动系统中各主要部件的供电连接关系，这也是控制线路设计的首要环节。

在设计时，可以先将线路所包含的被控器件（电源总开关、电动机、指示灯等）以及控制部分规划出来，如图9-11所示，根据要求先将电动机、指示灯的供电部分的线路图设计出来，再简要规划出控制部分。

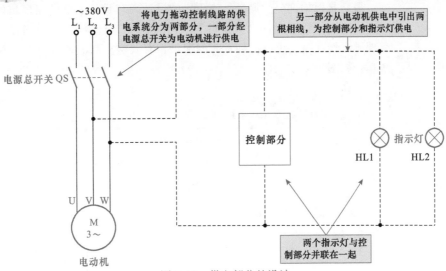

图9-11　供电部分的设计

（3）控制部分的设计

接下来是控制部分的设计，该阶段的设计内容是结合实际工作情况，在原本供电系统的构架上添加接触器、按钮等控制器件，以完善整个线路中各部件之间的连接控制关系，如图9-12所示，这是电力拖动控制线路设计的重要环节。

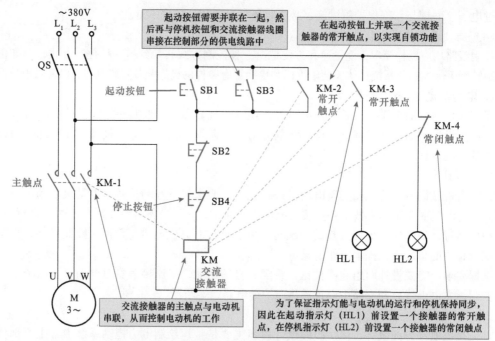

图 9-12 控制部分的设计

在对控制线路中的电气部件进行设计时，应考虑到电气部件的摆放位置，若该环节设计时出现错误，将直接为电气部件的连接带来不必要的麻烦。

（4）保护系统的设计

最后是保护部分的设计，该阶段的设计内容是从安全的角度出发，为整个线路增添保护器件（如熔断器、过热保护继电器等），以确保当工作出现异常情况时，可以得到及时的保护，有效防止事故的发生和避免部件损坏，如图 9-13 所示。

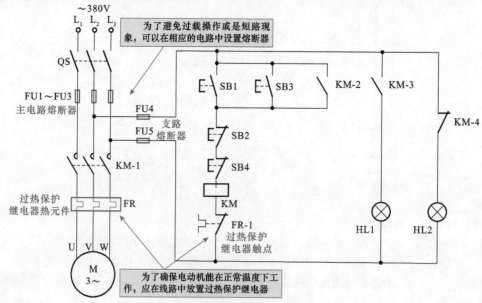

图 9-13 保护部分的设计

通过以上三部分电路的设计，即可完成电力拖动控制线路的规划设计要求，接下来，主要是对该控制线路进行细致的检查，若是确定无误后，则需要对相关的部件进行选配。

## 9.2.2　电力拖动系统中的设备选配

电力拖动系统主要是由电动机、控制部件、保护部件和拖动设备构成的。不同部件之间相互配合，维持系统的整体工作。下面我们就来认识一下，电力拖动系统中的各种部件及被控设备。

图9-14所示为典型三相电动机控制线路。从图中可知，该线路主要由电动机、控制部分、保护部分组成，控制部分中包括电源总开关、按钮、接触器、继电器；保护部分是由过热保护继电器和熔断器组成。

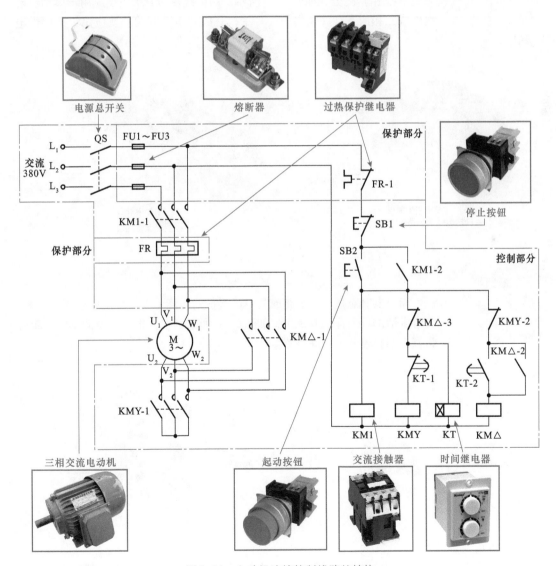

图9-14　电动机连续控制线路的结构

电力拖动控制线路可实现多种多样的功能，如电动机的起动、正反转、变速、制动和停机等的控制。不同的电动机控制线路所选用的控制器件以及功能部件基本相同，但由于选用部件数量的不同以及对不同部件间的不同组合，加之电路上的连接差异，从而实现了对电动机不同工作状态的控制。

### 1. 控制部件

（1）电源总开关

电源总开关在电力拖动系统中，主要用来对线路的总供电进行控制，在电力拖动系统中，常用的电源总开关主要有负荷开关、断路器等。

① 负荷开关

负荷开关在农用电力拖动系统中比较常见，它有两极式（单相）和三极式（三相）之分，如图9-15所示。两极式负荷开关主要应用于单相供电线路或三相的支路（两根相线）中；三极式负荷开关主要应用于三相供电线路中。

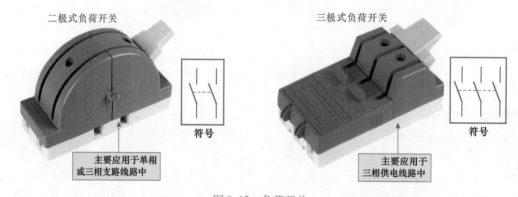

图9-15 负荷开关

② 断路器

断路器具有过载、短路或欠电压保护的功能，该部件主要应用于工业、日常生活的电力拖动系统中，如图9-16所示。根据供电电源的不同，也分为双极断路器和三极断路器。

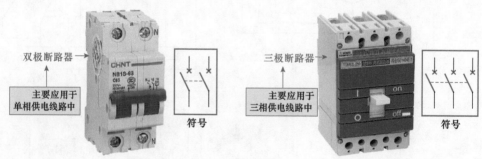

图9-16 断路器

（2）主指令器

主指令器是指电力拖动系统中发出操作指令的电气部件，这种部件主要具有接通与断开电路的功能，常见的主指令器有按钮、限位开关等。

① 按钮

按钮可以接通或断开线路，一般用来控制继电器、接触器或其他负载。按钮种类较多，按触头的状态可以分为常开按钮和常闭按钮，如图 9-17 所示，通过控制不同的电气部件实现起动、停止、正反转、变速等功能。

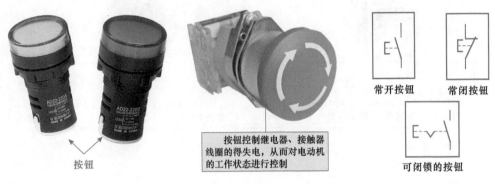

按钮控制继电器、接触器线圈的得失电，从而对电动机的工作状态进行控制

常开按钮　　常闭按钮

可闭锁的按钮

按钮

图 9-17　按钮

② 限位开关

限位开关又可称为位置开关，如图 9-18 所示，在电力拖动系统中，可以用来实现负载的顺序控制、定位控制以及位置状态的检测等，使机械设备按一定位置或行程自动停止、反向运动、变速运动或自动往返运动等。

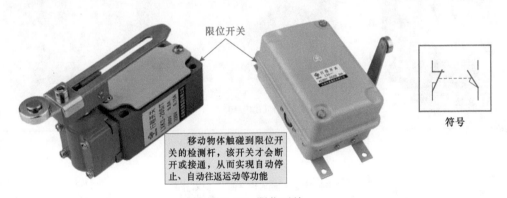

限位开关

符号

移动物体触碰到限位开关的检测杆，该开关才会断开或接通，从而实现自动停止、自动往返运动等功能

图 9-18　限位开关

（3）接触器

接触器是电力拖动系统中使用最广泛的电气元件之一，用来直接控制电动机。根据接触器控制电流的不同，可将接触器分为交流接触器和直流接触器两类，如图 9-19 所示。

（4）继电器

继电器在电力拖动系统中，主要与接触器相配合，来实现不同的控制功能，如延时、间歇、反接制动等。图 9-20 所示为电力拖动系统中常见的继电器。

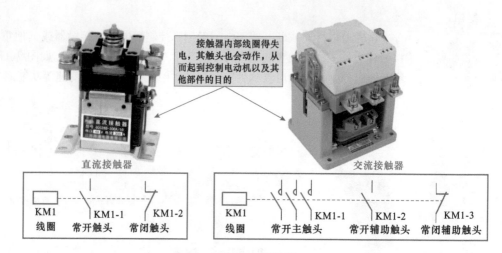

图 9-19　接触器

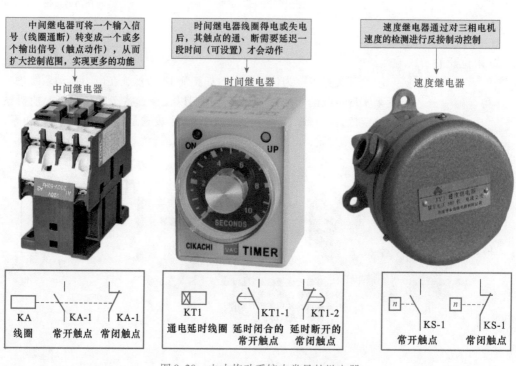

图 9-20　电力拖动系统中常见的继电器

## 2. 保护部件

任何用电系统中都需要安装保护部件,电力拖动系统也不例外。电力拖动系统容易出现过载、过热、短路、漏电等故障现象,因此要在系统中安装过热保护继电器、熔断器等部件,来检测上述异常现象,当发现异常时,可及时断开线路,避免故障范围扩大或造成人员伤亡。

(1) 过热保护继电器

过热保护继电器主要用于电动机的过载、断相、电流不平衡保护以及其他电气设备发热状态时的控制,是电力拖动系统中必备保护部件,如图9-21所示。

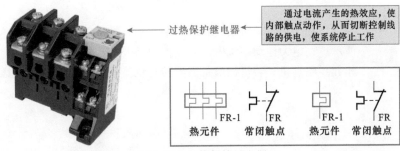

图 9-21　过热保护继电器

（2）熔断器

熔断器在电力拖动系统中用于线路和设备的短路及过载保护。熔断器的种类较多，其中插入式熔断器是电力拖动系统中比较常见的，如图9-22所示。

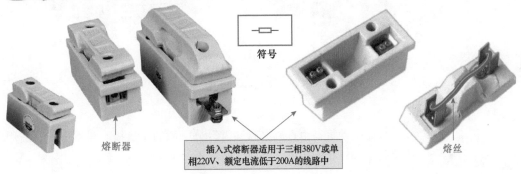

符号

熔断器

插入式熔断器适用于三相380V或单相220V、额定电流低于200A的线路中

熔丝

图 9-22　插入式熔断器

## 3. 电动机

电动机是电力拖动系统主要的动力源，根据供电电源的不同，电动机可以分为单相交流电动机、三相交流电动机、直流电动机。

（1）单相交流电动机

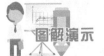

单相交流电动机是指利用单相交流电源220V供电的电动机，如图9-23所示。在电力拖动系统中常使用单相同步电动机作为动力源。

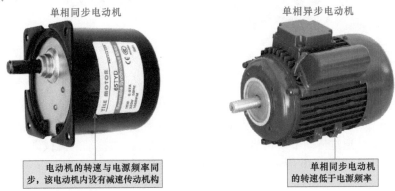

单相同步电动机

单相异步电动机

电动机的转速与电源频率同步，该电动机内设有减速传动机构

单相同步电动机的转速低于电源频率

图 9-23　单相交流电动机

（2）三相交流电动机

三相交流电动机是指利用三相交流电源380V供电的电动机，如图9-24所示。在电力拖动系统中，若机械设备要求有一定调速范围，最好使用三相异步电动机；若机械设备需要转速恒定的大功率电动机，最好使用三相同步电动机。

三相异步电动机　　　　　　　　　　三相同步电动机

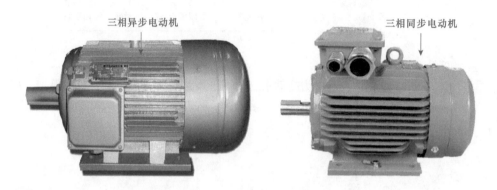

图 9-24　三相交流电动机

（3）直流电动机

直流电动机是由直流电源（需区分电源的正负极）供给电能，适用于频繁起动和停止的机械设备中，如图9-25所示。

直流电动机

直流电动机

图 9-25　直流电动机

**4. 拖动设备**

电力拖动系统中的电动机是主要受控部件，它将电能转化为机械能，通过传动带或联轴器带动机械设备工作。被拖动的机械设备种类多种多样，如图9-26所示，有比较简单的水泵、鼓风机等小型设备，也有复杂的车床等大型设备。

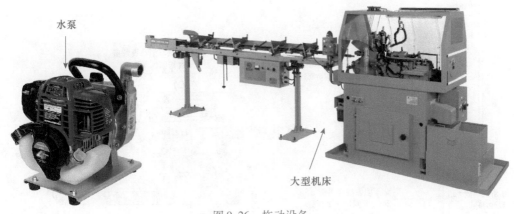

水泵

大型机床

图 9-26　拖动设备

## 9.3　电力拖动系统的安装与检验

### 9.3.1　电力拖动系统的安装

以典型水泵控制系统为例，图9-27所示为水泵控制系统的线路图，该水泵的抽水控制为点动连续控制方式，当按下起动按钮，电动机便会旋转，带动水泵抽水；按下停止按钮，电动机便会停机，水泵便停止工作。

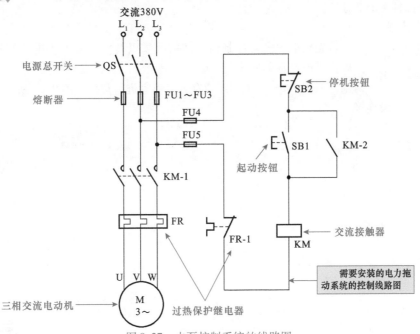

交流380V

电源总开关 ← QS

熔断器 ← FU1～FU3

FU4

FU5

KM-1

FR

FR-1

三相交流电动机 ← M 3～

过热保护继电器

SB2　停机按钮

SB1　KM-2

起动按钮

KM　交流接触器

需要安装的电力拖动系统的控制线路图

图 9-27　水泵控制系统的线路图

图9-28所示为水泵控制系统的安装方案示意图。根据实际安装环境，规划出具体的安装方案，这样电工人员便可根据方案逐步对电力拖动系统进行安装。

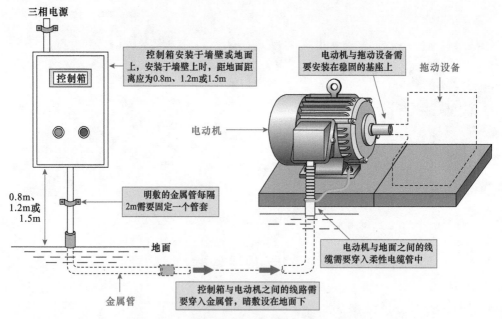

图 9-28　水泵控制系统的安装方案示意图

　　识读电力拖动系统的控制线路设计图，并确认所有的安装细节后，准备好安装工具和设备，开始对电力拖动系统进行安装。这里将安装操作分为敷设线缆、安装电动机、安装控制箱和安装连接控制部件 4 个部分。

### 1. 敷设线缆

　　首先对电动机与控制箱之间的线缆以及控制箱的供电线缆进行敷设，为确保供电设备的安全性（包含防水、防尘），需对线路采取严格的防护措施，三相 380V 供电引线应穿入金属管进行敷设。图 9-29 所示为电动机、控制箱的线缆敷设连接。

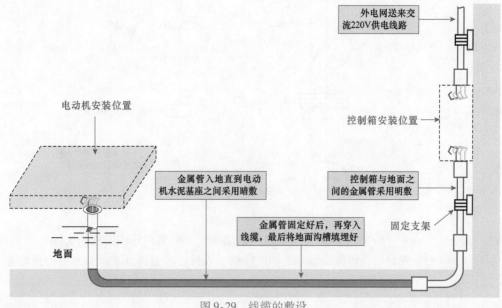

图 9-29　线缆的敷设

**2. 安装电动机及拖动设备**

（1）制作机座

电动机和水泵通常安装在一个机座上，由于电动机和水泵转轴的高度不同，因此机座上电动机的部分要比水泵高（具体尺寸参考电动机和水泵转轴的高度差），并且要根据电动机和水泵底座固定孔位置尺寸，在机座上打出安装孔，如图9-30所示。

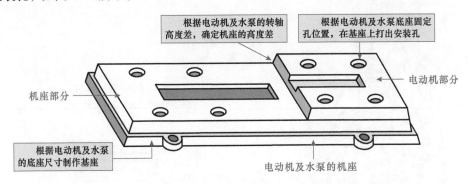

图 9-30　制作机座

（2）安装电动机

制作好机座后，先使用锤子将联轴器分别安装到电动机转轴和水泵转轴上，如图9-31所示。

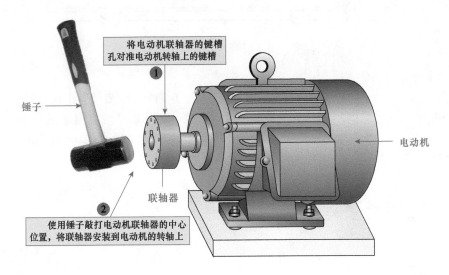

图 9-31　联轴器的安装方法

敲打位置不对或敲打时用力过猛，会损伤转轴并且会导致联轴器与转轴歪斜。大型电动机直接用锤子很难将联轴器装到电动机上，安装时可以先将联轴器加热，采用油煮、喷灯等方法加热，使其膨胀后快速套在转轴上，再借助锤子敲打安装。

然后使用吊装设备将电动机和水泵吊起，放到机座上，如图 9-32 所示，对齐安装孔，拧入固定螺栓，使电动机与水泵固定到机座上。

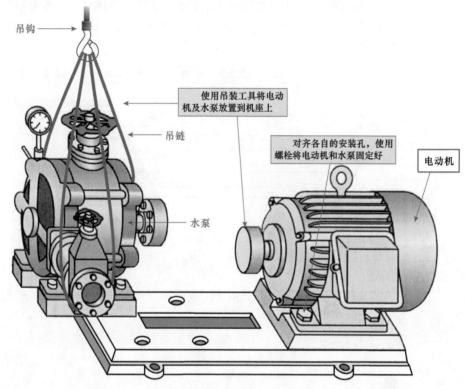

图 9-32　安装固定电动机和水泵

（3）制作基础平台

电动机和水泵不能直接放置于地面上，应安装固定在水泥基础平台上。图 9-33 所示为水泥基础平台的尺寸。基础平台高出地面为 100 ~ 150mm，长、宽尺寸要比电动机和安装设备的机座多 100 ~ 150mm，基坑深度一般为地脚螺栓长度的 1.5 ~ 2 倍，以保证地脚螺栓有足够的抗震强度。

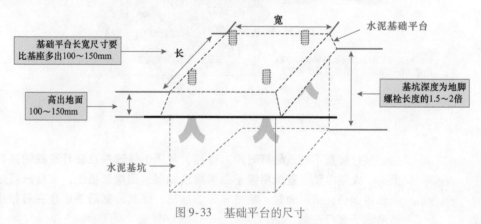

图 9-33　基础平台的尺寸

确定安装位置后，制作水泥基础平台，如图 9-34 所示。根据安装机座的长宽大小，在指定位置开始挖掘基坑，挖到足够深度后，使用工具夯实坑底，然后在坑底铺一层石子，用水淋透并夯实，再注入水泥，同时将地脚螺栓埋入水泥中。根据机座的安装孔位置尺寸，调整好地脚螺栓的位置，并将露出地表的水泥座部分砌成梯形。

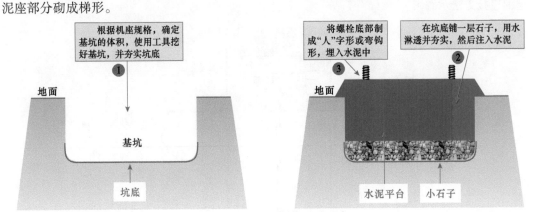

图 9-34　挖基坑制作基础平台

（4）固定机座

再次使用吊装设备，将电动机、水泵连同机座一起放置到水泥平台上，注意机座安装孔要对齐螺栓，如图 9-35 所示。放置好机座后，使用扳手将螺母拧到螺栓上，使机座固定到水泥平台上。

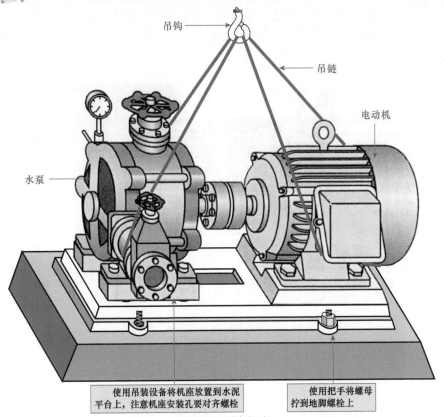

图 9-35　固定机座

（5）调整联轴器

联轴器是由两个法兰盘构成的，一个法兰盘与电动机转轴固定，另一个法兰盘与水泵转轴固定，将电动机转轴与水泵转轴的轴线位于一条直线后，再将两个法兰盘用螺栓固定为一体进行动力的传动。图 9-36 所示为联轴器的连接方法示意图。

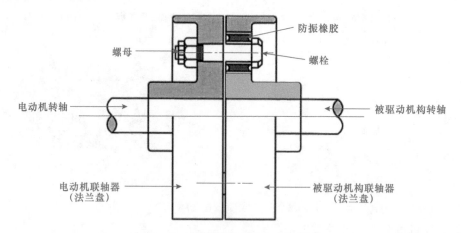

图 9-36　联轴器的连接方法示意图

联轴器是连接电动机和水泵轴的机械部件，借此传递动力。在这种结构中，必须要求电动机的轴心与水泵的轴保持同心同轴。如果偏心过大会对电动机或水泵机构有较大损害，并会引起机械振动。因此在安装联轴器时必须同时调整电动机的位置使偏心度和平行度符合设计要求。图 9-37 所示为联轴器的连接和调整示意图。

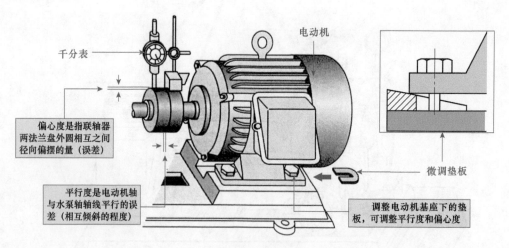

图 9-37　联轴器的连接和调整示意图

① 偏心误差的调整

将电动机与水泵安装好后，在两个法兰盘中先插入一个螺栓，然后将千分表支架固定在任意一个法兰盘上，例如 B 法兰盘，使用 B 法兰盘测量 A 法兰盘外圆在转动一周时的跳动量（误差值），同时对电动机的安装垫板

进行微调，使误差在允许的范围内，注意偏度为千分表读数的1/2。图9-38所示为偏心误差的调整方法。

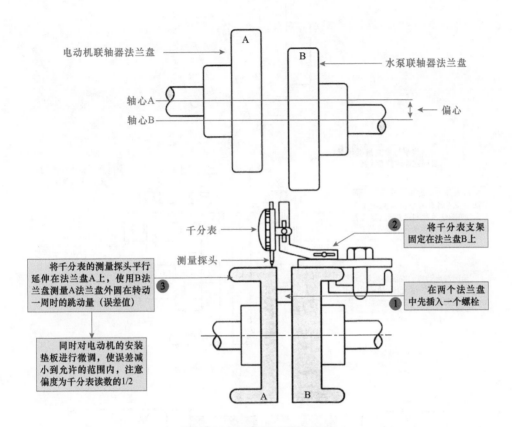

图9-38　偏心误差的调整方法

② 平行度误差的调整

平行度是指测量两法兰盘端面相互之间的偏摆量，即平行度为千分表读数的1/2。如果偏差较大，则需通过调整电动机的倾斜度（调垫板）和水平方位使两轴平行。图9-39所示为平行度误差的精密调整方法。

两法兰盘的偏心度和平行度的误差在允许范围内后，将两法兰盘之间的固定螺栓的螺母拧紧，完成联轴器的连接与调整。

**若在安装联轴器过程中没有千分表等精密测量工具，则可通过量规和测量板对两法兰盘的偏心度和平行度进行简易的调整，使其符合联轴器的安装要求。**

（6）供电线缆的连接

将电动机固定好以后，就需要将供电线缆的三根相线连接到三相异步电动机的接线柱上。普通电动机一般将三相端子共6根导线引出到接线盒内。电动机的接线方法一般有两种，星形（Y）和三角形（△）联结。如图9-40所示，将三相异步电动机的接线盖打开，在接线盖内侧标有该电动机的接线方式。

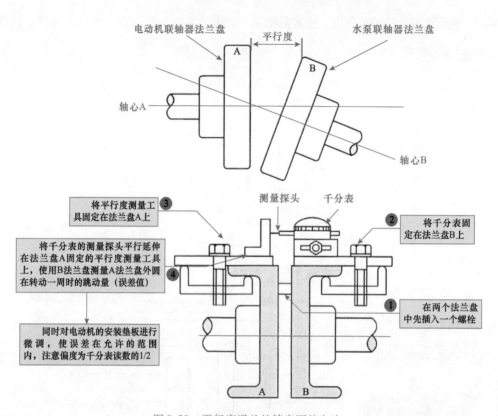

图 9-39 平行度误差的精密调整方法

文字标注:
- 电动机联轴器法兰盘
- 平行度
- 水泵联轴器法兰盘
- 轴心A
- 轴心B
- 将平行度测量工具固定在法兰盘A上 ③
- 测量探头
- 千分表
- 将千分表固定在法兰盘B上 ②
- 将千分表的测量探头平行延伸在法兰盘A固定的平行度测量工具上,使用B法兰盘测量A法兰盘外圆在转动一周时的跳动量(误差值) ④
- 在两个法兰盘中先插入一个螺栓 ①
- 同时对电动机的安装垫板进行微调,使误差在允许的范围内,注意偏度为千分表读数的1/2

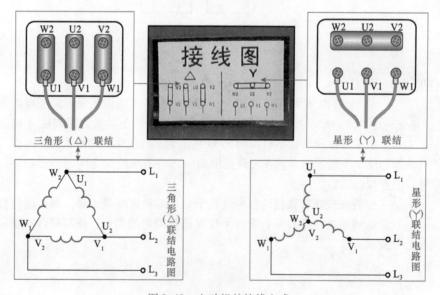

图 9-40 电动机的接线方式

文字标注:
- 三角形(△)联结
- 接线图 △ Y
- 星形(丫)联结
- 三角形(△)联结电路图
- 星形(丫)联结电路图

相关资料

　　我国小型电动机的有关标准中规定,**3kW** 以下的单相电动机,其接线方式为三角形(△)联结,而三相电动机,其接线方式为星形(丫)联结;**3kW** 以上的电动机所接电压为 **380V** 时,接线方式为三角形(△)联结。

① 拆下接线盖

使用螺钉旋具将电动机接线盖上的四颗固定螺钉拧下，然后取下接线盒盖，如图9-41所示。取下接线盒盖，可以看到内部的接线柱。

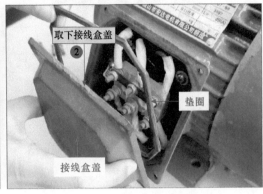

图9-41 拆下接线盖

② 查看连接方式

取下三相异步电动机接线盒盖后，在盖的内侧可找到接线图，对照电动机接线柱可知该电动机采用的是星形（丫）联结方式，如图9-42所示。

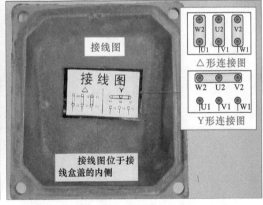

图9-42 查看连接方式

③ 连接线缆

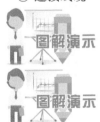

根据星形（丫）联结方式，将三根相线（L1、L2、L3）分别与接线柱（U1、V1、W1）进行连接，如图9-43所示。将线缆内的铜心缠绕在接线柱上，然后将紧固螺母拧紧。

供电线缆连接好后，一定不要忘记在电动机接线盒内的接地端或外壳上，连接导电良好的接地线，如图9-44所示，没有连接接地线，在电动机运行时，可能会由于电动机外壳带电引发触电事故。

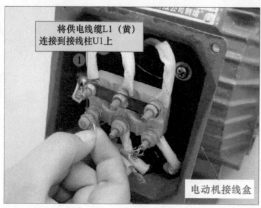
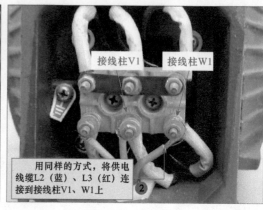

图 9-43　连接线缆

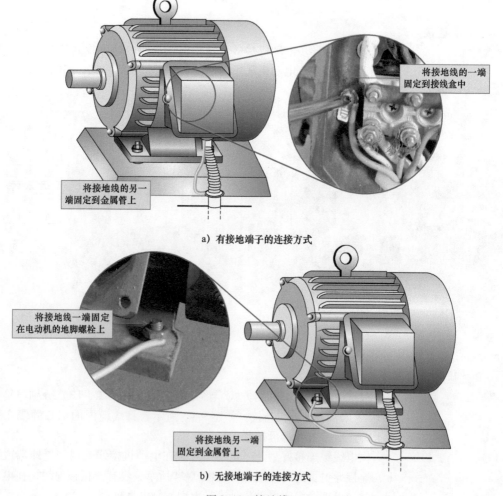

a）有接地端子的连接方式

b）无接地端子的连接方式

图 9-44　接地线

### 3. 安装控制箱

将电动机安装好后，接下来需要对控制箱进行安装固定。如图9-45所示，规划好的位置，将控制箱固定在墙面上，确保控制箱与地面保持水平，若是由于环境不能与地面保持水平时，其倾斜度也不可以超过5°，并且要做好防水的措施。

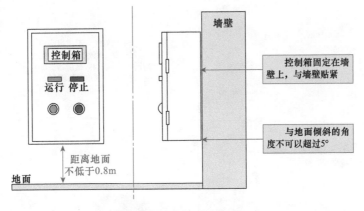

图 9-45　控制箱的安装

### 4. 安装连接控制部件

（1）控制部件的安装

在对控制部件进行安装布局时，应根据控制流程排序并遵循排列整齐、美观的原则，进行可靠的安装，那些必须安装在特定位置上的器件，必须安装在指定的位置上，例如手动控制开关（按钮）、指示灯和测量器件等，可以安装在控制箱的门上，方便进行操作和观察，如图9-46所示。

图 9-46　部件安装布局的原则

对于发热的电气部件进行布局时，应考虑散热效果以及对其他器件的影响，必要时还可以进行隔离或是采用风冷措施。

（2）控制部件之间的连接

在对控制部件进行连接时，导线应平直、整齐，连接方式合理。所有导线从一个端子到另一个端子进行连接时，应是连续的，中间不可以出现有接头的现象，并且所有的导线连接必须牢固，不能松动。

① 供电线路的连接

在连接控制部件时，可以先对主电路中的控制部件进行连接。连接时，应尽可能减少直线通道的使用，如图9-47所示，严格按照控制线路图进行连接操作，且应根据不同电气部件的连接要求选用适当规格型号的导线进行连接。

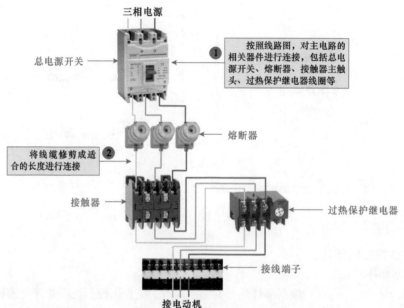

图 9-47　线路中主线路的连接

② 控制线路的连接

将主线路连接完成后，接下来需要对控制部分进行接线操作，如图9-48所示，严格参照线路图，不要将线缆接错，以免控制功能失常。

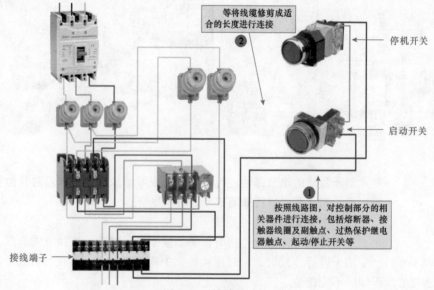

图 9-48　线路的连接

在连接控制箱内的电气部件时，还应遵循以下原则：

● 若控制箱内电气部件之间的连接，采用的是线槽配线时，线槽内的连接导线不应超过线槽容积的**70%**，以便安装与维修。

● 一个接线端子上连接导线的数量不得超过两根。

● 对于较为复杂的线路，可以将连接导线的两端安装套管，并对其进行编码，方便日后的维护或是调整。

### 9.3.2　电力拖动系统的验收

将电力拖动系统的控制部件连接好后，便需要对其进行检验，检验合格才能交付使用，以保证控制线路能正常的运转。对电力拖动系统进行检验时，可以分为断电检验和通电检验两部分。

#### 1. 断电检验

首先在断电的情况下，检查各控制部件的连接是否与线路图相同、各接线端子是否连接牢固以及绝缘电阻是否符合要求。如图9-49所示，进行断电检验时，是重点查看各个器件的代号、标记是否与原理图一致、各电气部件的安装是否正确和牢固等。

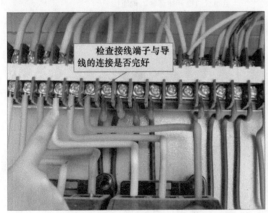
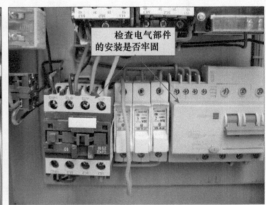

检查接线端子与导线的连接是否完好

检查电气部件的安装是否牢固

图9-49　断电时的检验

在断电检验时，在连接端子与导线之间的接触电阻应小于**0.1Ω**，导线之间或端子之间的绝缘电阻应大于**1MΩ**（用**500V**绝缘电阻表测量）。

#### 2. 通电检验

确定线路连接无误后，接下来可对其进行通电测试操作。在实际操作过程中要严格执行安全操作规程中的有关规定，确保人身安全。

通电后，先按下起动按钮SB1，检验电动机起动运行是否正常，并验证电气部件的各个部分工作顺序是否正常，如图9-50所示。

电动机制动停机的检验也是非常重要的环节，这关系到该控制线路在以后的工作过程中的安全性。当遇到特殊情况需要急停时，如果可以正常制动，可以提高并确保人身及设备的安全。检验时，应是在电动机正常运转的情况下，按下停机按钮SB2，如图9-51所示，若电动机可以正常停止转动，则符合线路的设计原理，说明该控制线路连接正确。

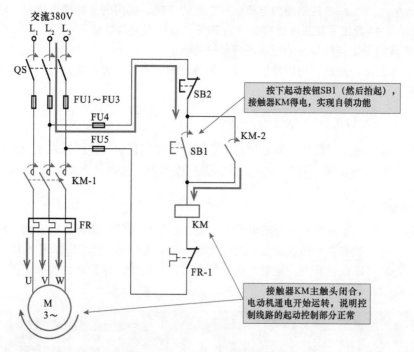

图 9-50　检验电动机的起动

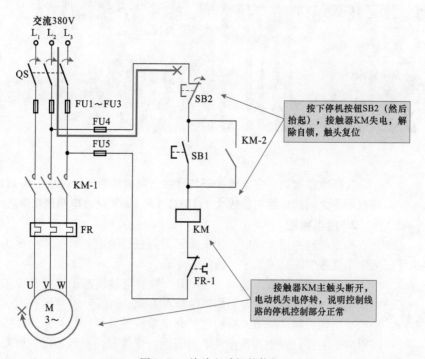

图 9-51　检验电动机的停机

此外，对于电动机还要使用钳形表测量其运行电流是否正常，同时检查电动机的振动与噪声是否在规范范围内。若有异常，应及时停机，进行相应的调整工作，如图9-52所示。

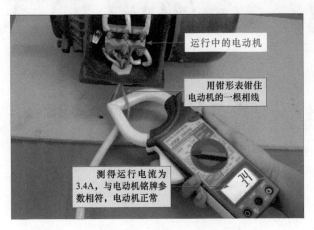

图 9-52　电动机安装后的测试

# 第⑩章

# 电气线路检修技能

## 10.1 灯控照明线路的检修

### 10.1.1 触摸延时照明控制线路的检修

图10-1所示为典型触摸延时照明控制线路图。触摸式延时照明灯控制电路是利用触摸开关控制照明电路中晶体管与晶闸管的导通与截止状态，从而实现对照明灯工作状态的控制。在待机状态，照明灯不亮；当有人碰触触摸开关时，照明灯点亮，并可以实现延时一段时间后自动熄灭的功能。

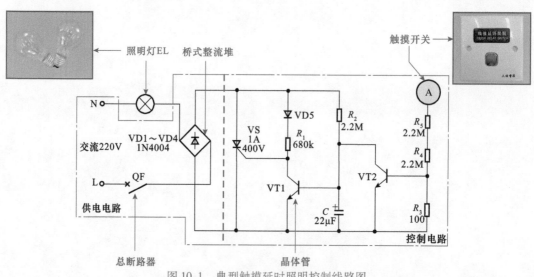

图10-1 典型触摸延时照明控制线路图

触摸延时照明控制线路主要是由桥式整流堆 **VD1 ~ VD4**、触摸开关 **A**、晶体管 **VT1/VT2**、晶闸管 **VS**、电解电容器 **C**、电阻器 **R₂**、照明灯 **EL** 等元器件构成的。

通常情况下，合上总断路器 QF，交流 220V 电压经桥式整流堆 VD1 ~ VD4 整流后输出直流电压为后级电路供电。

直流电压经电阻器 $R_2$ 后为电解电容器 C 充电，当其充电完成后，使晶体管 VT1 基极电压升高而导通。

当晶体管 **VT1** 导通后，晶体管 **VT** 的集电极短路到地，晶闸管 **VS** 的触发极也被短路到地，因而处于截止状态，照明灯供电电路中流过的电流很小，照明灯 **EL** 不亮。

当人体碰触触摸开关 **A** 时，经电阻器 $R_5$、$R_4$ 将触发信号送到晶体管 **VT2** 的基极，使晶体管 **VT2** 导通，此时电解电容器 **C** 经晶体管 **VT2** 放电，此时晶体管 **VT1** 基极电压降低而截止。

晶体管 **VT1** 截止后，晶闸管 **VS** 的控制极电压升高达到触发电平，晶闸管 **VS** 导通。照明灯供电电路形成回路，电流量满足照明灯 **EL** 点亮的需求，使其点亮。

如果在触摸延时照明控制线路中，当触碰触摸开关 **A** 后，照明灯不能正常点亮，首先根据该电路的控制关系可知，在电路中是由触摸开关 **A** 作为控制部件，控制照明灯是否点亮；照明灯作为执行部件，在该照明控制线路中照明。

由此可以根据故障现象，初步判定照明灯和触摸开关可能存在故障。明确了故障范围，接下来便可对该电路中的相关部件进行检测。

在触摸延时照明控制线路中重点检测的电气部件有照明灯和触摸开关。

**1. 照明灯的检查方法**

判断照明灯是否可以正常使用时，通常先查看照明灯灯丝是否有断路情况，并更换损坏的照明灯。图 10-2 所示为照明灯的检查方法。

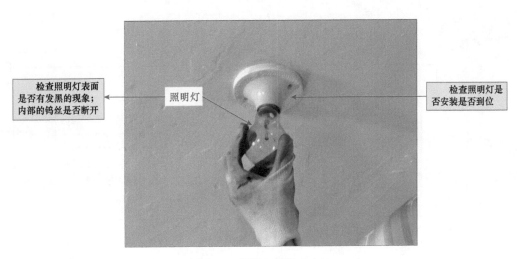

检查照明灯表面是否有发黑的现象；内部的钨丝是否断开 ← 照明灯 → 检查照明灯是否安装是否到位

图 10-2　照明灯的检查方法

**2. 触摸开关的检测方法**

若照明灯性能正常时，则需要对控制部件（触摸开关）进行检测。判断触摸开关是否正常时，通常可采用替换法进行判断，若更换性能良好的触摸开关后，照明灯可以正常点亮，则表明原触摸开关损坏。图 10-3 所示为触摸开关的检测方法。

除此之外，在判断触摸开关时，还可以将开关连接在 **220V** 供电的电路中，并在电路中连接一个负载照明灯，在确定供电电路与照明灯都正常的情况下，触摸该开关，若可以控制照明灯点亮，说明正常，若其仍无法控制照明灯点亮时，说明损坏。

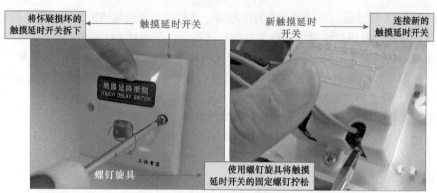

图 10-3　触摸开关的检测方法

### 10. 1. 2　自动门控照明控制线路的检修

图 10-4 所示为典型自动门控照明控制线路。自动门控照明灯控制电路是一种自动控制照明灯工作的电路，该线路主要是由总断路器 QF、变压器 T、整流二极管 VD、滤波电容器 $C_2$、双 D 触发器 IC1（CD4013）、晶体管 VT、双向晶闸管 VS 以及磁控开关 SA 等构成的。在有人开门进入时，照明灯自动点亮，当人走出时，照明灯自动熄灭。

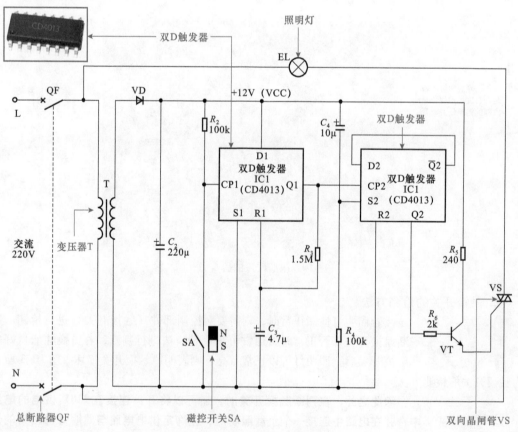

图 10-4　自动门控照明控制线路

双 D 触发器是由两个 D 型触发器组成的，触发信号通过触发器控制晶体管和晶闸管工作。

合上总断路器 QF，接通交流市电电源。220V 交流电压经变压器 T 降压、整流二极管 VD 整流和滤波电容器 $C_2$ 滤波后，变为 12V 左右的直流电压，该电压为双 D 触发器 IC1 的 D1 端以及晶体管 VT 的集电极进行供电。

当门在关闭的状态时，磁控开关 SA 处于闭合的状态。双 D 触发器 IC1 的 CP1 端为低电平，其 Q1 端和 Q2 端均输出低电平。晶体管 VT 和双向晶闸管 VS 均处于截止状态，照明灯不亮。

在自动门控照明控制线路中，当有人走进时，若照明灯不能正常点亮时，可根据由易到难的顺序，先对执行部件（照明灯）进行检测；若照明灯本身能正常工作，则需要对磁控开关以及相关的芯片进行检测。

图 10-5 所示为磁控开关的检测方法。通常采用替换法进行检测，若更换后，照明灯可以正常点亮，则表明磁控开关本身出现了损坏。

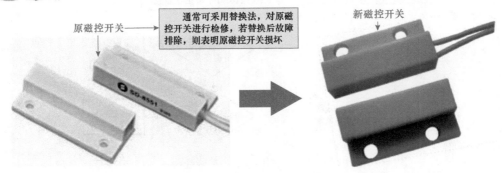

图 10-5　磁控开关的检测方法

### 10.1.3　光控照明控制线路的检修

光控照明电路是一种通过光照强弱来自动控制照明灯点亮和熄灭的电路，即在白天光线较强时，照明灯不亮；当夜晚光线比较弱时，则照明灯点亮，进行照明。这种灯控线路常用于大厅、楼道等公共照明环境。图 10-6 所示为典型光控照明线路。

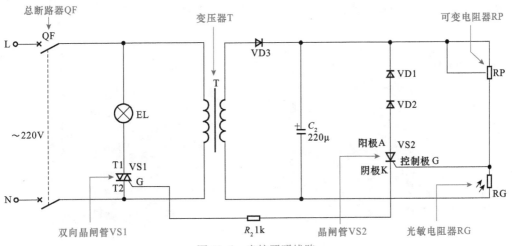

图 10-6　光控照明线路

楼道光控照明灯电路主要是由总断路器 QF、变压器 T、整流二极管 VD3、晶闸管 VS2、双向晶闸管 VS1、光敏电阻器 RG、可变电阻器 RP 等元器件构成的。

合上总断路器 QF，接通交流市电电源。交流 220V 市电电压经变压器 T、整流二极管 VD3 整流、滤波电容器 $C_2$ 滤波后，变为直流电压。

白天光线较强时，光敏电阻器 RG 的阻值较小。晶闸管 VS2 的控制极 G 电压较低，不足以触发晶闸管 VS2，使 VS2 处于截止状态。VS1 的控制极 G 不会有触发信号，VS1 也处于截止状态，照明灯无供电电压，不能点亮。

若光控照明线路出现故障，应先检测照明灯本身是否正常，然后根据电路分析，可依次对光敏电阻器、供电等进行检测。具体的检测流程如图 10-7 所示。

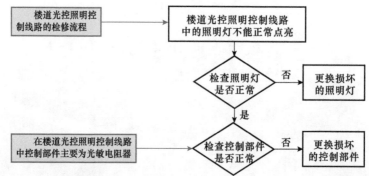

图 10-7　光控照明线路的检测流程

光敏电阻器是该电路中最为重要的控制器件之一，检测光敏电阻器时可以使用万用表对其引脚的阻值进行检测，通常情况下，光敏电阻器的电阻值应随着光照强度的变化而发生变化；若光照强度变化时，光敏电阻器的电阻值无变化或变化不明显则多为光敏电阻器感应光线变化的灵敏度低或性能异常。

图 10-8 所示为光敏电阻器的检测方法。将万用表两表笔分别搭在光敏电阻器的两引脚端，检测光敏电阻器在正常光照条件下的阻值和改变光照强度的阻值，若阻值未发生变化，则表明该器件损坏。

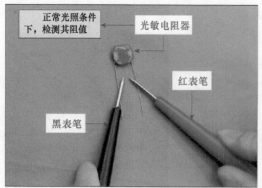

图 10-8　光敏电阻器的检测方法

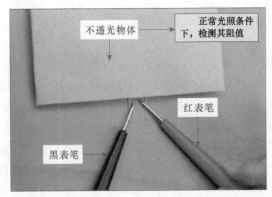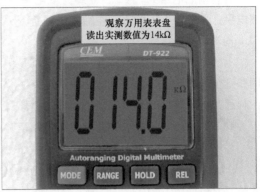

图 10-8　光敏电阻器的检测方法（续）

 **10.1.4　小区照明控制线路的检修** 

小区照明控制线路中多采用一个控制部件可以控制多盏照明路灯的方式对其进行控制，从而为小区提供照明。图 10-9 所示为小区照明控制线路图。

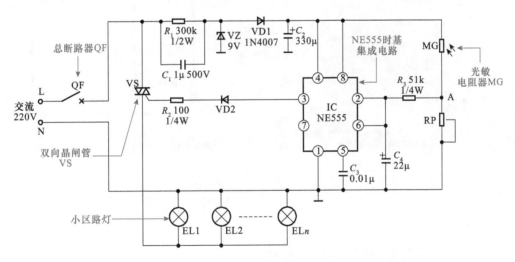

图 10-9　小区照明控制线路图

由图可知，小区照明控制线路有多个照明路灯、总断路器 **QF**、双向晶闸管 **VS**、控制芯片（**NE555** 时基集成电路）、光敏电阻器 **MG** 等部件构成的。

小区照明控制线路大多是依靠自动感应元件、触发控制器件等组成的触发控制电路来对照明灯具进行控制的。

合上供电线路中的断路器 **QF**，接通交流 **220V** 电源。该电压经整流和滤波电路后，输出直流电压为电路中时基集成电路 IC（**NE555**）供电，进入准备工作状态。当夜晚来临时，光照强度逐渐减弱，光敏电阻器 **MG** 的阻值逐渐增大。其压降升高，分压点 **A** 点电压降低。加到时基集成电路 IC 的②、⑥脚的电压变为低电平。

时基集成电路 IC 的②、⑥脚为低电平（低于 $1/3V_{DD}$）时，内部触发器翻转，其③脚输出高电平，二极管 VD 导通，并触发晶闸管 VS 导通，照明路灯形成供电回路，照明路灯 EL1 ~ EL$n$ 同时点亮。

小区照明控制线路中，各照明路灯均是由控制部件对其进行控制，若该控制线路中出现照明路灯全部无法点亮的故障时，应当检查主供电线路是否故障，当主供电线路正常时，应当继续检测，查看路灯控制部件是否故障，若路灯控制部件正常，应当检查断路器是否正常，当路灯控制器和断路器都正常时，应检查供电电路是否正常；若照明支路中的一盏照明路灯无法点亮时，应当查看该照明路灯是否发生故障，若照明路灯正常，检查支路供电线路是否正常，若线路故障应对其进行更换，具体的检测分析如图 10-10 所示。在小区照明控制线路中重点检测的部分为供电、支路供电以及照明路灯。

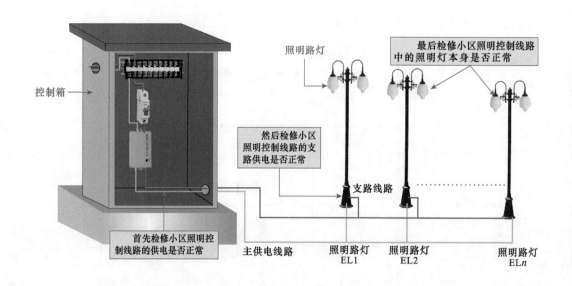

图 10-10　小区照明控制线路故障的检测流程

### 1. 小区照明控制线路供电的检测方法

当小区照明控制线路中的照明路灯 EL1、EL2、EL3 不能正常点亮时，应当检查路灯控制箱送出的供电线缆是否有供电电压。图 10-11 所示为小区照明线路中照明灯供电的检测方法。

### 2. 支路照明路灯供电的检测方法

若检测小区照明线路中的供电正常，则应当对支路照明的供电电压进行检测，通常可以使用万用表在照明路灯处检查线路中的电压，若有交流 220V 电压，说明主供电线缆供电系统正常，应当对照明路灯进行检查。图 10-12 所示为小区照明线路中支路供电的检测方法。

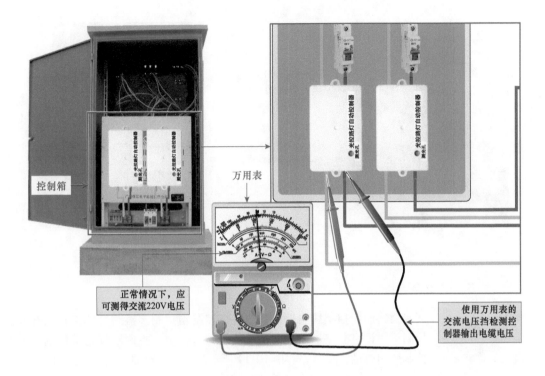

图 10-11　小区照明线路中照明灯供电的检测方法

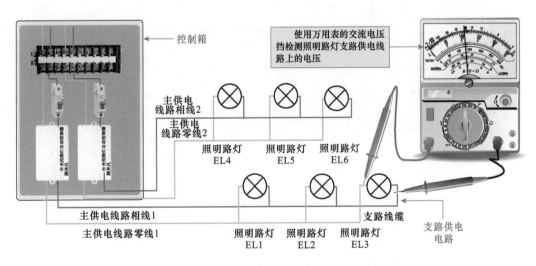

图 10-12　小区照明线路中支路供电的检测方法

### 3. 照明路灯检测方法

　　当小区供电线路正常时，应当对照明路灯进行检查，此时，通常可以替换相同型号的照明灯，若该照明灯可以点亮时，则说明原照明灯故障。图 10-13 所示为小区照明路灯的检测方法。

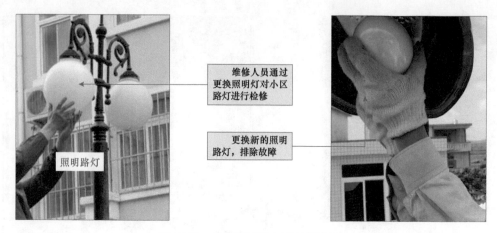

图 10-13　小区照明路灯的检测方法

### 10.1.5　公路照明控制线路的检修

公路照明控制线路是由公路路灯控制箱控制多盏路灯的工作状态，在控制箱中设有断路器以及多个控制电路板，用于控制路灯的工作电压，即控制照明灯的工作状态。图 10-14 所示为典型公路照明控制线路图。

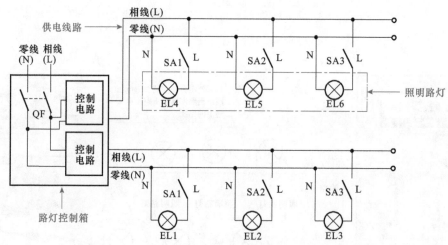

图 10-14　典型公路照明控制线路图

公路照明控制线路主要是由断路器 **QF**、路灯控制箱、照明灯以及各控制开关（**SA1 ～ SA3**）等构成的。

合上总断路器 **QF**，为公路照明控制线路接通供电电压，该电压经控制电路后，由供电线路送往各照明灯。

照明灯的工作状态均是由路灯控制箱内的控制电路进行控制。

在公路照明控制线路中，各照明灯均是由控制器进行控制，在路灯内部设有控制器，若均不亮时，则应重点对供电电路进行检测；若公路照明控制线路中的一盏照明灯不能正常点亮时，则应先对照明灯进行检测；确定照明灯正常的情况下，再进一步对控制器进行检测，排除故障。具体检测流程如图 10-15 所示。在公路照明控制线路中重点检测的电气部件有照明灯和路灯控制器。

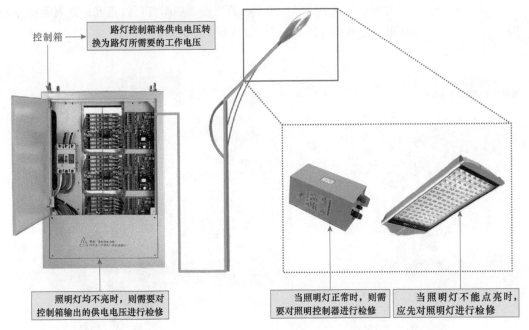

图 10-15　公路照明控制线路中的检测流程

## 1. 检查路灯中的照明灯

若当公路照明线路中的一盏照明灯不能正常点亮时，可通过代换的方式将该故障进行排除。图 10-16 所示为以替换的方法对照明路灯进行检测。

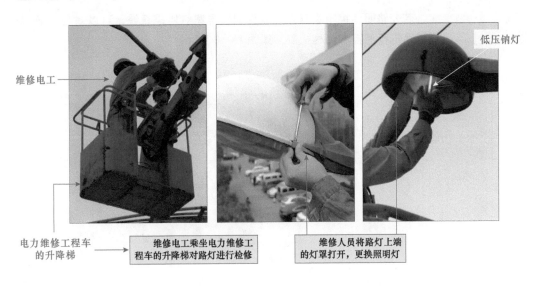

图 10-16　路灯中照明灯的检测方法

## 2. 检查路灯控制器

　　若检测照明灯正常时，接下来应当检查该路灯的控制器，通常情况下，可通过替换的方法检测控制器，若更换后照明灯可以点亮，则表明故障是由控制器造成的。图 10-17 所示为控制器的检测方法。

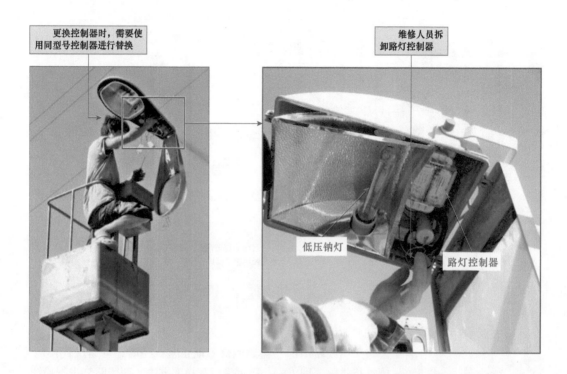

更换控制器时，需要使用同型号控制器进行替换

维修人员拆卸路灯控制器

低压钠灯

路灯控制器

图 10-17　检查路灯控制器

　　若公路照明控制线路设有专用的城市路灯监控系统，可以对公路照明控制线路进行监控和远程控制，如图 **10-18** 所示。

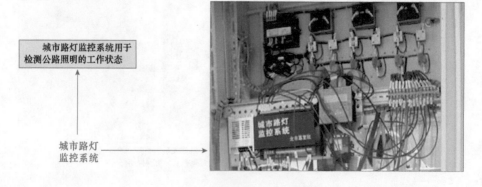

城市路灯监控系统用于检测公路照明的工作状态

城市路灯监控系统

图 10-18　城市路灯监控系统

## 10.2 供配电线路的检修

### 10.2.1 低压供配电线路的检修

低压供配电线路主要是 380/220V 的供电和配电线路，对交流低压的传输和分配。不同的供配电线路，所采用的变配电设备、低压电气部件和电路结构也不尽相同，也正是通过对这些设备、部件间的巧妙连接和组合设计，使得低压供配电线路可适用于不同的场合和环境。图 10-19 所示为典型低压供配电线路图。

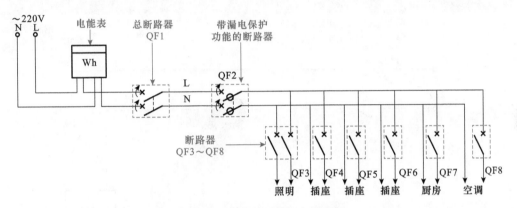

图 10-19　典型低压供配电线路图

由图可知，低压供配电线路主要是由电能表、总断路器 QF1、带漏电保护的总断路器 QF2、分支断路器 QF3 ~ QF8 等构成的。

在低压供配电线路中，当闭合断路器 QF1 和 QF2 后接通各支路的供电电源，此时各支路均不能正常使用时，首先根据该电路的控制关系可知，断路器是该线路中的控制部件，控制各支路的正常供电；若是其中某一支路不能正常工作，则根据电路图可知，该支路中的断路器作为控制部件，控制当前支路的供电状态。

由此可以根据故障现象，初步圈定可能存在故障的器件，明确了故障范围后，接下来便可对该电路中的相关部件进行检修。

在低压供配电线路中重点检修的电气参数和部件是配电箱输出的电流和支路断路器。

**1. 配电箱输出的电流的检测方法**

在低压供配电线路中，配电箱是将供电电源送入各支路的必要通道，因此对配电箱的检修是非常重要的。通常可以使用钳形表检测配电箱输出的电流，若输出电流正常，则应对各支路部分进行检修。图 10-20 所示为配电箱输出的电流的检测方法。

**2. 支路断路器的检测方法**

若配电箱输出的电流正常，则需要进一步对各支路中的断路器进行检修。判断支路断路器是否正常时，通常可以使用电子试电笔检测支路断路器的输出是否正常。图 10-21 所示为支路断路器的检测方法。

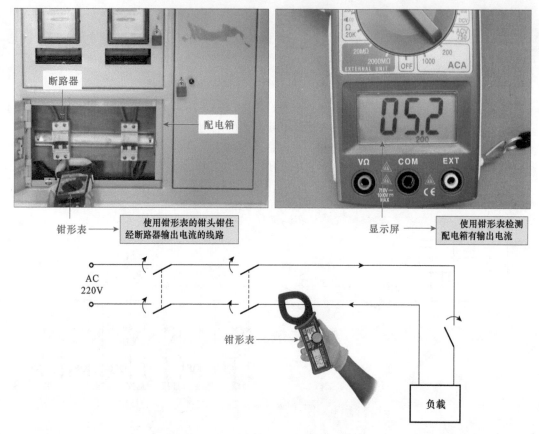

图 10-20　配电箱输出的电流的检测方法

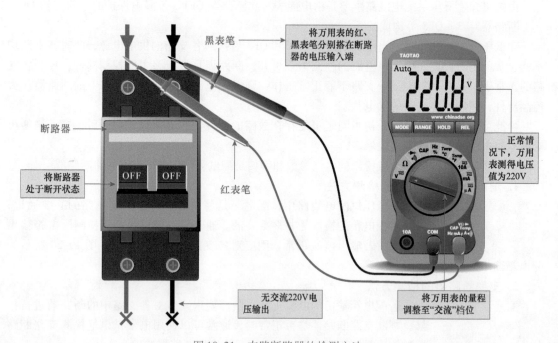

图 10-21　支路断路器的检测方法

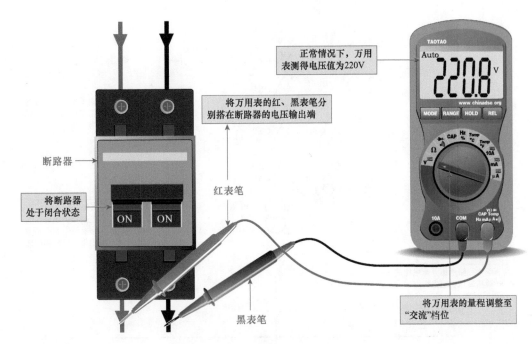

正常情况下，万用表测得电压值为220V

将万用表的红、黑表笔分别搭在断路器的电压输出端

断路器

红表笔

将断路器处于闭合状态

黑表笔

将万用表的量程调整至"交流"档位

图 10-21 支路断路器的检测方法（续）

## 10. 2. 2 高压供配电线路的检修

高压供配电线路是指 6～10kV 的供电和配电线路，主要实现将电力系统中的 35～110kV 的供电电源电压下降为 6～10kV 的高压配电电压，并供给高压配电所、车间变电所和高压用电设备等。图 10-22 所示为高压供配电线路图。

高压供配电线路主要是依靠高压配电设备对线路进行分配的，高压供配电线路主要是由高压供电线路、母线和高压配电线路两大部分构成。其中主要的元器件有高压隔离开关 QS1～QS4 等、电压互感器 TV1、避雷器 F1、高压断路器 QF1～QF2、电力变压器 T1、高压熔断器 FU 等构成的。

来自前级的 35kV 电源电压（发电厂或电力变电所），经高压断路器 QS1、QS2 和高压隔离开关 QF1 后，送入一台容量为 6300kVA 的电力变压器 T1 上。由变压器 T1 将电压降为 10kV，再经高压断路器 QF2 和高压隔离开关 QS3 接到母线 WB 上。

35kV 电源进线经隔离开关 QS4 后加到避雷器 F1 和电压互感器 TV1 上。经避雷器 F1 到地，起到防雷击保护作用。

电压互感器 TV1，用于计量及保护用，一般其二次线圈会接有电能表、电流表、电压表等，用于工作人员观察高压供电系统的工作电压和工作电流。

高压供配电线路是按一定的顺序进行供电的，当高压供电线路出现供电异常的故障时，可先查看异常供电线路的同级线路是否也发生停电故障。

若同级线路未发生停电故障，则检查停电线路中的设备和线缆；若同级线路也发生停电故障，则应检查分配电压的母线是否有电；若该母线上的电压正常，则应当同时查看同级电路和该线路上的设备和线缆，依此类推找到故障点，完成高压供配电线路的检修。

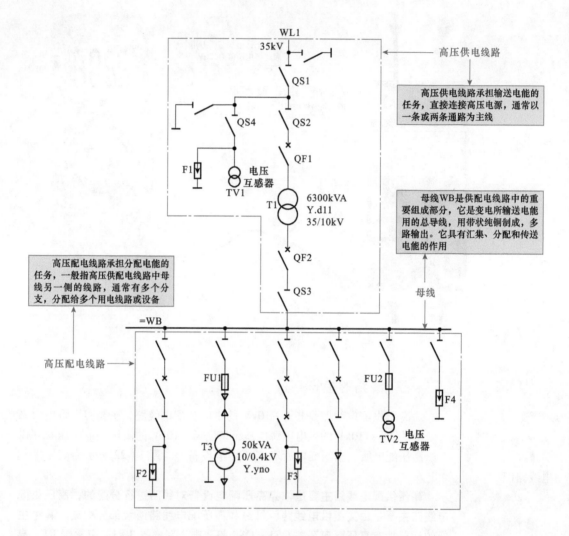

图 10-22　高压供配电线路图

在高压供配电线路中重点检修的部位分别为同级高压线路的供电、母线的检修、高压熔断器、高压隔离开关。

### 1. 同级高压线路的检修方法

当高压供配电线路出现供电异常时，应先对同级高压线路进行检查。检查同级高压线路时，可以使用高压钳形表检测该线路的电流是否在允许的范围内，有无过载的情况。图 10-23 所示为同级高压线路的检测方法。

当确定同级高压线路有正常的电压输出，说明同级线路供电正常。还可以使用高压钳形表检测该供电线上电流是否在允许的范围内，有无异常，如图 10-24 所示。

高压钳形表

在使用高压钳形表检测同级高压线路中，应当佩戴绝缘手套，并且单手持高压钳形表的绝缘手柄

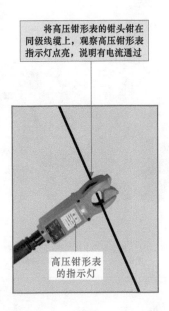

将高压钳形表的钳头钳在同级线缆上，观察高压钳形表指示灯点亮，说明有电流通过

高压钳形表的指示灯

图 10-23　同级高压线路的检测方法

停电线路供电线缆

使用高压钳形表检查停电线路上的电流是否正常

将高压钳形表的钳头钳在停电的供电线缆上，经检测高压钳形表上指示灯无反应，则说明该供电线缆上无电流通过

高压钳形表

图 10-24　检测供电线路的电流

## 2. 母线的检测方法

　　如所有的支路输出都不正常，应对母线进行检查，对母线进行检查，首先是检查母线的连接端有无断路、损坏等。其次检查母线有无明显的锈蚀，以及是否有短路和断路等情况。图 10-25 所示为母线的检测方法。

检查母线上是否
有过多的污渍或杂物

经检查母线外套绝缘管上的脏物或杂物
过多，可使用毛刷和抹布对母线外套绝缘管
进行擦拭，并将其上端的杂物清除

检查母线上连接地线的连接端有
无锈蚀时，应当清除连接端的锈蚀

检查母线连接螺钉有无松动
时，应当使用扳手对其进行紧固

图 10-25　母线的检测方法

**提示说明**　　　在对高压线路进行检修操作前，应当将电路中的高压断路器和高压隔离开关断开，并且应当放置安全警示牌，用于提示，如图 **10-26** 所示，防止其他人员合闸，导致人员伤亡。

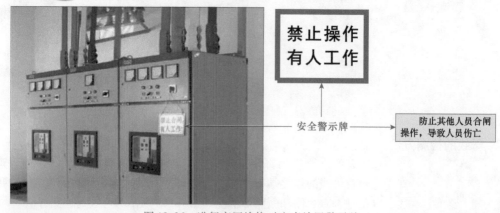

图 10-26　进行高压检修时应当放置警示牌

### 3. 高压熔断器的检测方法

在高压供配电线路的检修过程中，若供电线路正常时，则可进一步检查高压熔断器是否正常。

 对高压供电电路中的高压熔断器进行检查之前，可先进行观察，若发现高压熔断器表面出现裂纹，并且有击穿现象，则表明该高压熔断器损坏。图 10-27 所示为高压熔断器的检测方法。

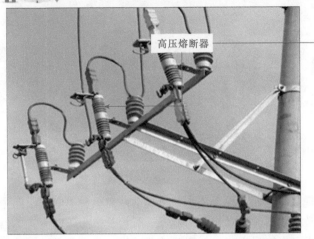
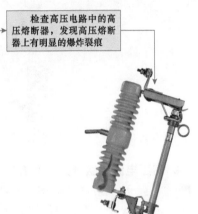

检查高压电路中的高压熔断器，发现高压熔断器上有明显的爆炸裂痕

图 10-27　高压熔断器的检测方法

 通过检查，若出现高压熔断器出现故障时，则需要及时进行更换，如图 **10-28** 所示。

维修人员使用扳手将高压熔断器两端的固定螺栓拧松，当固定螺栓取下后，即可将损坏的高压熔断器取下

更换时应当更换相同型号的高压熔断器

在进行更换之前，应对新的高压熔断器进行检查

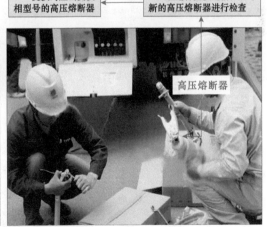

高压熔断器

损坏的高压熔断器

在确保其性能良好的情况下方可将其重新安装至高压供配电线路中，更换时应当更换相同型号的高压熔断器

图 10-28　更换高压熔断器的方法

在进行高压熔断器的更换时，断开高压断路器和高压隔离后，可能无法将高压线缆中原有的电荷释放。所以在进行操作之前，应进行放电，再消除静电，如图 **10-29** 所示。这样可以将高压线缆中剩余的电荷通过接地进行释

放，防止对维修人员造成人身伤害。

绝缘棒又称绝缘拉杆，主要用来闭合或拉开高压隔离开关，以及进行测量和试验时使用

绝缘棒

图 10-29　使用绝缘棒进行绝缘

### 4. 高压电流互感器的检测方法

　　如果检查发现高压熔断器发生损坏，出现熔断现象，说明该线路中发生过电流情况导致。应当继续对相关的器件进行检查，高压电流互感器也应进行检查，通常可直接观察高压电流互感器的表面是否正常，无明显损坏的迹象，若发现高压电流互感器的上带有黑色烧焦痕迹，并有电流泄漏现象，说明其内部发生损坏，失去电流的检测与保护作用，当线路中电流过大时不能进行保护，导致高压熔断器熔断。图 10-30 所示为高压电流互感器的检测方法。

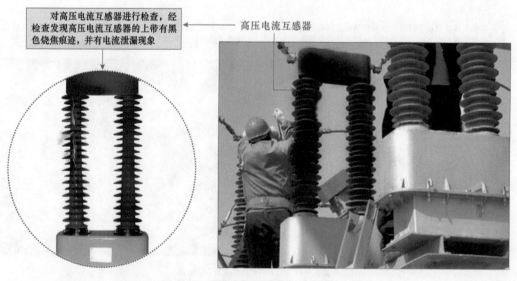

对高压电流互感器进行检查，经检查发现高压电流互感器的上带有黑色烧焦痕迹，并有电流泄漏现象

高压电流互感器

图 10-30　高压电流互感器的检测方法

　　通常，高压电流互感器的表面出现黑色烧焦的迹象时，就需要对其进行拆除并更换。如图 10-31 所示，使用扳手将高压电流互感器两端连接高压线缆接线处的连接螺栓拧下，即可使用吊车将损坏的电流互感器取下，然后将

相同型号的电流互感器重新进行安装即可。

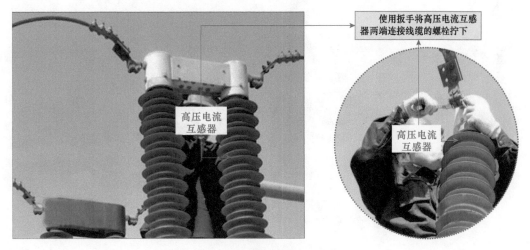

图 10-31　拆卸电流互感器

高压电流互感器中可能存有剩余的电荷，在拆卸前，应当使用绝缘棒将其接地连接，将内部的电荷完全泄放，才可对其进行检修和拆卸。

**5. 高压隔离开关的检测方法**

如高压电流互感器损坏，则应对相关的器件和线路进行检查，例如高压隔离开关，判断高压隔离开关是否正常时，通常可以观察高压隔离开关是否出现烧焦的迹象。图 10-32 所示为高压隔离开关的检测方法。

图 10-32　高压隔离开关的检测方法

若检修高压隔离开关损坏后，应及时进行更换。对损坏的高压隔离开关进行更换时，操作人员应当使用扳手将高压隔离开关连接的线缆拆卸开来，然后使用吊车将高压隔离开关进行吊起，更换相同型号的高压隔离开关。图 10-33 所示为高压隔离开关的更换方法。

高压隔离开关 → | 使用扳手拆卸高压隔离开关底部的固定螺栓 |

| 将高压隔离开关上端的固定螺栓拧松,以性能良好的隔离开关进行代换 |

图 10-33　更换高压隔离开关

在对高压供配电线路进行检修时,有时故障也常常是由线路中电线杆上的避雷针损坏引起,也有可能是由于电线杆上的连接绝缘子发生损坏,应当定期对其进行检查和维护,如图 **10-34** 所示。

连接绝缘子 → | 定期清洁连接绝缘子 |

| 定期对避雷器进行检查 | ← 避雷器

图 10-34　定期检查和维护高压供配电线路中的设备

## 10.3　电动机控制线路的检修

### 10.3.1　三相交流异步电动机点动控制线路的检修

三相交流异步电动机点动控制线路是指通过按钮进行控制,完成对三相交流异步电动机按下开关即转,松开开关即停的控制方式。图 10-35 所示为典型三相交流异步电动机点动控制线路图。

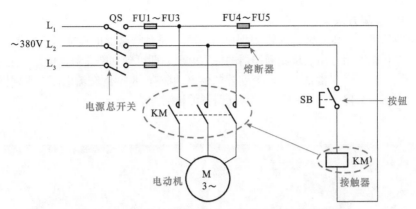

图 10-35　典型三相交流异步电动机点动控制线路图

**提示说明**

　　三相交流异步电动机点动控制线路主要是由电源总开关 **QS**、接触器 **KM**、按钮 **SB** 以及三相交流感应电动机 **M** 构成的。

　　三相交流异步电动机点动控制线路需要交流三相 **380V** 电源,当电动机需要点动控制动作时,先合上总电源开关 **QS**,此时电动机 **M** 并未接通电源而处于待机状态。当按下按钮 **SB** 时,接触器线圈 **KM** 得电,主触头 **KM** 闭合,接通三相交流异步电动机的供电电源,电动机 **M** 得电开始运转。

　　在三相交流异步电动机点动控制线路中,当接通供电电源,并按下按钮,电动机应该正常运转,首先根据该电路的控制关系可知,在电路中是由按钮 SB、接触器 KM 控制三相交流异步电动机的工作状态;三相交流异步电动机作为执行部件,在该电路中实现运转和停止。

　　由此可以根据故障现象,初步判定供电电压、总断路器、控制开关、交流接触器可能存在故障,明确了故障的范围,接下来便可对该电路中的相关部件进行检修。

　　在三相交流异步电动机中重点检修的部件有电动机供电电压、断路器、熔断器、按钮以及接触器。

## 1. 电动机供电电压的检测方法

**图解演示**

　　在三相交流感应电动机中,接通开关后,按下点动按钮后,使用万用表检测电动机接线柱是否有电压,正常情况下,任意两接线柱之间的电压为 380V。若供电电压失常,则表明控制电路有器件发生断路的故障。图 10-36 所示为电动机供电电压的检测方法。

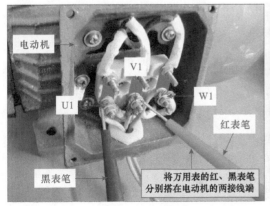

图 10-36　电动机供电电压的检测方法

### 2. 断路器的检测方法

若控制电路的供电电压失常，通常根据供电流程，先对断路器的性能进行检测，检修断路器时，可在工作状态下用万用表检测断路器的输入电压，即可判别断路器供电是否正常。

正常情况下，断路器的供电端应有 380V 的交流电压，否则供电线路有故障。图 10-37 所示为断路器的检测方法。

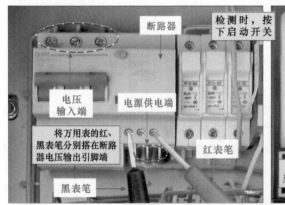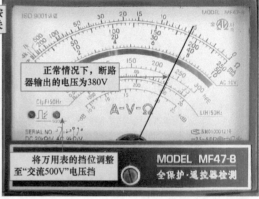

图 10-37　断路器的检测方法

将万用表的两只表笔任意搭在断路器的供电端上，当起动开关处于断开状态时，电压应为 0；当起动开关处于闭合状态时，电压应为交流 38V。

### 3. 熔断器的检修方法

若控制电路的电压为 0V，则需要对电路中的熔断器进行检修，当熔断器损坏时，会造成电动机无法正常起动的故障，因此对熔断器的检修也非常重要。

判断熔断器是否正常时，可使用万用表检测输入端和输出端的电压是否正常。正常情况下，使用万用表电压档检测输入端有电压，输出端都有电压，说明熔断器良好。图 10-38 所示为熔断器的检修方法。

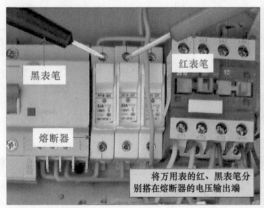

图 10-38　熔断器的检修方法

熔断器在电路中主要起保护作用，当电流量超过其额定值时，熔断器将会熔断，使电路断开，起到保护电路的作用，当其损坏时，会使操作失灵电动机无法起动。

### 4. 按钮的检修方法

经检测熔断器的性能也正常时，则需要对按钮进行检修。将万用表的表笔搭在按钮的两个接线柱上，用手按压开关，检测引脚间的阻值。图10-39所示为按钮的检修方法。

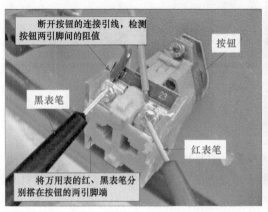
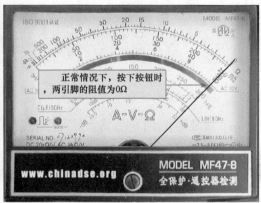

图 10-39 按钮的检修方法

### 5. 接触器的检测方法

若检测按钮可以正常工作时，则需要进一步对接触器进行检修，在电路中检测接触器多使用电压检测法，即使用万用表分别检测交流接触器的线圈端和触头端。如线圈有控制电压，则接触器的输出端会有输出电压。图 10-40 所示为接触器线圈的检测方法。

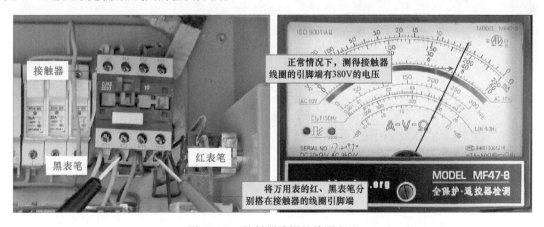

图 10-40 接触器线圈的检测方法

若接触器的线圈端有电压，接下来需要对接触器的触头进行检测，正常情况下，接触器触头端应有输出的电压值，若无输出，则表明接触器本身损坏，需要更换。图 10-41 所示为接触器触头的检修方法。

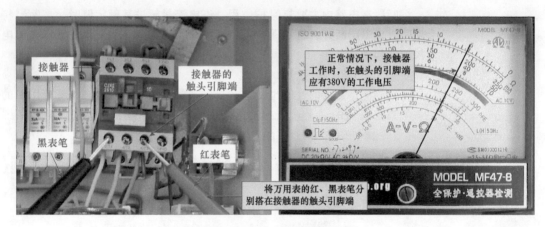

图 10-41　交流接触器触头的检测

### 10.3.2　单相交流电动机正/反转控制线路的检修

单相交流电动机正反转控制电路是指通过改变电动机绕组的电源相序来实现电动机的正反转工作状态。当按下起动按钮，单相交流电动机开始正向运转；当调整旋转开关后，单相交流电动机便可反向运转。图 10-42 所示为典型单相交流电动机正/反转控制线路图。

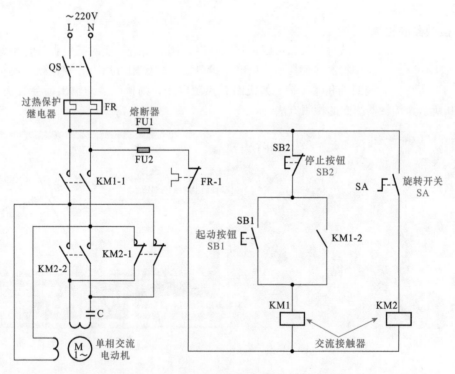

图 10-42　典型单相交流电动机正/反转控制线路图

典型单相交流电动机正/反转控制线路图主要是由起动按钮 SB1、停止按钮 SB2、旋转开关 SA、过热保护继电器 FR、交流接触器 KM1、KM2 等构成的。

合上电源总开关 **QS**，接通单相电源。按下起动按钮 **SB1**。交流接触器 **KM1** 线圈得电。

交流接触器 **KM1** 线圈得电，常开辅助触头 **KM1－2** 闭合，实现自锁功能。常开主触头 **KM1－1** 闭合，电动机主线圈接通电源相序 **L、N**，电流经起动电容器 *C* 和辅助线圈形成回路，电动机正向起动运转。

当调整旋转开关 **SA**，其内部常开触头闭合。交流接触器 **KM2** 线圈得电，其常闭触头 **KM2－1** 断开，常开触头 **KM2－2** 闭合。

电动机主线圈接通电源相序 **L、N**，电流经辅助线圈和起动电容器 *C* 形成回路，电动机开始反向运转。

在单相交流电动机正/反转控制线路中，当按下起动按钮 SB1 时，单相交流电动机接收电源开始工作，并由旋转开关控制电动机的旋转方向。

由此可以根据故障现象，初步判定起动按钮 SB1、停止按钮 SB2、旋转开关 SA、接触器可能存在故障，明确了故障的范围，接下来便可对该电路中的相关部件进行检修。

在单相交流电动机正/反转控制线路中重点检修的部件为起动按钮 SB1、接触器 KM1、停止按钮 SB2 以及旋转开关。

### 1. 起动按钮 SB1 的检修方法

若单相交流电动机出现正转不能正常起动的故障时，则需要对控制部件进行检修，首先判断起动按钮 SB1 是否正常，此时应在断电状态下可使用万用表检测该器件引脚间的阻值是否正常。

通常在未按下按钮的情况下，阻值应为无穷大；按下按钮后，引脚间的阻值应为 0Ω。图 10-43 所示为起动按钮 SB1 的检修方法。

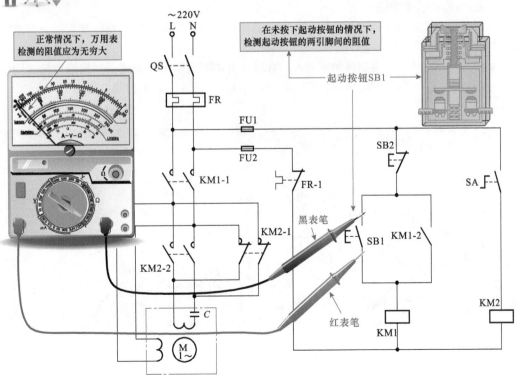

图 10-43　起动按钮 SB1 的检修方法

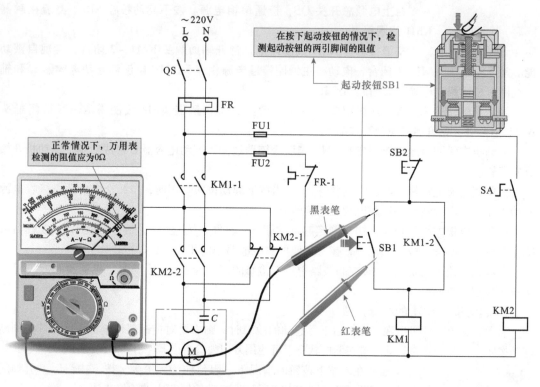

图 10-43　起动按钮 SB1 的检修方法（续）

## 2. 接触器的检修方法

若判断起动按钮 SB1 可以正常工作，而电动机仍无法正常运行时，则需要对接触器的性能进行判断。

判别接触器是否正常时，可使用电阻值检测法，对接触器的线圈、引脚间的阻值进行检测。图 10-44 所示为接触器的检修方法。

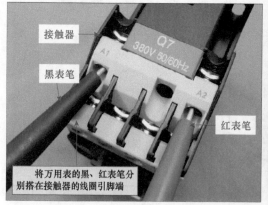

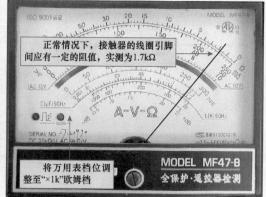

图 10-44　接触器的检修方法

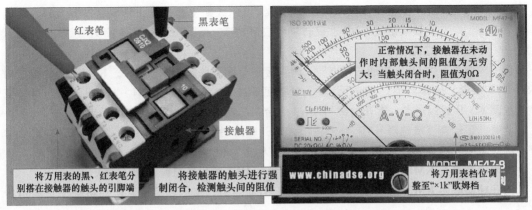

图 10-44　接触器的检修方法（续）

将万用表的黑、红表笔分别搭在接触器的触头的引脚端

将接触器的触头进行强制闭合，检测触头间的阻值

正常情况下，接触器在未动作时内部触头间的阻值为无穷大；当触头闭合时，阻值为 0Ω

将万用表档位调整至"×1k"欧姆档

### 3. 旋转开关的检修方法

判断旋转开关的性能是否正常时，主要是使用万用表检测旋转开关各引脚间的阻值，正常情况下，常开触头间的阻值为无穷大；常闭触头间的阻值为零欧姆，具体的检修方法可参考按钮的检测方法。

## 10.3.3　三相交流电动机正反转连续控制线路的检修

三相交流电动机正反转连续控制电路是指对三相交流电动机的正向旋转和反向旋转进行控制的电路。该电路通常使用起动按钮和交流接触器对三相交流电动机的正、反转工作状态进行控制，并且电路中加入自锁功能，当按下起动按钮后，三相交流电动机便会持续地正向或反向旋转。图 10-45 所示为三相交流电动机正反转连续控制线路图。

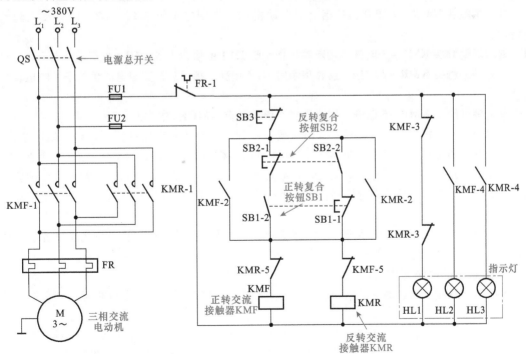

图 10-45　三相交流电动机正反转连续控制线路图

三相交流电动机正反转连续控制线路主要是由正转复合按钮 SB1、正转交流接触器 KMF、反转复合按钮 SB2、反转交流接触器 KMR 以及相关指示灯构成的。

合上电源总开关 QS，接通三相电源。电源经过常闭辅助触头 KMF－3、KMR－3 为停机指示灯 HL1 供电，HL1 点亮。当按下正转复合按钮 SB1 时，常闭触头 SB1－1 断开，防止反转交流接触器 KMR 线圈得电；常开触头 SB1－2 闭合，正转交流接触器 KMF 线圈得电。

此时，正转交流接触器 KMF 线圈得电，常开辅助触头 KMF－2 闭合，实现自锁功能。常开主触头 KMF－1 闭合，三相交流电动机接通三相电源相序 L1、L2、L3，正向起动运转。

常闭辅助触头 KMF－3 断开，切断停机指示灯 HL1 的供电电源，HL1 熄灭。

常开辅助触头 KMF－4 闭合，正转指示灯 HL2 点亮，指示三相交流电动机处于正向运转状态。

常闭辅助触头 KMF－5 断开，防止反转交流接触器 KMR 线圈得电。

当需要三相交流电动机停机时，按下停止按钮 SB3。正转交流接触器 KMF 线圈失电。常开辅助触头 KMF－2 复位断开，解除自锁功能。

常开主触头 KMF－1 复位断开，切断三相交流电动机供电电源，三相交流电动机停止正向运转。

常闭辅助触头 KMF－3 复位闭合，停机指示灯 HL1 点亮，指示三相交流电动机处于停机状态。常开辅助触头 KMF－4 复位断开，切断正转指示灯 HL2 的供电电源，HL2 熄灭。常闭辅助触头 KMF－5 复位闭合，为反转起动做好准备。

当需要三相交流电动机反向运转时，按下反转复合按钮 SB2。常闭触头 SB2－1 断开，防止正转交流接触器 KMF 线圈得电。常开触头 SB2－2 闭合，反转交流接触器 KMR 线圈得电。反转交流接触器 KMR 线圈得电，常开辅助触头 KMR－2 闭合，实现自锁功能。

常开主触头 KMR－1 闭合，三相交流电动机接通三相电源相序 L3、L2、L1，反向起动运转。

常闭辅助触头 KMR－3 断开，切断停机指示灯 HL1 的供电电源，HL1 熄灭。

常开辅助触头 KMR－4 接通，反转指示灯 HL3 点亮，指示三相交流电动机处于反向运转状态。

常闭辅助触头 KMR－5 断开，防止正转交流接触器 KMF 线圈得电。

三相交流电动机正反转连续控制线路主要是由保护器件维护电路的正常运行，如熔断器、过热保护继电器等；由控制部件进行控制，由电动机执行相应的操作，如复合按钮、接触器等。

当该类电路出现异常不能正常工作时，可先查看电路中的保护部件是否正常，若保护器件均正常，则可以对控制部件进行检测，依此类推找到故障点，完成三相交流电动机正反转连续控制线路的检修。

由此可知，在三相交流电动机正反转连续控制线路中重点检修的部件分别为熔断器、过热保护继电器、复合按钮、接触器。

**1. 熔断器的检修方法**

熔断器在三相交流电动机正反转连续控制线路作为保护器件，若该器件损坏，则会造成该电路不能正常运行。

判断熔断器是否正常时，通常可使用万用表检测该熔断器两引脚间的阻值是否正常。若测得两间的阻值很小或趋于零，则表明该熔断器正常；若为无穷大，则表明熔断器内部损坏。图 10-46 所示为熔断器的检修方法。

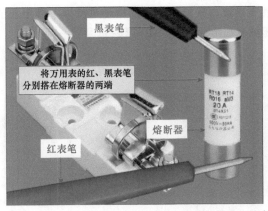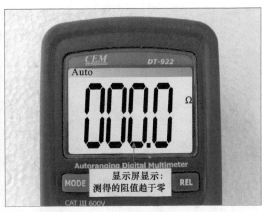

图 10-46　熔断器的检修方法

## 2. 过热保护继电器的检修方法

过热保护继电器在电路用来保护电动机运行时的温度，避免过高，若检测熔断器可以正常工作时，则需要进一步对过保护继电器进行检修。

判断过热保护继电器本身是否正常时，主要是内部的各触点间的阻值进行检测。正常情况下，常闭触点间的阻值为 $0\Omega$；常开触点间的阻值为无穷大。图 10-47 所示为过热保护继电器的检修方法。

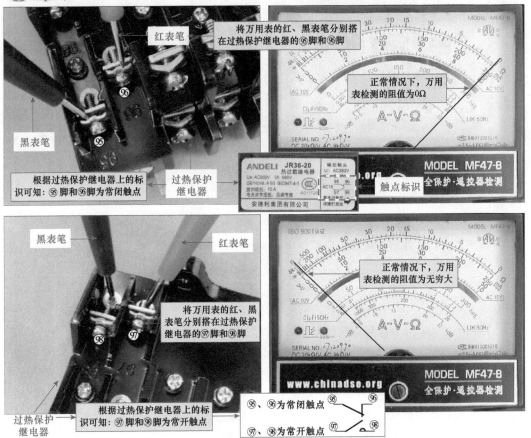

图 10-47　过热保护继电器的检修方法

若要进一步对过热保护继电器进行检修时,可以拨动过热保护继电器的测试杆后,再次分别检测常闭触点和常开触点,如图**10-48**所示。

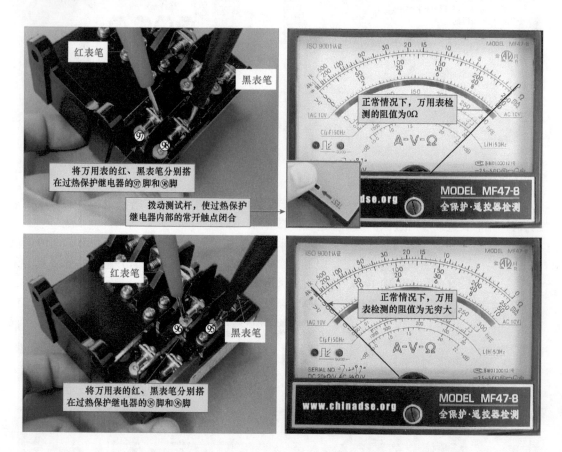

图 10-48 过热保护继电器的检修方法

### 3. 复合按钮的检修方法

若检测各保护器件均正常时,则需要进一步对控制部件进行检测,首先检测复合按钮是否正常。

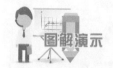

判断复合按钮的性能时,需按下复合按钮检测其通断情况。使复合按钮的按钮保持按下状态,检测复合按钮两对静触头的电阻值,由于常开触头闭合,其阻值应为 0;而常闭触头断开,其阻值应为无穷大。图 10-49 所示为复合按钮的检修方法。

### 4. 接触器的检修方法

若检测复合按钮也可以正常工作时,则需要对接触器进行检测。判断接触器本身的性能时,可在断电状态下,检测接触器各引脚间的阻值是否正常。

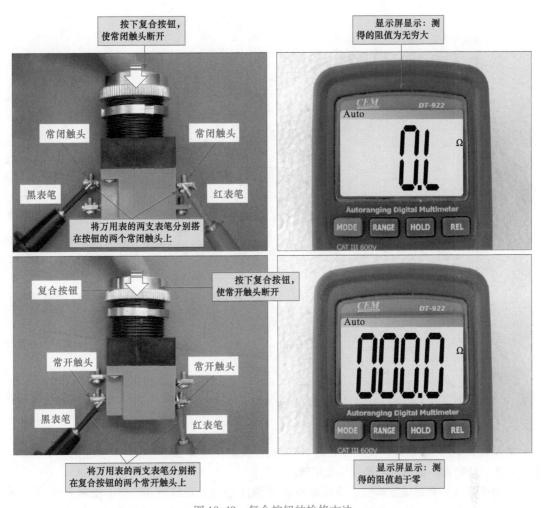

图 10-49　复合按钮的检修方法

### 10.3.4　货物升降机的自动运行控制线路的检修

货物升降机的自动运行控制电路通过一个控制按钮控制升降机自动在两个高度升降作业（例如两层楼房），即将货物提升到固定高度，等待一段时间后，升降机会自动下降到规定高度，以便进行下一次提升搬运。图 10-50 所示为典型货物升降机的自动运行控制线路图。

货物升降机的自动运行控制线路主要是由总断路器 QF、停止按钮 SB1、起动按钮 SB2、下位限位开关 SQ1、上位限位开关 SQ2、交流接触器 KM1 和 KM2、时间继电器 KT 等构成的。

**合上总断路器 QF，接通三相电源。按下起动按钮 SB2，此时交流接触器 KM1 线圈得电。常开辅助触头 KM1 - 2 闭合自锁，使 KM1 线圈保持得电。常开主触头 KM1 - 1 闭合，电动机接通三相电源，开始正向运转，货物升降**机上升。常闭辅助触头 KM1 - 3 断开，防止交流接触器 KM2 线圈得电。

货物升降机上升到规定高度，上位限位开关 SQ2 动作，（即 SQ2 - 1 闭合，SQ2 - 1 断开）。常开触头 SQ2 - 1 闭合，时间继电器 KT 线圈得电，进入定时计时状态。

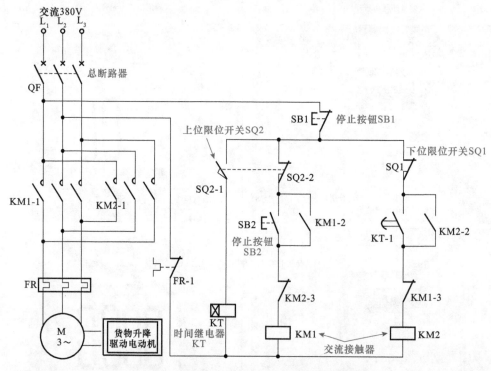

图 10-50 典型货物升降机的自动运行控制线路图

常闭触头 **SQ2 – 2** 断开，交流接触器 **KM1** 线圈失电，触头全部复位。常开主触头 **KM1 – 1** 复位断开，切断电动机供电电源，停止运转。

货物升降机下降到规定高度，下位限位开关 **SQ1** 动作，常闭触头断开。交流接触器 **KM2** 线圈失电，触头全部复位。常开主触头 **KM2 – 1** 复位断开，切断电动机供电电源，停止运转。

在货物升降机的自动运行控制线路中，通过按钮、继电器、交流接触器实现对电动机的起动和停止；通过限位开关实现对货物升降机位置的控制。

由此可知，不同的部件在电路中实现的功能不同，当线路出现不同现象的故障时，可初步判定可能存在故障的部件，明确了故障的范围，接下来便可对该电路中的相关部件进行检修。

在货物升降机的自动运行控制线路中重点检修的部件有按钮、限位开关以及时间继电器。

### 1. 按钮的检修方法

在货物升降机的自动运行控制线路中，按钮是控制电路工作的重要器件之一，因此，当电路出现故障时，应先对按钮的性能进行检测。

判断按钮是否正常时，可使用万用表检测起动按钮两引脚间的阻值，未按下按钮时应为无穷大；当按下按钮时阻值应为零欧姆。检测停止按钮时，检测的阻值应与起动按钮相反。图 10-51 所示为按钮的检修方法。

### 2. 限位开关的检修方法

限位开关是用于控制升降机上升、下降的主要控制部件，若按钮可以正常使用时，应对限位开关进行检测。

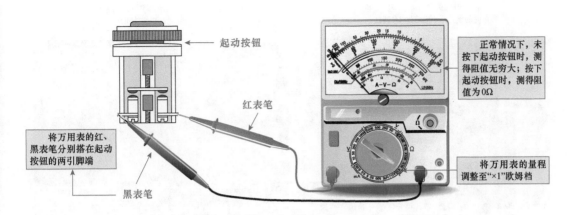

图 10-51　按钮的检修方法

限位开关的类型、结构各异，但基本部件均相同，判断限位开关是否正常时，通常可检查限位开关内部的触头以及其他机械部件是否可以正常工作。图 10-52 所示为限位开关的检修方法。

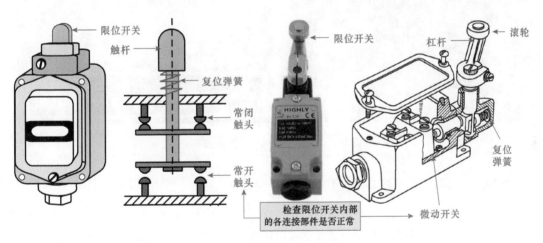

图 10-52　限位开关的检修方法

### 3. 时间继电器的检修方法

时间继电器主要用来实现货物升降机下降的时间间隔，因此，限位开关正常的情况下，若货物升降机在规定的时间内不能自动下降，则需要对时间继电器进行检修。

判断时间继电器是否正常时，可在断电状态下，使用万用表检测时间继电器的线圈的阻值以及触点引脚间的阻值是否正常。

通常根据时间继电器上的引脚标识进行检测，若测得的时间继电器的接通引脚之间的阻值为零，而其他引脚之间的阻值为无穷大，则表明该时间继电器正常。图 10-53 所示为时间继电器的检修方法。

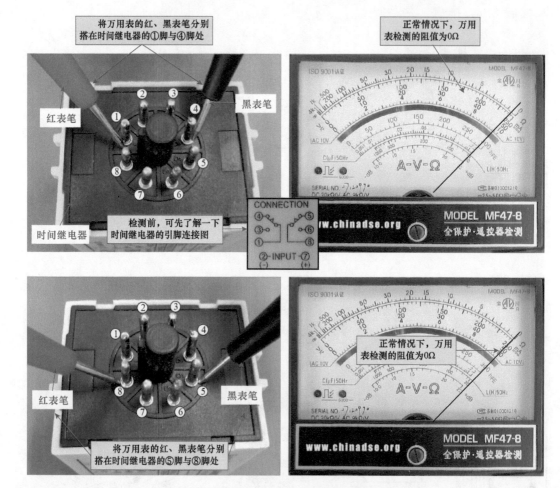

图 10-53　时间继电器的检修方法

### 10.3.5　稻谷加工机电气控制线路的检修

稻谷加工机电气控制线路是指在通过起动按钮、停止按钮、接触器等控制部件控制各功能电动机起动运转，来带动稻谷加工机的机械部件运作，从而完成稻谷加工作业。图 10-54 所示为典型稻谷加工机电气控制线路图。

稻谷加工机电气控制线路主要是由起动按钮 SB1、停止按钮 SB2、交流接触器 KM1/KM2/KM3、过热保护继电器 FR1 ~ FR3、三相交流电动机等构成的。

需要起动稻谷加工机时，可先合上电源总开关 QS，接通三相电源，并按下起动按钮 SB1，此时交流接触器 KM1、KM2、KM3 线圈同时得电。

交流接触器 KM1、KM2、KM3 线圈得电后，常开辅助触头 KM1 - 2、KM2 - 2、KM3 - 2 闭合，实现自锁功能。

常开主触头 KM1 - 1、KM2 - 1、KM3 - 1 闭合，接通主电动机 M1、进料驱动电动机 M2、出料驱动电动机 M3 的供电电源，主电动机 M1、进料驱动电动机 M2、出料驱动电动机 M3 起动运转。

当需要稻谷加工机停机时，按下停止按钮 SB2。交流接触器 KM1、KM2、KM3 线圈同时失电，其触头全部复位：

交流接触器 KM1、KM2、KM3 线圈失电后，常开辅助触头 KM1 - 2、KM2 - 2、KM3 - 2 复位断开，解除自锁功能。

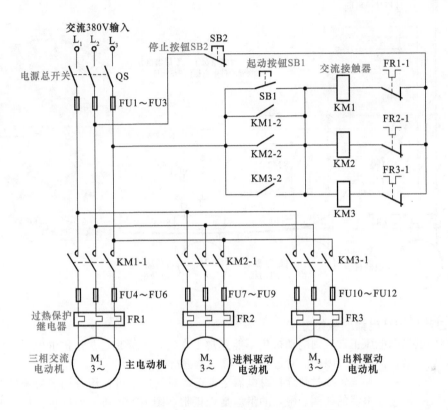

图 10-54　典型稻谷加工机电气控制线路图

在稻谷加工机电气控制线路中，交流 380V 为电路提供工作电压，起动/停止按钮控制整个电路的工作状态；过热保护继电器保护电动机运行时的温度，避免过高；由交流接触器 KM1 ~ KM3 控制电动机的工作状态。

由此可知，根据电路的故障现象，初步判断可能存在故障的部位或元器件，明确了故障的范围，接下来便可对该电路中的相关部位或部件进行检修。

在稻谷加工机电气控制线路中重点检修的参数或部件有供电电压、过热保护继电器、按钮以及交流接触器。

**1. 供电电压的检修方法**

电动机正常工作时，需要有 380V 的供电电压，若该电压不正常，则会造成整个电路不能工作的故障。因此，当该电路出现不工作的状态时，应先对供电电压部分进行检修。

正常情况下，在通电状态时，将万用表的两表笔分别搭在电动机的公共供电端，应能检测到交流 380V 的电压。图 10-55 所示为供电电压的检修方法。

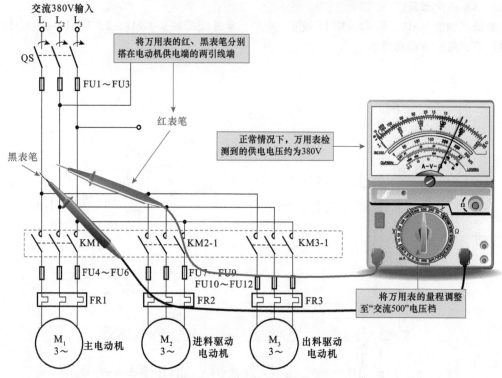

图 10-55　供电电压的检修方法

## 2. 过热保护继电器的检修方法

电路中的供电电压正常，则电动机仍不能正常工作时，可能是过热保护继电器损坏造成电动机一直处于被保护状态，因此应对过热保护继电器进行检修。

判断过热保护继电器是否正常时，通常可使用万用表检测过热保护继电器的线圈、触点的阻值是否正常。图 10-56 所示为过热保护继电器的检修方法。

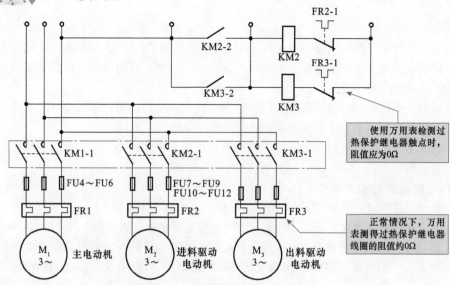

图 10-56　过热保护继电器的检修方法

按钮作为稻谷加工机的主要控制部件，对该部件的检修也是非常重要的，判断该部件是否正常时，可使用万用表检测两引脚间的阻值是否正常。在正常情况下，常开按钮引脚间的阻值应为无穷大；常闭按钮引脚间的阻值为零欧姆。

### 3. 交流接触器的检修方法

当检测供电、过热保护继电器、按钮均正常时，电路的故障仍未排除，则需要对各交流接触器进行检修。

判断交流接触器是否正常时，可在通电状态下，检测通过触头的电压值是否正常；若供电正常，则表明交流接触器可以正常工作。图 10-57 所示为交流接触器的检修方法。

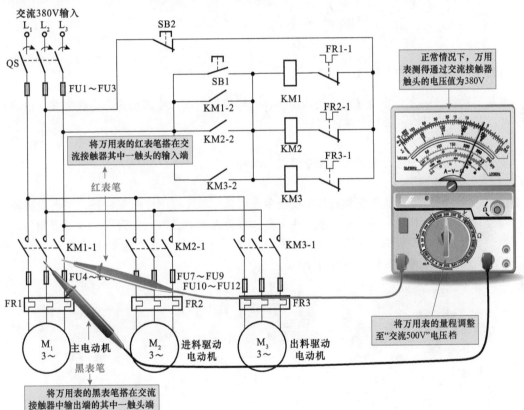

图 10-57　交流接触器的检修方法

# 第⑪章

# 变频器与变频技术

## 11.1 变频器的种类特点

### 11.1.1 变频器的种类

变频器种类很多，其分类方式也是多种多样，可根据需求，按其用途、变换方式、电源性质、变频控制等多种方式进行分类。

**1. 按用途分类**

变频器按用途可分为通用变频器和专用变频器两大类。

（1）通用变频器

通用变频器是指在很多方面具有很强通用性的变频器，该类变频器简化了一些系统功能，并主要以节能为主要目的，多为中小容量变频器，一般应用于水泵、风扇、鼓风机等对于系统调速性能要求不高的场合，图11-1所示为几种常见通用变频器的实物外形。

三菱D700型通用变频器　　安川J1000型通用变频器　　西门子MM420型通用变频器

通用变频器适用范围广，具有很强的通用性，
可对多种场合下、不同负载设备实现变频控制

图 11-1　几种常见通用变频器的实物外形

（2）专用变频器

专用变频器是指专门针对某一方面或某一领域而设计研发的变频器，该类变频器针对性较强，具有适用于其所针对领域独有的功能和优势，从而能够更好地发挥变频调速的作用。图 11-2 所示为几种常见专用变频器的实物外形。

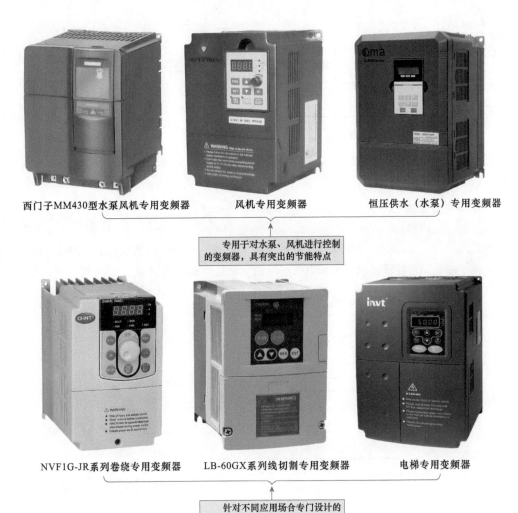

西门子MM430型水泵风机专用变频器　　风机专用变频器　　恒压供水（水泵）专用变频器

专用于对水泵、风机进行控制的变频器，具有突出的节能特点

NVF1G-JR系列卷绕专用变频器　　LB-60GX系列线切割专用变频器　　电梯专用变频器

针对不同应用场合专门设计的专用变频器，通用性较差

图 11-2　几种常见专用变频器的实物外形

### 2. 按照变换方式分类

变频器按照其工作时，频率变换的方式主要分为两类：交—直—交变频器和交—交变频器。

（1）交—直—交变频器

交—直—交变频器又称间接式变频器，是指变频器工作时，首先将工频交流电通过整流单元转换成脉动的直流电，再经过中间电路中的电容平滑滤波，为逆变电路供电；在控制系统的控制下，逆变电路再将直流电源转换成频率和电压可调的交流电，然后提供给负载（电动机）进行变速控制。

图 11-3 所示为交—直—交变频器结构。

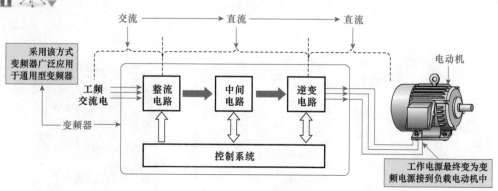

图 11-3　交—直—交变频器结构

（2）交—交变频器

交—交变频器又称直接式变频器，是指变频器工作时，将工频交流电直接转换成频率和电压可调的交流电，提供给负载（电动机）进行变速控制，图 11-4 所示为交—交变频器结构。

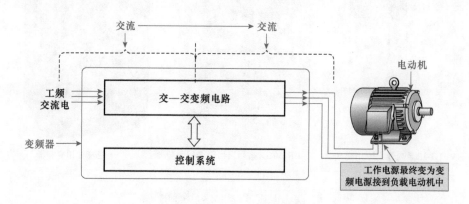

图 11-4　交—交变频器结构

## 3. 按照电源性质分类

在上述交—直—交变频器中，根据其中间电路部分电源性质的不同，又可将变频器分为两大类：电压型变频器和电流型变频器。

（1）电压型变频器

电压型变频器的特点是中间电路采用电容器作为直流储能元件，缓冲负载的无功功率。直流电压比较平稳，直流电源内阻较小，相当于电压源，故电压型变频器常选用于负载电压变化较大的场合，图 11-5 所示为电压型变频器结构。

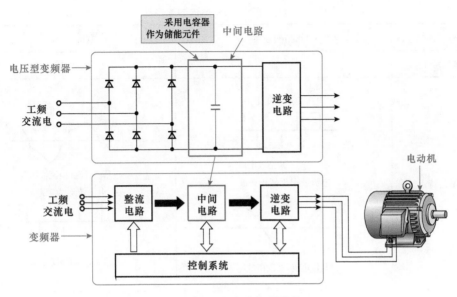

图 11-5　电压型变频器结构

（2）电流型变频器

电流型变频器的特点是中间电路采用电感器作为直流储能元件，用以缓冲负载的无功功率，即扼制电流的变化，使电压接近正弦波，由于该直流内阻较大，可扼制负载电流频繁而急剧的变化，故电流型变频器常选用于负载电流变化较大的场合，适用于需要回馈制动和经常正、反转的生产机械，图 11-6 所示为电流型变频器结构。

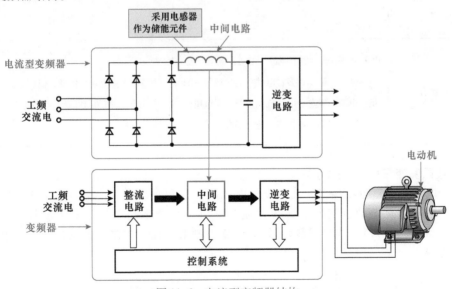

图 11-6　电流型变频器结构

电压型变频器与电流型变频器不仅在电路结构上有所不同，其性能及使用范围也有所差别，表 11-1 所列为两种类型变频器的比较。

表 11-1　电压型变频器与电流型变频器的对比

| 特点名称 | 电压型变频器 | 电流型变频器 |
|---|---|---|
| 储能元件 | 电容器 | 电感器 |
| 波形的特点 | 电压波形为矩形波<br>矩形波电压<br>电流波形近似正弦波<br>基波电流+高次谐波电流 | 电压波形为近似正弦波<br>基波电流+换流浪涌电压<br>电流波形为矩形波<br>矩形波电流 |
| 回路构成上的特点 | 有反馈二极管<br>直流电源并联大容量<br>电容（低阻抗电压源）<br>电动机四象限运转需要使用变流器 | 无反馈二极管<br>直流电源串联大电感<br>电感（高阻抗电流源）<br>电动机四象限运转容易 |
| 特性上的特点 | 负载短路时产生过电流<br>变频器转矩反应较慢<br>输入功率因数高 | 负载短路时能抑制过电流<br>变频器转矩反应快<br>输入功率因数低 |
| 使用场合 | 电压源型逆变器属恒压源，电压控制响应慢，不易波动，适于做多台电动机同步运行时的供电电源，或单台电动机调速但不要求快速起制动和快速减速的场合 | 不适用于多电动机传动，但可以满足快速起制动和可逆运行的要求 |

### 4. 按照其变频控制方式分类

由于电动机的运行特性，使其对交流电源的电压和频率有一定的要求，变频器作为控制电源，需满足对电动机特性的最优控制，从应用目的不同出发，采用多种变频控制方式，如：压/频（$U/f$）控制变频器、转差频率控制变频器、矢量控制变频器、直接转矩控制变频器等。

（1）压/频（$U/f$）控制方式

压/频控制方式又称为 $U/f$ 控制方式，即通过控制逆变电路输出电源频率变化的同时也调节输出电压的大小（即 $U$ 增大则 $f$ 增大，$U$ 减小则 $f$ 减小），从而调节电动机的转速，图 11-7 所示为典型压/频控制电路框图。

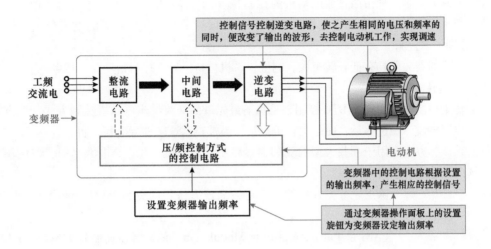

图 11-7　典型压/频控制电路框图

## （2）转差频率控制方式

　　　　转差频率控制方式又称为 SF 控制方式，该方式采用测速装置来检测电动机的旋转速度，然后与设定转速频率进行比较，根据转差频率去控制逆变电路，图 11-8 所示为转差频率控制方式工作原理示意图。

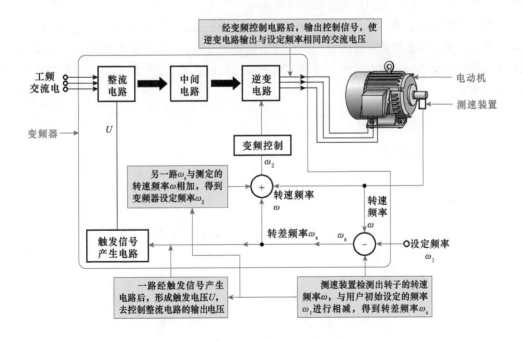

图 11-8　转差频率控制方式工作原理示意图

（3）矢量控制方式

矢量控制方式是一种仿照直流电动机的控制特点，将异步电动机的定子电流在理论上分成两部分：产生磁场的电流分量（磁场电流）和与磁场相垂直、产生转矩的电流分量（转矩电流），并分别加以控制。

该类方式的变频器具有低频转矩大、响应快、机械特性好、控制精度高等特点。

（4）直接转矩控制方式

直接转矩控制方式又称为 DTC 控制，是目前最先进的交流异步电动机控制方式，该方式不是间接的控制电流、磁链等量，而是把转矩直接作为被控制量来进行变频控制。

目前，该类方式多用于一些大型的变频器设备中，如重载、起重、电力牵引、惯性较大的驱动系统以及电梯等设备中。

除上述分类方式外，还可按调压方法不同分为 PAM 变频器和 PWM 变频器。

PAM 是 Pulse Amplitude Modulation（脉冲幅度调制）的缩写。PAM 变频器是按照一定规律对脉冲列的脉冲幅度进行调制，控制其输出的量值和波形。实际上就是能量的大小用脉冲的幅度来表示，整流输出电路中增加开关管（门控管 IGBT），通过对该 IGBT 的控制改变整流电路输出的直流电压幅度（140～390V），这样变频电路输出的脉冲电压不但宽度可变，而且幅度也可变。

PWM 是英文 Pulse Width Modulation（脉冲宽度调制）缩写。PWM 变频器同样是按照一定规律对脉冲列的脉冲宽度进行调制，控制其输出量和波形的。实际上就是能量的大小用脉冲的宽度来表示，此种驱动方式，整流电路输出的直流供电电压基本不变，变频器功率模块的输出电压幅度恒定，控制脉冲的宽度受微处理器控制。

另外，常用变频器按输入电流的相数还可分为：三进三出变频器和单进三出变频器。

其中，三进三出是指变频器的输入侧和输出侧都是三相交流电，大数变频器属于该类。单进三出是指变频器的输入侧为单相交流电，输出侧是三相交流电，一般家用电器设备中的变频器为该类方式。

## 11.1.2 变频器的结构

**1. 变频器的外部结构**

变频器外形虽有不同，但其外部的结构组成基本相同，图 11-9 所示为典型变频器的外部结构。

直接观察外观，可以看到变频器的操作显示面板、容量铭牌标识、额定参数铭牌标识及各种盖板等部分。

（1）操作显示面板

操作显示面板是变频器与外界实现交互的关键部分，目前多数变频器都是通过操作显示面板上的显示屏、操作按键或键钮、指示灯等进行相关参数的设置及运行状态的监视，图 11-10 所示为典型变频器的操作显示面板。

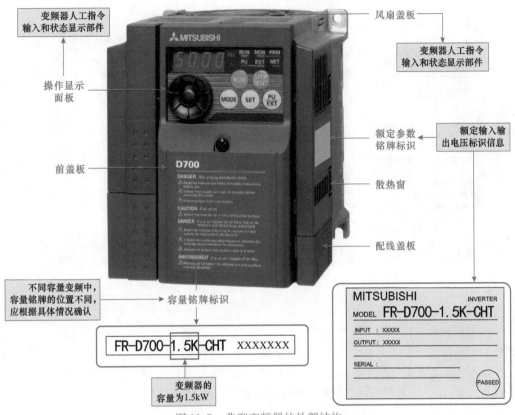

图 11-9 典型变频器的外部结构

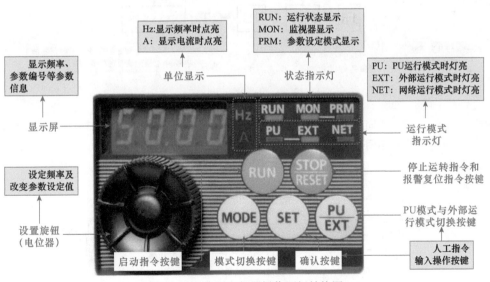

图 11-10 典型变频器操作面板结构图

　　　　不同类型的变频器，操作面板的具体结构也有所不同，**图 11-11** 所示为另一种常见变频器操作面板的结构图，从图可以看出其与上图所包含按键功能及形式有所区别，但基本的功能按键十分相似。

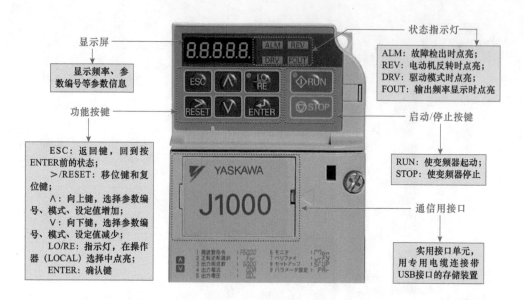

图 11-11　其他变频器操作面板的结构（安川 J1 000 型变频器）

（2）容量铭牌标识

变频器的容量铭牌标识一般直接印在变频器的前盖板上，与变频器的型号组合在一起，如图 11-12 所示，通过该标识可以区分同型号不同系列（参数不同）变频器的规格参数。

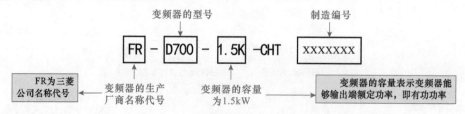

图 11-12　变频器的容量铭牌标识

不同厂家生产的变频器标识含义也有所区别，图 **11-13 ~ 图 11-16** 所示为几种不同厂家生产的变频器的铭牌标识含义。

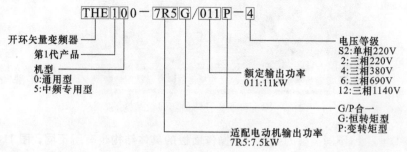

图 11-13　台海变频器铭牌标识及其含义

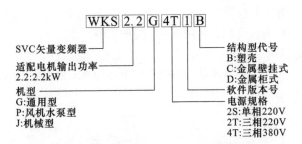

图 11-14 威尔凯变频器铭牌标识及其含义

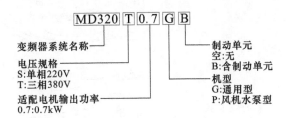

图 11-15 汇川变频器铭牌标识及其含义

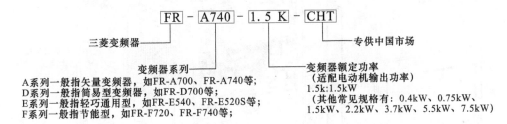

图 11-16 三菱变频器铭牌标识及其含义

（3）额定参数铭牌标识

变频器的额定参数铭牌标识一般粘贴在变频器侧面外壳上，标识出了变频器额定输入相关参数（如额定电流、额定电压、额定频率等）、额定输出相关参数（如额定电流、额定电压、输出频率范围等），如图 11-17 所示。

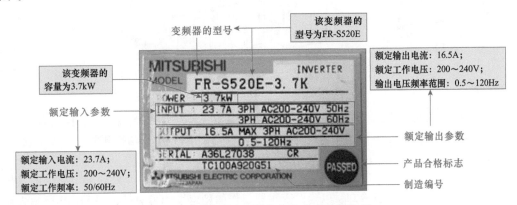

图 11-17 典型变频器的额定参数铭牌标识

变频器铭牌标识没有统一的标准，不同厂商各自对产品命名，因此想要读懂某一品牌变频器的铭牌标识，需要先对该厂商的命名规格有一定的了解。

**2. 变频器的内部结构**

将变频器外部的各挡板取下后即可看到变频器的内部结构，如图 11-18 所示。

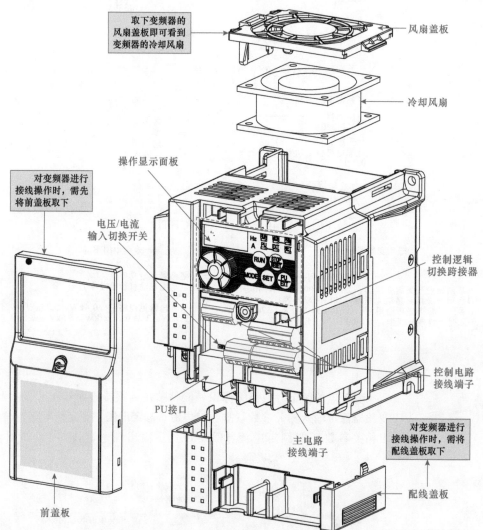

图 11-18　典型变频器的内部结构

从图 11-18 中可看出，变频器的外部主要由冷却风扇、主电路接线端子、控制接线端子、其他功能接口或开关（如控制逻辑切换跨接器、PU 接口、电流/电压切换开关等）等构成的。

（1）冷却风扇

变频器内部的冷却风扇用于在变频器工作时，对内部电路中的发热器件进行冷却，以确保变频器工作的稳定性和可靠性，图 11-19 所示为典型变频器的冷却风扇部分。

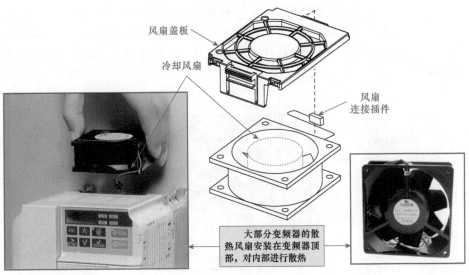

图 11-19　典型变频器的冷却风扇部分

（2）主电路接线端子

打开变频器的前面板和配线盖板后，即可看到变频器的各种接线端子，并可在该状态下进行接线操作。

其中，电源侧的主电路接线端子主要用于连接三相供电电源，而负载侧的主电路接线端子主要用于连接电动机，图 11-20 所示为典型变频器的主电路接线端子部分及其接线方式。

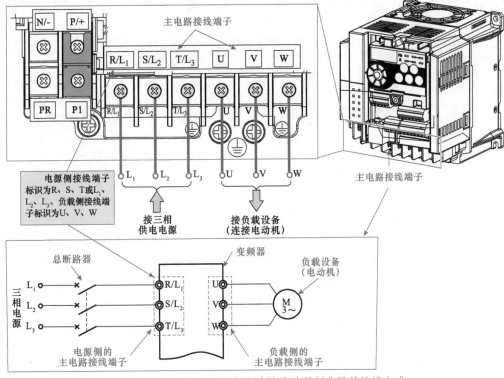

图 11-20　典型变频器的主电路接线端子部分及其接线方式

不同类型的变频器，具体接线端子的排列和位置有所不同，但其主电路接线端子基本均用 $L_1$、$L_2$、$L_3$ 和 U、V、W 字母进行标识，可根据该标识进行识别和区分，图 11-21 所示为另外一个品牌的变频器的主电路接线端子的位置及相关标识。

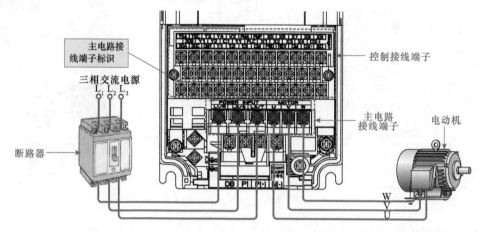

图 11-21　其他变频器的主电路接线端子的位置及相关标识（富士 FRN1.5G1S－4C 型）

（3）控制接线端子

控制接线端子一般包括输入信号、输出信号及生产厂家设定用端子部分，用于连接变频器控制信号的输入、输出、通信等部件。其中，输入信号接线端子一般用于为变频器输入外部的控制信号，如正反转起动方式、频率设定值、PTC 热敏电阻输入等；输出信号端子则用于输出对外部装置的控制信号，如继电器控制信号等；生产厂家设定用端子一般不可连接任何设备，否则可能导致变频器故障。

图 11-22 所示为典型变频器的控制接线端子部分。

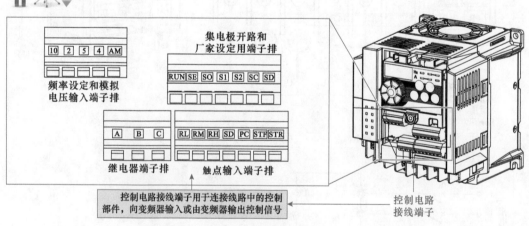

图 11-22　典型变频器的控制接线端子部分

（4）其他功能接口或功能开关

变频器除上述主电路接线端子和控制接线端子外，在其端子部分一般还包含一些其他功能接口或功能开关等，如控制逻辑切换跨接器、PU 接口、电流/电压切换开关等，如图 11-23 所示。

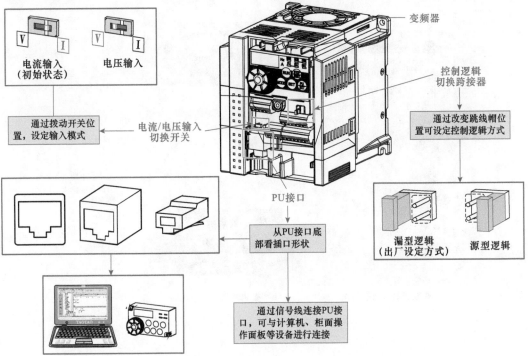

图 11-23 典型变频器的其他功能接口或功能开关

### 3. 变频器的电路结构

变频器的电路部分是由构成各种功能电路的电子、电力器件构成的。一般需要拆开变频器外壳才可看到其电路部分的具体构成，如图 11-24 所示。

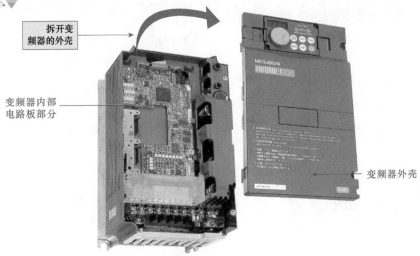

图 11-24 变频器电路部分的具体构成

图 11-25 所示为典型变频器的内部结构，可以看到其内部一般包含有两只高容量电容、整流单元、挡板下的控制单元以及其他单元（通信电路板、接线端子排）等。

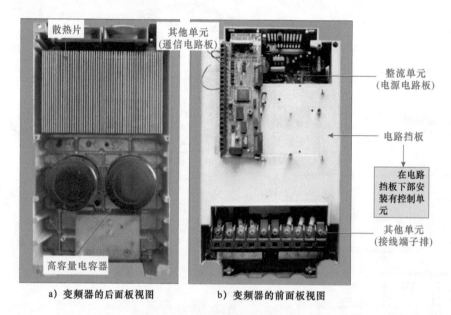

a）变频器的后面板视图　　b）变频器的前面板视图

图 11-25　典型变频器的内部结构

继续拆卸内部的散热片和挡板后可看到其内部具体的单元模块，如图 11-26 所示，可以看到，变频器内部主要是由整流单元（整流电路）、控制单元（控制电路板）、逆变单元（智能功率模块）、水泥电阻器、高容量电容、电流互感器等部分构成的。

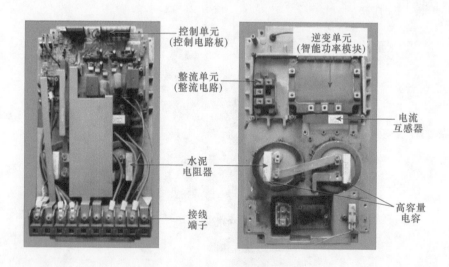

图 11-26　典型变频器内部的单元模块

## 11.2 变频器的功能应用

### 11.2.1 变频器的功能特点

变频器的作用是改变电动机驱动电流的频率和幅值，进而改变其旋转磁场的周期，达到平滑控制电动机转速的目的。变频器的出现，使得复杂的调速控制简单化，用变频器与交流笼型感应电动机的组合，替代了大部分原先只能用直流电动机完成的工作，缩小了体积，降低了故障发生的几率，使传动技术发展到新阶段。

由于变频器既可以改变输出的电压又可以改变频率（即可改变电动机的转速），可实现对电动机的起动及对转速进行控制，图11-27所示为变频器的功能原理图。

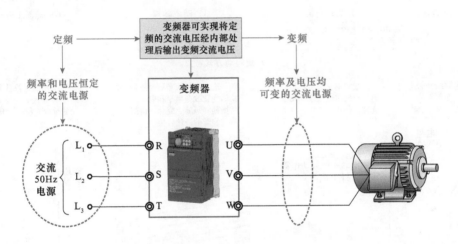

图11-27 变频器的功能原理图

综合来说，变频器是一种集起停控制、变频调速、显示及按键设置功能、保护功能等于一体的电动机控制装置。

**1. 软起动功能**

变频器基本上都包含了最基本的起动功能，可实现被控负载电动机的起动电流从零开始，最大值也不超过额定电流的150%，减轻了对电网的冲击和对供电容量的要求，图11-28所示为电动机在硬起动、变频器起动两种起动方式中其起动电流、转速上升状态的比较。

**2. 可受控的加/减速功能**

在使用变频器对电动机进行控制时，变频器输出的频率和电压可从低频低压加速至额定的频率和额定的电压，或从额定的频率和额定的电压减速至低频低压，而加/减时的快慢可以由用户选择加/减速方式进行设定，即改变上升或下降频率，其基本原则是，在电动机的起动电流允许的条件下，尽可能缩短加/减速时间。

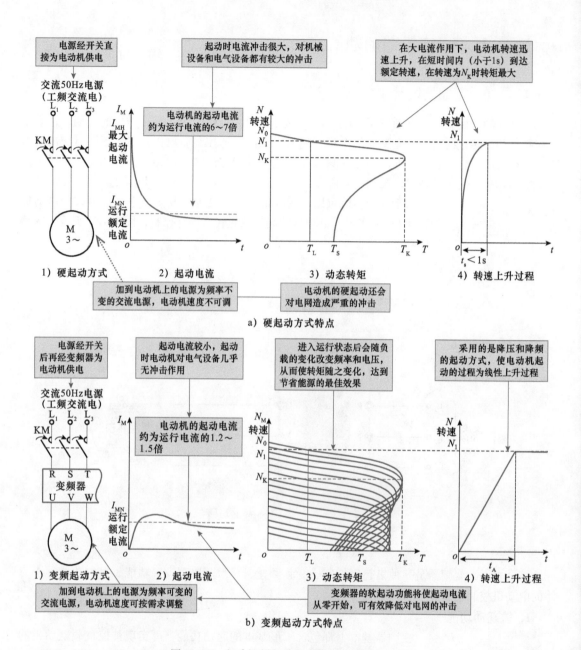

图 11-28　电动机硬起动和变频器软起动的比较

例如，三菱 FR－A700 通用型变频器的加/减速方式有直线升降速、S 曲线加/减速 A、S 曲线加/减速 B 和暂停加/减速 4 种，如图 11-29 所示。

### 3. 可受控的停车及制动功能

在变频器控制中，停车及制动方式可以受控，且一般变频器都具有多种停车方式及制动方式进行设定或选择，如减速停车、自由停车、减速停车＋制动等，该功能可减少对机械部件和电动机的冲击，从而使整个系统更加可靠。

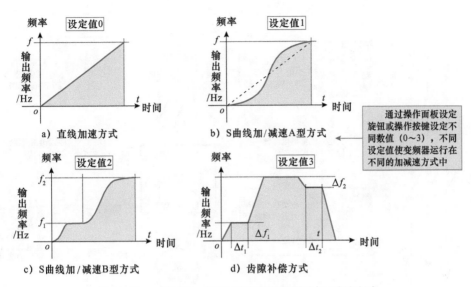

图 11-29 三菱 FR – A700 通用型变频器的加/减速方式

在变频器中经常使用的制动方式有两种，即直流制动、外接制动电阻制动和制动单元功能，用来满足不同用户的需要。

- 直流制动功能

变频器的直流制动功能是指当电动机的工作频率下降到一定的范围时，变频器向电动机的绕组间接入直流电压，从而使电动机迅速停止转动。在直流制动功能中，用户需对变频器的直流制动电压、直流制动时间以及直流制动起始频率等参数进行设置。

- 外接制动电阻和制动单元

当变频器输出频率下降过快时，电动机将产生回馈制动电流，使直流电压上升，可能会损坏变频器。此时为回馈电路中加入制动电阻和制动单元，将直流回路中的能量消耗掉，以便保护变频器并实现制动。

### 4. 变频器具有突出的变频调速功能

变频器的变频调速功能是其最基本的功能。在传统电动机控制系统中，电动机直接由工频电源（50Hz）供电，其供电电源的频率 $f_1$ 是恒定不变的，因此其转速也是恒定的；而在电动机的变频控制系统中，电动机的调速控制是通过改变变频器的输出频率实现的，通过改变变频器的输出频率即可很容易实现电动机工作在不同电源频率下，从而可自动完成电动机的调速控制。

图 11-30 所示为上述两种电动机控制系统中电动机调速控制的比较。

### 5. 变频器具有监控和故障诊断功能

变频器前面板上一般都设有显示屏、状态指示灯及操作按键，可用于对变频器各项参数进行设定以及对设定值、运行状态等进行监控显示。

大多变频器内部设有故障诊断功能，该功能可对系统构成、硬件状态、指令的正确性等进行诊断，当发现异常时，会控制报警系统发出报警提示声，同时在显示屏上显示错误信息，当故障严重时则会发出控制指令停止运行，从而提高变频器控制系统的安全性。

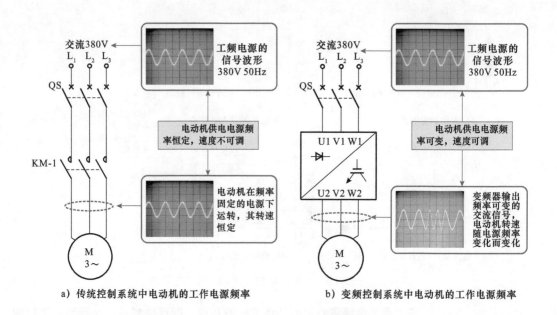

图 11-30 传统电动机控制系统与变频控制系统的比较

### 6. 变频器具有安全保护功能

变频器内部设有保护电路，可实现对其自身及负载电动机的各种异常保护功能，其中主要包括过热（过载）保护和防失速保护。

（1）过热（过载）保护功能

变频器的过热（过载）保护即过电流保护或过热保护。在所有的变频器中都配置了电子热保护功能或采用热继电器进行保护。过热（过载）保护功能是通过监测负载电动机及变频器本身温度，当变频器所控制的负载惯性过大或因负载过大引起电动机堵转时，其输出电流超过额定值或交流电动机过热时，保护电路动作，使电动机停转，防止变频器及负载电动机损坏。

（2）防失速保护

失速是指当给定的加速时间过短，电动机加速变化远远跟不上变频器的输出频率变化时，变频器将出现电流过大而跳闸，运转停止。

为了防止上述失速现象使电动机正常运转，变频器内部设有防失速保护电路，该电路可检出电流的大小进行频率控制。当加速电流过大时适当放慢加速速率，减速电流过大时也适当放慢减速速率，以防出现失速情况。

另外，变频器内的保护电路可在运行中实现过电流短路保护、过电压保护、冷却风扇过热和瞬时停电保护等，当检测到异常状态后可控制内部电路停机保护。

### 7. 变频器具有与其他设备的通信功能

为了便于通信以及人机交互，变频器上通常设有不同的通信接口，可用于与 PLC 自动控制系统以及远程操作器、通信模块、电脑等进行通信连接，如图 11-31 所示。

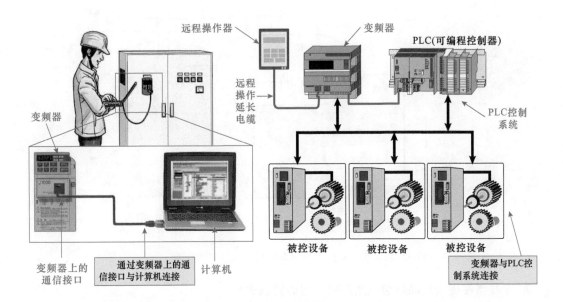

图 11-31　变频器的通信功能

**8. 变频器的其他功能**

变频器作为一种新型的电动机控制装置，除上述功能特点外，还具有运转精度高、功率因数可控等特点。

无功功率不但增加线损和设备的发热，更主要的是功率因数的降低会导致电网有功功率的降低，使大量的无功电能消耗在线路当中，使设备的效率低下，能源浪费严重，使用变频调速装置后，由于变频器内部设置了功率因数补偿电路（滤波电容的作用），从而减少了无功损耗，增加了电网的有功功率。

## 11.2.2　变频器的应用

变频器是一种依托于变频技术开发的新型智能型驱动和控制装置，广泛地应用于交流异步电动机速度控制的各种场合，其高效率的驱动性能及良好的控制特性，已成为目前公认的最理想、最具有发展前景的调速方式之一。

变频器的各种突出功能使其在节能、提高产品质量或生产效率、改造传统产业使其实现机电一体化、工厂自动化、改善环境等各种方面得到了广泛的应用。其所涉及的行业领域也越来越广泛，简单来说，只要使用到交流电动机的场合，特别是需要运行中实现电动机转速调整的环境中，几乎都可以应用变频器。

**1. 变频器在节能方面的应用**

变频器在节能方面的应用主要体现在风机、泵类等作为负载设备的领域中，一般可实现20% ~60%的节电率。

图 11-32 所示为变频器在锅炉和水泵驱动电路中的节能应用。该系统中有两台风机驱动电动机和一台水泵驱动电动机，这三台电动机都采用了变频器驱动方式，耗能下降25 % ~40 %左右，大大节省了能耗。

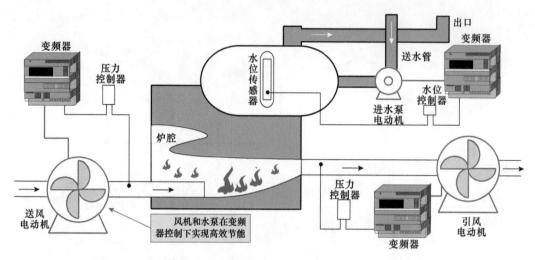

图 11-32  变频器在锅炉和水泵驱动电路中的节能应用

### 2. 变频器在提高产品质量或生产效率方面的应用

变频器的控制性能使其在提高产品质量或生产效率方面得到广泛应用,如传送带、起重机、挤压、注塑机、机床、纸/膜/钢板加工、印刷板开孔机等各种机械设备控制领域。

例如,图 11-33 所示为变频器在典型挤压机驱动系统中的应用。挤压机是一种用于挤压一些金属或塑料材料的压力机,其具有将金属或塑料锭坯一次加工成管、棒、型材的功能。

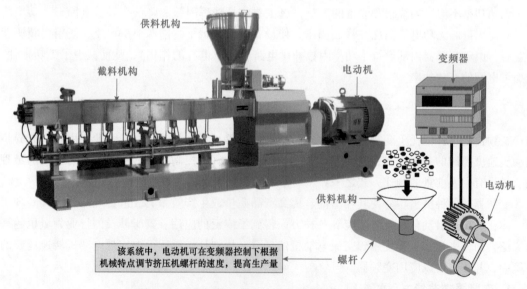

图 11-33  变频器在典型挤压机驱动系统中的应用

采用变频器对该类机械设备进行调速控制,不仅可根据机械特点调节挤压机螺杆的速度,提高生产量,可检测挤压机柱体的温度,实现控制螺杆的运行速度;另外,为了保证产品质量一致,使挤压机的进料均匀,需要对进料控制电动机的速度进行实时控制,为此,在变频器中设有自动运行控制、自动检测和自动保护电路。

### 3. 变频器在改造传统产业、实现机电一体化方面的应用

近年来，变频器的发展十分迅速，在工业生产领域和民用生活领域都得到的广泛的应用，特别在一些传统产业的改造建设中起到了关键作用，使它们从功能、性能及结构上都有一个质的提高，同时可实现国家节能减排的基本要求。

例如，图11-34所示为变频器在纺织机械中的应用。

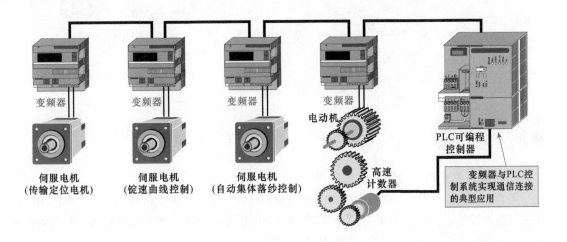

图 11-34 变频器在纺织机械中的应用

纺织工业是我国最早产生的民族工业之一，在工业生产中占有举足轻重的地位，传统纺织机械的自动化也是我国工业自动化发展的一个重要项目。可编程序控制器、变频器、伺服电机、人机界面是驱动控制系统中不可缺少的组成部分。

在纺织机械中有多个电动机驱动的传动机构，互相之间的转动速度和相位都有一定的要求。通常，纺织机械系统中的电动机普遍采用通用变频器控制，所有的变频器则统一由PLC控制。

### 4. 变频器在自动控制系统中的应用

随着控制技术的发展，一些变频器除了基本的软起动、调速控制之外，还具有多种智能控制、多电动机一体控制、多电动机级联控制、转矩控制、自动检测和保护功能，输出精度高达$0.1\% \sim 0.01\%$，由此在自动化系统中也得到了广泛的应用，常见的主要有化纤工业中的卷绕、拉伸、计量；各种自动加料、配料、包装系统及电梯智能控制中。

例如，图11-35所示变频器在电梯智能控制中的应用。在该电梯智能控制系统中，电梯的停车、上升、下降、停车位置等根据操作控制输入指令，变频器由检测电路或传感器实时监测电梯的运行状态，根据检测电路或传感器传输的信息，实现自动控制。

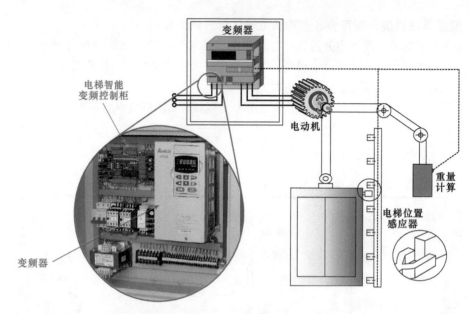

图 11-35　变频器在电梯智能控制中的应用

### 5. 变频器在民用改善环境中的应用

随着人们对生活质量和环境的要求不断提高，变频器除在工业上得到发展外，在民用改善环境方面也得到了一定范围的应用，如在空调系统及供水系统中，采用变频器具有可有效减小噪声、平滑加速度、防爆、高安全性等优势。

例如，图 11-36 所示为变频器在中央空调系统中的应用。

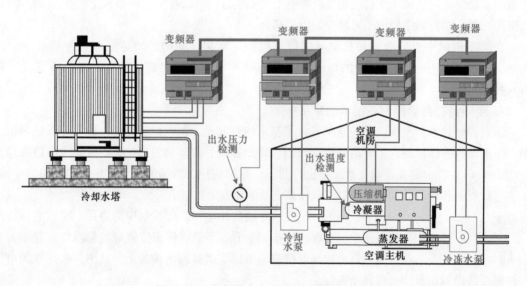

图 11-36　变频器在中央空调系统中的应用

# 11.3 变频器的工作原理

## 11.3.1 变频器的工作原理

传统的电动机驱动方式是恒频的，即用频率为50Hz的交流220V或380V电源直接去驱动电动机。由于电源频率恒定，电动机的转速是不变的。如果需要满足变速的要求，就需要增加附加的减速或升速设备（变速齿轮箱等），这样会增加设备成本，还会增加能源消耗，其功能还受限制。

为了克服恒频驱动中的缺点，提高效率，随着变频技术的发展，采用变频器进行控制的方式得到了广泛应用，即采用变频的驱动方式驱动电动机可以实现宽范围的转速控制，还可以大大提高效率，具有环保节能的特点。

如图11-37所示，在电动机驱动系统中采用变频器将恒压恒频的电源变成电压、频率都可调的驱动电源，从而使电动机转速随输出电源频率的变化而变化。

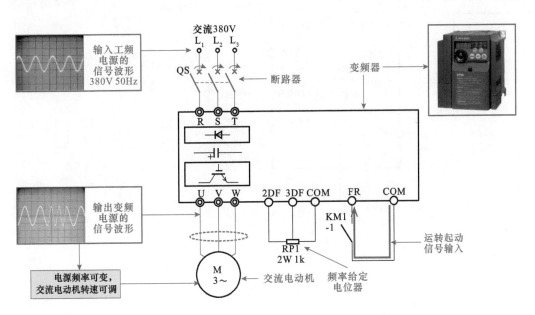

图11-37 电动机的变频控制简单原理示意图

## 11.3.2 变频器的控制过程

图11-38所示为典型三相交流电动机的变频器调速控制电路。从图中可以看到，该电路主要是由变频器、总断路器、检测及保护电路、控制及指示电路和三相交流电动机（负载设备）等部分构成的。

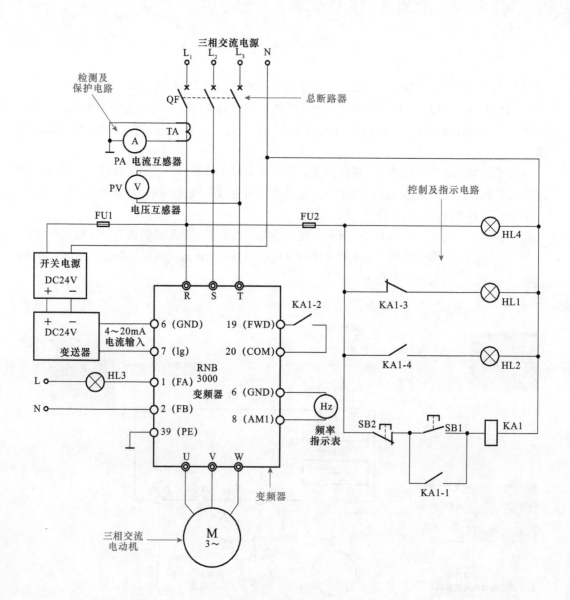

图 11-38　典型三相交流电动机的变频器调速控制电路

变频器调速控制电路的控制过程主要可分为待机、起动和停机三个状态。

## 1. 变频器的待机状态

如图 11-39 所示，当闭合总断路器 QF，接通三相电源，变频器进入待机准备状态。

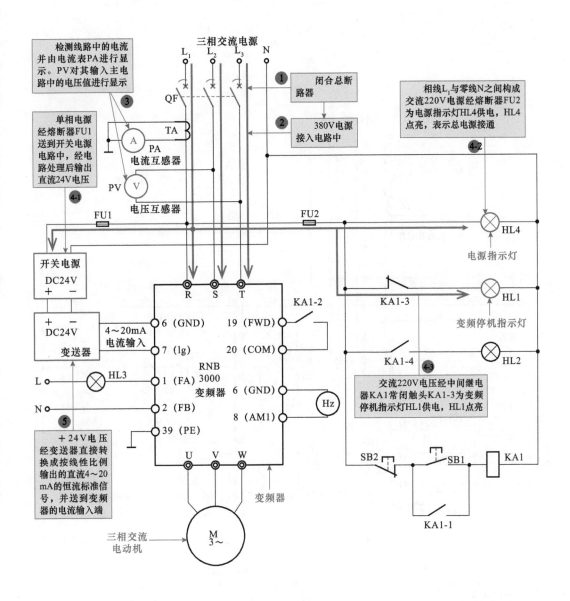

图 11-39　变频器调速控制电路中变频器待机状态

## 2. 变频器控制三相交流电动机的起动过程

图 11-40 所示为按下起动按钮 SB1 后,由变频器控制三相交流电动机软起动的控制过程。

### 3. 变频器控制三相交流电动机的停机过程

图 11-41 所示为按下停止按钮 SB2 后，由变频器控制三相交流电动机停机的控制过程。

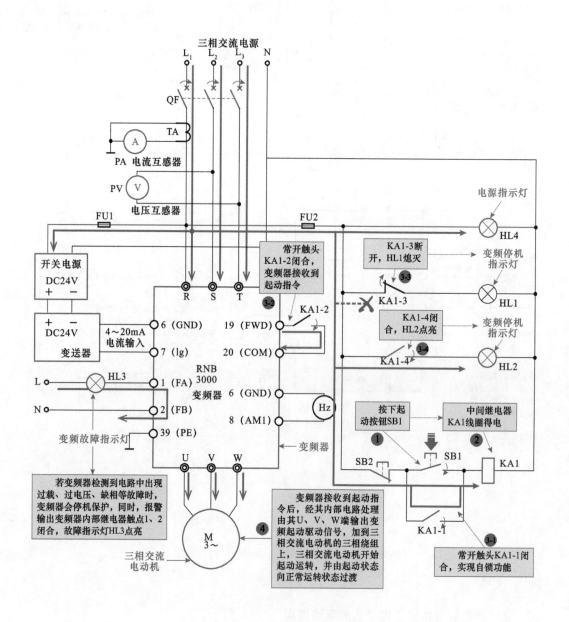

图 11-40　变频器控制三相交流电动机软起动的控制过程

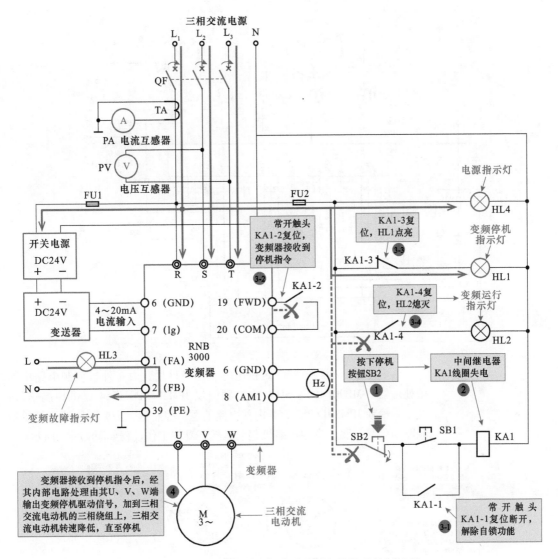

图 11-41 变频器控制三相交流电动机停机的控制过程

# 11.4 变频技术的应用实例

## 11.4.1 变频技术在制冷设备中的应用

在制冷设备中，变频技术的引入使设备制冷/制热效率得到了提升。具有高效节能、噪声低、适应负荷能力强、起动电流小、温控精度高、适用电压范围广、调温速度快、保护功能强等特点。

图 11-42 所示为海信 KFR－25GW/06BP 型变频空调器中的变频电路部分。该变频电路主要由控制电路、过电流检测电路、变频模块和变频压缩机构成的。

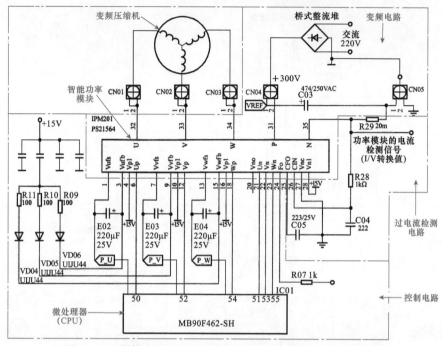

图 11-42　海信 KFR – 25GW/06BP 型变频空调器中的变频电路

该电路中，变频电路满足供电等工作条件后，由室外机控制电路中的微处理器（MB90F462 – SH）为变频模块 IPM201/PS21564 提供控制信号，经变频模块 IPM201/PS21564 内部电路的逻辑控制后，为变频压缩机提供变频驱动信号，驱动变频压缩机起动运转，具体工作过程如图 11-43 所示。

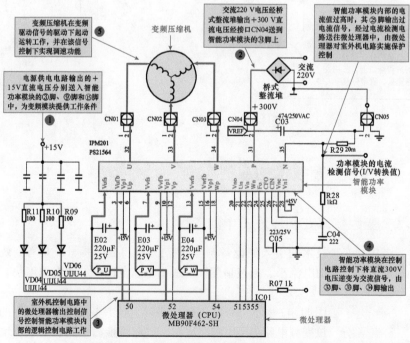

图 11-43　海信 KFR – 25GW/06BP 型变频空调器变频电路的工作过程

图11-44所示为上述电路中PS21564型智能功率模块的实物外形、引脚排列及内部结构，其各引脚功能见表11-2所列。

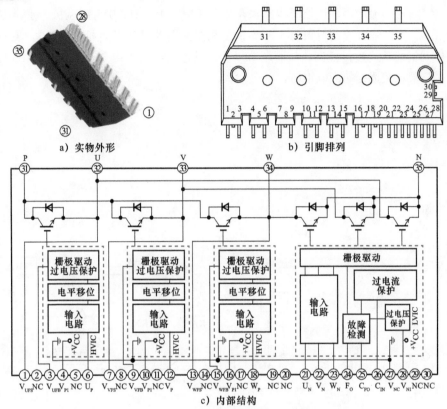

a）实物外形  b）引脚排列

c）内部结构

图11-44 PS21564型智能功率模块

表11-2 PS21564型智能功率模块引脚功能

| 引脚 | 标识 | 引脚功能 | 引脚 | 标识 | 引脚功能 |
|---|---|---|---|---|---|
| ① | $V_{UFS}$ | U绕组反馈信号 | ⑲ | NC | 空脚 |
| ② | NC | 空脚 | ⑳ | NC | 空脚 |
| ③ | $V_{UFB}$ | U绕组反馈信号输入 | ㉑ | $U_N$ | 功率管U（下）控制 |
| ④ | $V_{PI}$ | 模块内IC供电+15V | ㉒ | $V_N$ | 功率管V（下）控制 |
| ⑤ | NC | 空脚 | ㉓ | $W_N$ | 功率管W（下）控制 |
| ⑥ | $U_P$ | 功率管U（上）控制 | ㉔ | $F_O$ | 故障检测 |
| ⑦ | $V_{VFS}$ | V绕组反馈信号 | ㉕ | $C_{FO}$ | 故障输出（滤波端） |
| ⑧ | NC | 空脚 | ㉖ | $C_{IN}$ | 过电流检测 |
| ⑨ | $V_{VFB}$ | V绕组反馈信号输入 | ㉗ | $V_{NC}$ | 接地 |
| ⑩ | $V_{PI}$ | 模块内IC供电+15V | ㉘ | $V_{NI}$ | 欠电压检测端 |
| ⑪ | NC | 空脚 | ㉙ | NC | 空脚 |
| ⑫ | $V_P$ | 功率管V（上）控制 | ㉚ | NC | 空脚 |
| ⑬ | $V_{WFS}$ | W绕组反馈信号 | ㉛ | P | 直流供电端 |
| ⑭ | NC | 空脚 | ㉜ | U | 接电动机绕组W |
| ⑮ | $V_{WFB}$ | W绕组反馈信号输入 | ㉝ | V | 接电动机绕组V |
| ⑯ | $V_{PI}$ | 模块内IC供电+15V | ㉞ | W | 接电动机绕组U |
| ⑰ | NC | 空脚 | ㉟ | N | 直流供电负端 |
| ⑱ | $W_P$ | 功率管W（上）控制 | — | — | — |

### 11.4.2 变频技术在自动控制系统中的应用

图 11-45 所示为变频器在风机变频控制系统（燃煤炉鼓风机）中的典型应用。该控制线路采用康沃 CVF - P2 - 4T0055 型风机、水泵专用变频器，控制对象为 5.5kW 的三相交流电动机（鼓风机电动机）。变频器可对三相交流电动机的转速进行控制，从而调节风量，风速大小要求由司炉工操作，因炉温较高，故要求变频器放在较远处的配电柜内。

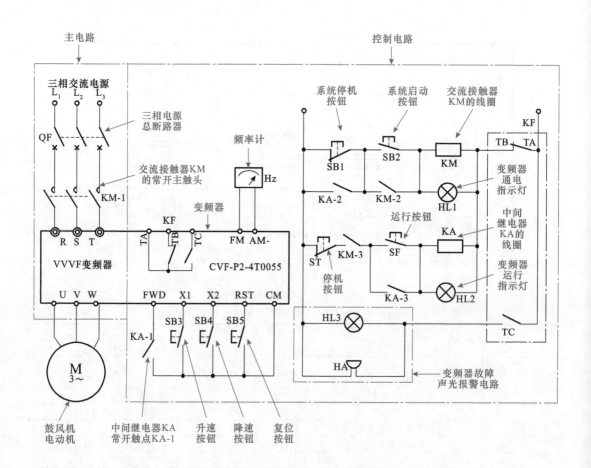

图 11-45 变频器在风机变频控制系统（燃煤炉鼓风机）中的典型应用

在上图风机变频控制系统中，采用了康沃 CVF - P2 - 4T0055 型变频器，该变频器各接线端子配线如图 11-46 所示，其各端子功能见表 11-3 所列。

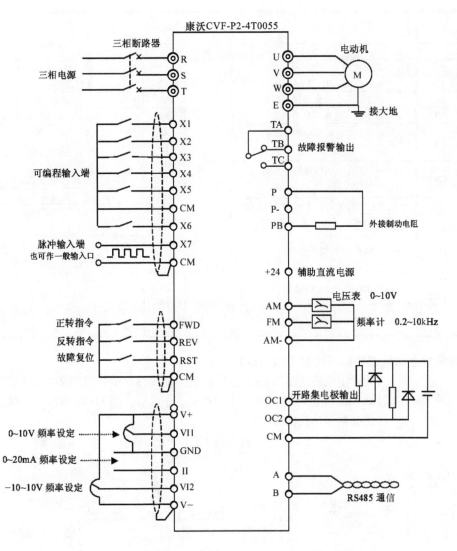

图 11-46　康沃 CVF – P2 –4T0055 型变频器各接线端子配线

表 11-3　康沃 CVF – P2 –4T0055 型变频器各端子功能

| 种类 | 符号 | 端子功能 | 种类 | 符号 | 端子功能 |
|---|---|---|---|---|---|
| 主电路端子 | | | | | |
| R、S、T | | 三相交流电源输入端子 | U、V、W | | 变频器输出端子 |
| P | | 直流侧电压正端子 | PB | | P PB 间可接直流制动电阻 |
| P – | | 直流侧电压负端子 | E | | 接地端子 |

(续)

| 种类 | 符号 | 端子功能 | 种类 | 符号 | 端子功能 |
|---|---|---|---|---|---|
| 控制电路端子 | | | | | |
| 模拟输入 | V+ | 向外提供+5V/50mA电源 | 控制端子 | X1 | 多功能输入端子1 |
| | V- | 向外提供-10V/10mA电源 | | X2 | 多功能输入端子2 |
| | VI1 | 频率设定电压信号输入端1 | | X3 | 多功能输入端子3 |
| | VI2 | 频率设定电压信号输入端2 | | X4 | 多功能输入端子4 |
| | II | 频率设定电流信号输入正常 电流输入端 | | X5 | 多功能输入端子5 |
| | | | | X6 | 多功能输入端子6 |
| | GND | 频率设定电压信号的公共端 V+/V-电源地 | | X7 | 多功能输入端子7 |
| | | | | FWD | 正转控制命令端 |
| 模拟输出 | AM | 可编程电压信号输出端 外接电压表头 | | REV | 逆转控制命令端 |
| | FM | 可编程频率信号输出端 外接频率计 | | RST | 故障复位输入端 |
| | | | | CM | 控制端子的公共端 |
| | AM- | AM、FM端子公共端 | | +24 | 向外提供的+24V/50 mA的电源, CM端子为该电源地 |
| OC输出 | OC1 OC2 | 可编程开路集电极输出 | 故障输出 | TA | 变频器正常 TA-TB闭合 TA-TC断开 |
| RS-485 通信 | A B | RS485通信端子 | | TB TC | 变频器故障 TA-TB断开 TA-TC闭合 |

## 1. 鼓风机电动机在变频器控制下起动运转控制过程

　　闭合主电路断路器QF，分别按下控制线路起动按钮SB2、变频运行起动按钮SF后，控制系统进入变频控制工作状态，图11-47所示为鼓风机电动机的变频起动控制过程。

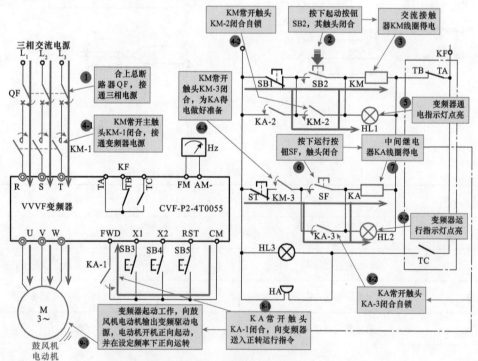

图11-47　鼓风机电动机的变频器控制下起动运转控制过程

## 2. 鼓风机电动机在变频器控制下故障停机控制过程

当变频器或外围电路发生故障时，该控制线路可自动停机，并驱动声光报警电路工作，显示控制线路故障，提醒工作人员注意，其控制过程如图11-48所示。

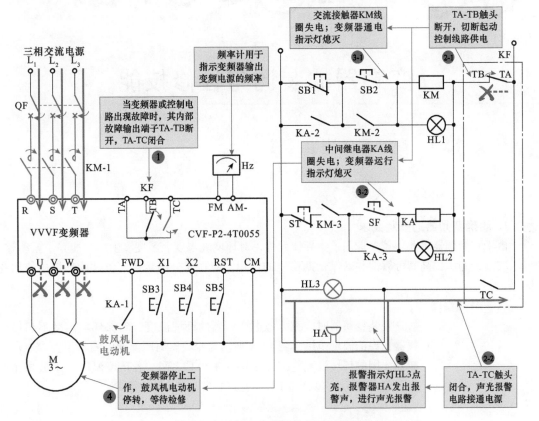

图11-48 鼓风机电动机在变频器控制下故障停机控制过程

# 第⑫章

# 变频器的装调与检修技能

## 12.1 变频器的安装连接

### 12.1.1 变频器的安装

**1. 明确变频器的安装要求**

由于在变频器单元中较多采用了半导体元件,对环境(温度、湿度、尘埃、油雾、振动等)要求较高,为了提高其可靠性并确保长期稳定的使用,应在充分满足装配条件的环境中使用变频器。

(1)环境温度

安装变频器时应充分考虑变频器的环境温度,确保环境温度不超过变频器允许的温度范围。图 12-1 所示为变频器周围温度的测量位置,通常变频器周围的环境温度范围在 −10 ~ +40℃之间,若环境温度高于最高允许温度值 40℃时,每升高 1℃,变频器应降额 5% 使用。

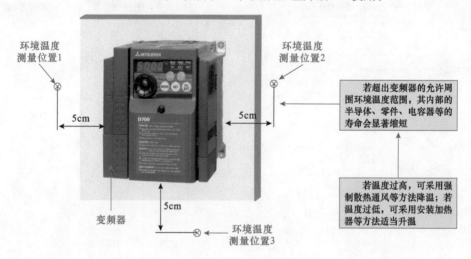

图 12-1 变频器周围温度的测量位置

(2)环境湿度

变频器的环境湿度也有一定的要求,通常变频器的环境湿度范围应在 45% ~ 90% 之间,不结霜。

　　若环境湿度过高不仅会降低绝缘性，造成空间绝缘破坏，而且金属部位容易出现腐蚀的现象。若无法满足环境湿度要求，可通过在变频器的控制柜内放入干燥剂、加热器等来降低环境湿度。

　　（3）安装场所

　　变频器应尽量安装在避免阳光直射、无尘埃、无油雾、无滴水、无腐蚀性气体、无易燃易爆气体、无振动等环境中。

　　一般来说，为确保变频器安装环境的干净整洁，同时又能保护设备的安装可靠运行，变频器及相关电气部件都安装于控制柜中，如图 12-2 所示。

图 12-2　变频器在控制柜中的安装效果

　　如果工作环境有特殊要求，则需要根据要求选择特殊的控制柜；如若需要变频器工作在无尘环境，则需选择全密封结构的控制柜；若变频器工作的环境有振动因素，则需选择具有防爆功能的控制柜。

　　（4）海拔

　　变频器应尽量安装在海拔 1000m 以下的环境中，若安装在海拔较高的环境，则会影响变频器的输出电流，如图 12-3 所示，为海拔对输出电流的影响，从图可看出当海拔为 1000m 时，变频器可以输出额定功率，但随着海拔的增加，变频器输出的功率减小，当海拔为 4000m 时，变频器输出的功率仅为 1000m 时的 40% 。

　　（5）电磁辐射

　　一般情况下，不允许将变频器安装在靠近电磁辐射源的环境中。

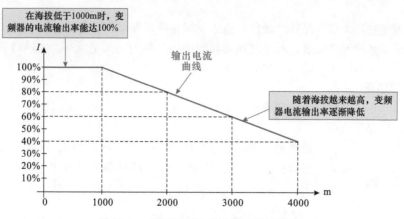

图 12-3　变频器海拔对输出电流的影响

## 2. 选择变频器控制柜的通风方式

　　为了保证良好的通风以及阻挡外界的灰尘、油污、滴水等，变频器通常选择安装在控制柜内，如图 12-4 所示，在该变频器的控制柜的顶部、底部和柜门上都设有通风口，来保证变频器良好的散热。

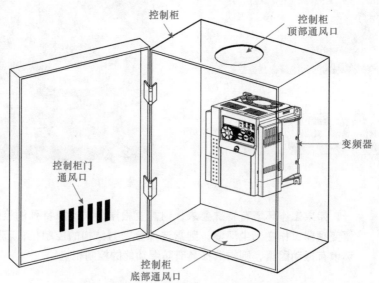

图 12-4　变频器控制柜的通风

通常，变频器控制柜的通风方式有自然冷却方式和强制冷却方式两种。

（1）自然冷却方式

自然冷却是指通过自然风对变频器进行冷却的一种方式。目前，常见的采用自然冷却方式的控制柜主要有半封闭式和全封闭式两种。

　　图 12-5 为半封闭式控制柜。半封闭式控制柜上设有进出风口，通过进风口和出风口实现自然换气。该控制柜的成本低、适用于小容量的变频器，该控制柜需根据变频器的容量进行选配，当变频器容量变大时，控制柜的尺寸也要相应增大。

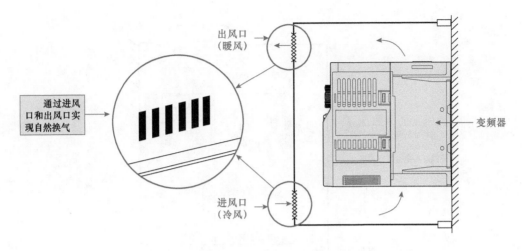

图 12-5　半封闭式控制柜

图 12-6 为全封闭式控制柜。全封闭控制柜则是通过控制柜向外进行散热。该控制柜适用在有油雾、尘埃等的环境中使用。

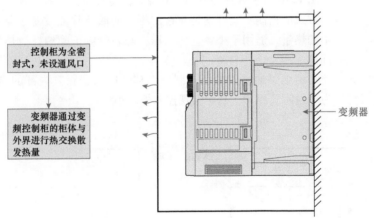

图 12-6　全封闭式控制柜

（2）强制冷却方式

强制冷却方式是指借助外部条件或设备，如通风扇、散热片、冷却器等实现变频器有效散热的一种方式。目前，采用强制冷却方式的控制柜主要有通风扇冷却方式、散热片冷却方式和冷却器冷却方式。

图 12-7 为通风扇冷却方式的控制柜。通风扇安装在变频器上方控制柜的顶部，变频器内置冷却风扇，将变频器内部产生的热量通过冷却风扇冷却，变为暖风从变频器的下部向上部流动，此时，在控制柜中设置通风扇和风道，使冷风吹向变频器，由通风扇排出变频器产生的热风，实现换气。该控制柜成本较低，适用于室内安装控制。

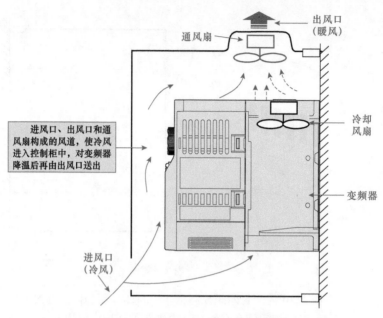

图 12-7　通风扇冷却方式的控制柜

图 12-8 所示分别为散热片和冷却器冷却方式的控制柜。其中，散热片冷却方式的控制柜通过安装在控制柜上的散热片散发变频器工作过程中所产生的热量，适用于小容量变频器，安装时应正确选择散热片的面积及安装部位。

冷却器冷却方式的控制柜则是通过安装在控制柜上部的冷却器对其内部的热量进行冷却，该控制柜冷却方式也称为全封闭式冷却，它可实现控制柜的小型化。

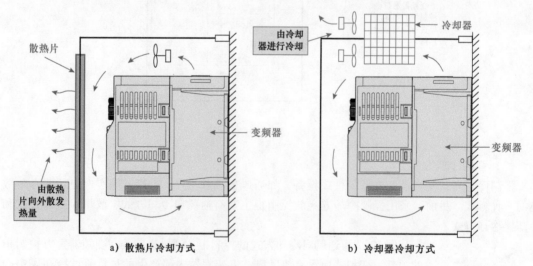

a）散热片冷却方式　　　　　　　　b）冷却器冷却方式

图 12-8　散热片和冷却器冷却方式的控制柜

### 3. 变频器的避雷防护措施

为了保证变频器在雷电活跃的地区或季节安全地运行，变频器应设有防雷击措施。通常，变频器内部都设有雷电吸收网络，可防止瞬间的雷电侵入，导致变频器损坏。

值得注意的是，在实际应用中，当仅靠变频器内部的吸收网络无法满足要求时，还需设置变频器专用的浪涌保护器（也称为避雷器），特别是在电源由电缆引入时，需要做好防雷措施。

图12-9所示，变频器的避雷通常可在变频器进线处，断路器后安装浪涌保护器，由浪涌保护器对间接雷电和直接雷电影响或其他瞬时过电压的电涌进行保护。

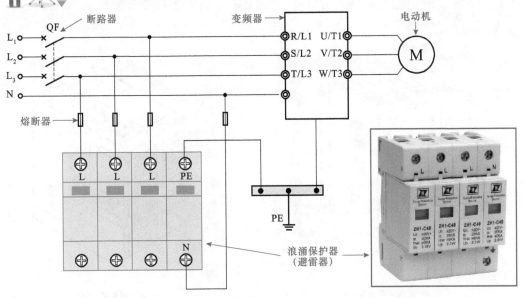

图 12-9　变频器的避雷防护措施

### 4. 变频器的安装空间

变频器在工作时，会产生热量。为了变频器的良好散热以及维护方便，变频器与其他装置或控制柜壁面应留有一定的空间，一般情况下的相关尺寸要求如图12-10所示。

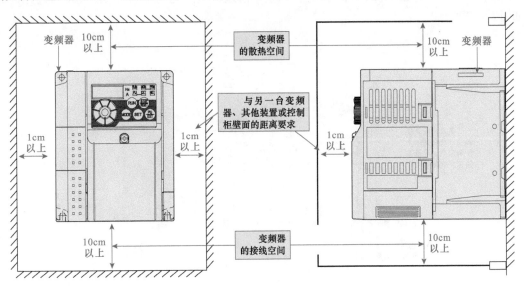

图 12-10　变频器的周围空间

实际安装时留有的空间应至少大于图中尺寸。大容量变频器（**5.5kW** 或以上）的安装空间距离要求更高，一般与另一台变频器或其他装置、控制柜壁面的距离要求在 **5cm** 及以上。

### 5. 变频器的安装方向

为了保证变频器的良好散热，除了对变频器的安装空间有明确要求外，变频器的安装方向也有明确规定，如图 12-11 所示。

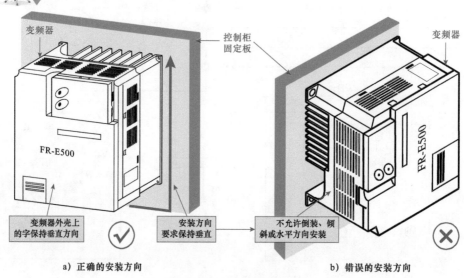

a) 正确的安装方向　　　　　　　　　　　　b) 错误的安装方向

图 12-11　垂直安装变频器

### 6. 两台变频器的安装排列方式

若在同一个控制柜内安装两台或多台变频器时，应尽可能采用并排安装。安装时应注意变频器之间应留有一定的间隙，同时注意控制柜中的通风，使变频器周围的温度不超过允许值，如图 12-12 所示。

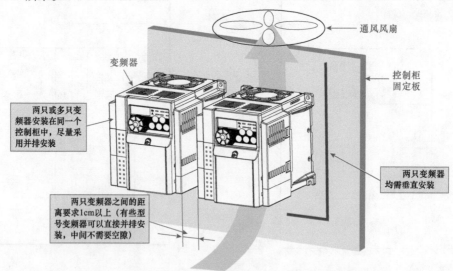

图 12-12　两台变频器的安装排列方式

若需安装多台变频器且控制柜的空间较小，只能采用纵向摆放时，应在上部变频器与下部变频器之间安装防护板，防止下部变频器的热量引起上部变频器的温度上升，而导致变频器出现故障。根据规定，要求变频器上、下之间的距离必须采用纵向安装时，要求变频器上下之间的距离必须满足规定的环境条件，相关数据可在产品说明书中获取。例如，某品牌变频器从外形尺寸分共有 A、B、C、D、E、F、FX 等几种尺寸，其中，A、B、C 为较小尺寸，D、E 为中型尺寸，F、FX 为较大尺寸。明确要求，当一台变频器安装在另一台变频器之上时，至少要留有下面规定的间隙：

◇ 外型尺寸为 A、B、C 时，上部和下部：100mm；

◇ 外形尺寸为 D、E 时，上部和下部：300mm；

◇ 外形尺寸为 F、FX 时，上部和下部：350mm。

由此可知，对于不同品牌型号的变频器在进行安装操作前，详细了解相关要求十分重要。

**7. 变频器的安装固定**

在变频器运行过程中，其内部散热片的温度可能高达 90℃，因此变频器需安装固定在耐温材料上。目前，常用的变频器安装材料主要有专用的固定板和导轨两种，因此，从安装方式来看，变频器通常有固定板安装和导轨安装两种，用户在安装时可根据安装条件进行选择。

（1）固定板安装

固定板安装方式是指利用变频器底部外壳上的 4 个安装孔进行安装，根据安装孔的不同选择不同规格的螺钉进行固定，如图 12-13 所示。

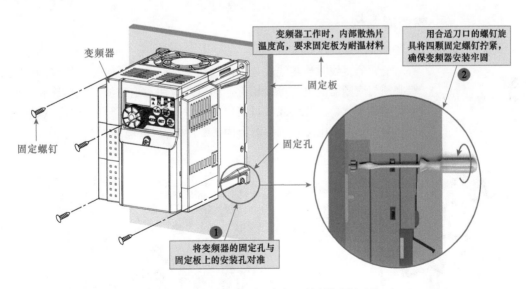

图 12-13　变频器安装到固定板（控制柜固定板）上

（2）导轨安装

导轨安装方式是指利用变频器底部外壳上的导轨安装槽及卡扣将变频器安装在导轨上，如图 12-14 所示。

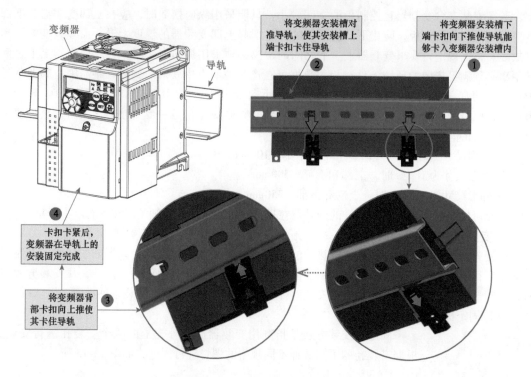

图 12-14　变频器安装到导轨上

## 12.1.2　变频器的连接

### 1. 变频器的布线

　　变频器接线时连接线应尽可能简短、不交叉，且所有连接线的耐压等级必须与变频器的电压等级相符。同时还应注意电磁波干扰的影响，为了避免电磁干扰，安装接线时可将电源线、动力线、信号线远离布线，关键信号线使用屏蔽电缆等抗电磁干扰措施，如图 12-15 所示。

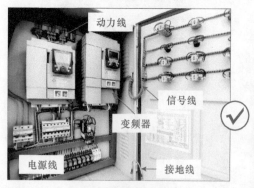

a）正确的布线方法

b）错误的布线方法

图 12-15　布线要求

## 2. 动力线的类型和连接长度

变频器与电动机之间的连接线缆一般称为动力线，该动力线一般根据变频器的功率大小，选择导线面积合适的三芯或四芯屏蔽动力电缆。

另外，由于工作环境影响，变频器与电动机之间往往要有一定距离，因此，动力线的长度也有一定要求，如图 12-16 所示。

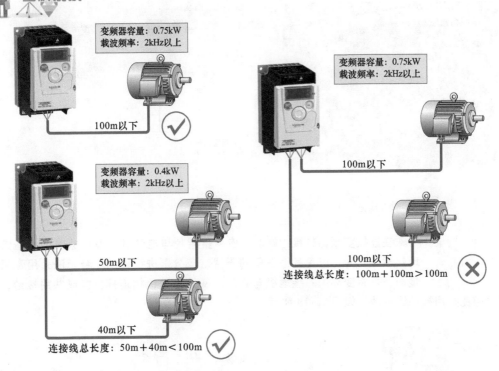

图 12-16　变频器与电动机连接长度示意图

不同规格的变频器，对动力线长度的要求也不同，具体可根据产品说明书要求进行。值得注意的是，在实际接线中，应尽量缩短动力线长度，可以有效降低电磁辐射和容性漏电流。若动力线长度较长，或超过变频器所允许的线缆长度时，可能会影响变频器的正常工作，此时需要降低变频的载波频率，并加装输出交流电抗器。表 12-1 所示为不同规格变频器连接动力线长度与载波频率的关系。

表 12-1　不同规格变频器连接动力线长度与载波频率的关系

| PWM 频率选择设定值（载波频率） | 变频器容量/kW | | | | |
|---|---|---|---|---|---|
| | 0.4kW | 0.75kW | 1.5kW | 2.2kW | 3.7kW 或以上 |
| 1kHz | 200m 以下 | 200m 以下 | 300m 以下 | 500m 以下 | 500m 以下 |
| 2～14.5kHz | 30m 以下 | 100m 以下 | 200m 以下 | 300m 以下 | 500m 以下 |

## 3. 变频器的接地

在变频器中都设有接地端子，为了有效避免脉冲信号的冲击干扰，并防止人接触变频器的外壳时因漏电流造成触电，在对变频器进行接线时，应保证其良好的接地。

（1）变频器与其他设备之间的接地

变频器的接地线应选择该变频器规定的尺寸或粗于规定的尺寸的接地线进行接地，且应尽量采用专用接地，接地极应尽量靠近变频器，以缩短接地线，如图 12-17 所示。

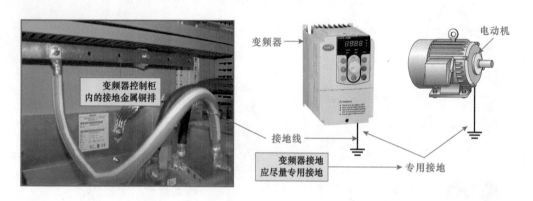

图 12-17　专用接地

在连接变频器的接地端时，应尽量避免与电动机、**PLC** 或其他设备的接地端相连，为了避免其他设备的干扰，应分别进行接地。若无法采用专用接地时，可将变频器的接地极与其他设备的接地极相连接，构成共用接地，但应尽量避免共用接地线接地，如图 **12-18** 所示。

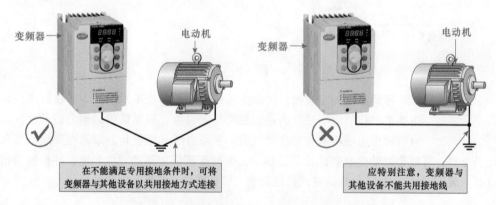

图 12-18　可共用接地，不可共用接地线

（2）变频器与变频器之间的接地

变频器与变频器之间进行接地时可采用共同接地和共用接地线的方法进行接地，如图 12-19 所示。

在进行多台变频器共同接地时，接地线之间互相连接，应注意接地端与大地之间的导线尽可能短，接地线的电阻尽可能小。图 **12-20** 所示的这种接地方法是错误的，在变频器的实际接线过程中应注意。

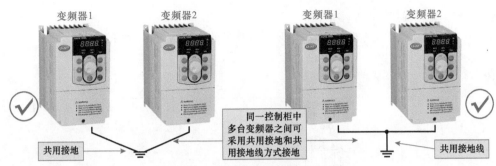

图 12-19 变频器与变频器之间的接地

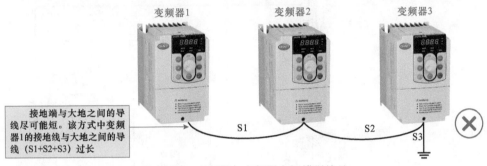

图 12-20 变频器与变频器之间错误接地

**4. 屏蔽线接地**

变频器的信号线通常为屏蔽电缆，在进行屏蔽电缆接地时，其屏蔽电缆的金属丝网必须通过两端的电缆夹片与变频器的金属机箱相连，如图 12-21所示。

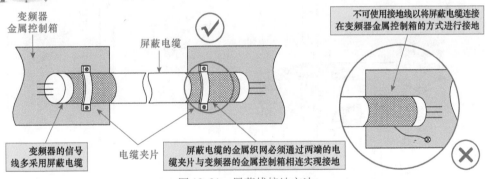

图 12-21 屏蔽线接地方法

屏蔽电缆是指一种在绝缘导线外面再包一层金属薄膜，即屏蔽层的电缆。通常情况下，屏蔽层多为铜丝或铝丝织网，或无缝铅铂。屏蔽电缆的屏蔽层只有在有效接地后才能起到屏蔽作用。

## 12.1.3 变频器的接线

**1. 了解所接线的变频器控制系统的功能和结构**

变频器控制系统是指由变频控制电路实现对负载设备（电动机）的起动、运转、变速、制动和停机等各种控制功能的系统。在对变频器进行接线前，准确的理解变频器控制系统的控制功能和结构，是正确接线的基本前提。

例如，图 12-22 所示为典型的变频器控制系统的。

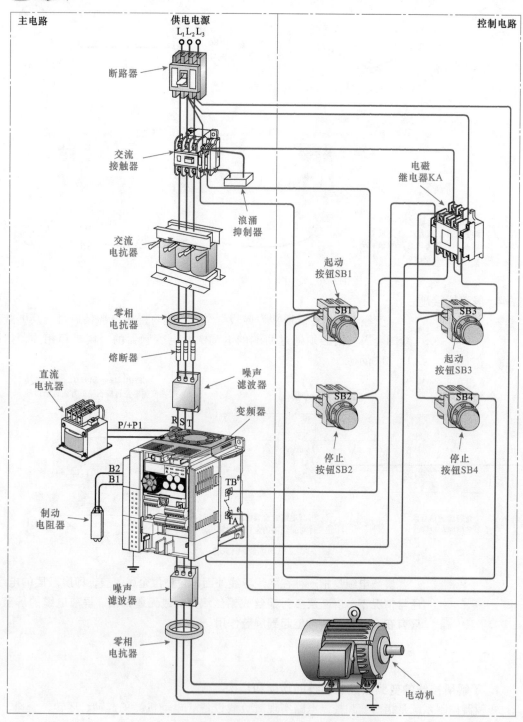

图 12-22　典型变频器控制系统结构示意图

可以看到，该变频器控制系统主要是由以变频器为核心部件的主电路和控制部件构成的控制电路构成的。这里我们主要介绍主电路部分中变频器的接线方法，其他电气设备和装置按照一般的电气系统接线原则进行接线即可。

## 2. 明确变频器及周边电气部件

变频器接线主要指变频器通过接线端子（主接线端子和控制接线端子）与电源、周边电气部件（设备、负载和控制部件）的连接，如图12-23所示。

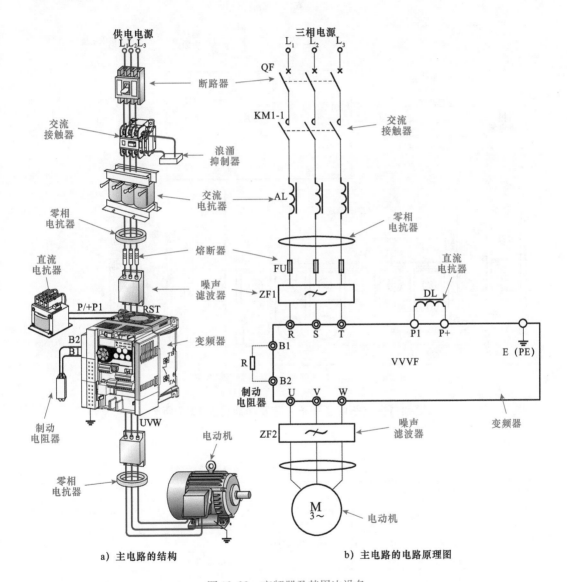

a) 主电路的结构　　　　　　　　b) 主电路的电路原理图

图12-23　变频器及其周边设备

可以看到，与变频器接线操作中，需要准备的设备主要包括变频器、变频器周边设备（交/直流电感器、零相电感器、熔断器、噪声滤波器、制动电阻）、断路器、交流接触器及浪涌抑制器和电动机等。

### 3. 变频器主电路的接线

对变频器主电路进行接线，是指将相关功能部件与变频器主电路端子排部分进行连接，形成控制系统的主电路部分。接线时，应根据主电路的接线图及主电路接线端子上的标识进行连接。

图 12-24 所示为典型变频器主电路部分的接线图及接线端子上的标识，根据该接线图和标识进行接线即可。

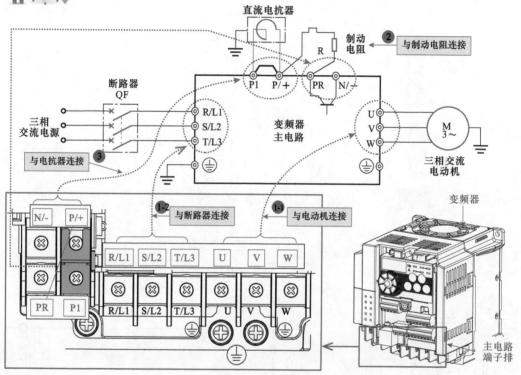

图 12-24 变频器主电路部分的接线图及接线端子标识

### 变频器主电路中各端子名称及功能见表 12-2 所列。

表 12-2 变频器主电路中各端子名称及功能

| 端子标识 | 端子名称 | 端子功能 |
|---|---|---|
| R/L1、S/L2、T/L3 | 交流电源输入端子 | 用于连接电源，当使用高功率因数变流器（FR－HC）或共直流母线变流器（FR－CV）时该端子需断开，不能连接任何电路 |
| U、V、W | 变频器输出端子 | 用于连接三相交流电动机 |
| P/＋、PR | 制动电阻器连接端子 | 在 P/＋、PR 端子间连接制动电阻器（FR－ABR） |
| P/＋、N/－ | 制动单元连接端子 | 在 P/＋、N/－端子间连接制动单元（FR－BU2）、共直流母线变流器（FR－CV）和高功率因数变流器（FRHC） |
| P/＋、P1 | 直流电抗器连接端子 | 在 P/＋、P1 端子间连接直流电抗器，连接时需拆下 P/＋、P1 端的短路片，且只有连接直流电抗器时，才可拆下该短路片，否则不得拆下 |
| ⏚ | 接地端子 | 变频器接地 |

变频器主电路接线端子和控制电路的接线端子分别位于变频器的配线盖板和前盖板内侧，在进行变频器接线时，应将其前盖板和配线盖板分别取下，如图12-25所示。

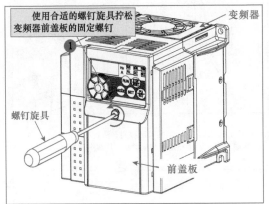
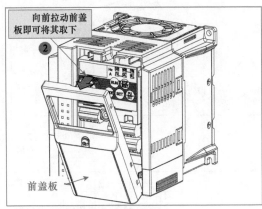
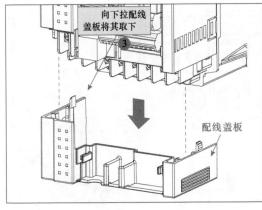
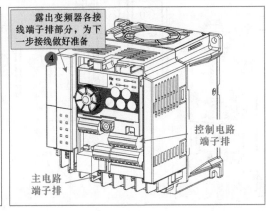

图12-25 拆卸变频器的前盖板和配线盖板

（1）连接三相交流电源和三相交流电动机

按照要求，将变频器与三相交流电源、三相交流电动机分别连接，如图12-26所示，其中，三相交流电源连接在变频器的交流电源输入端子R/L1/、S/L2、T/L3上；三相交流电动机连接在变频器输出端子U、V、W上。

变频器主电路的输入端和输出端不允许接错。即，输入电源必须接到端子R、S、T上，输出电源必须接到端子U、V、W上，若接错，将在逆变电路处于导通周期时，引起两相间短路，如图12-27所示，如此情况，将烧坏变频器。

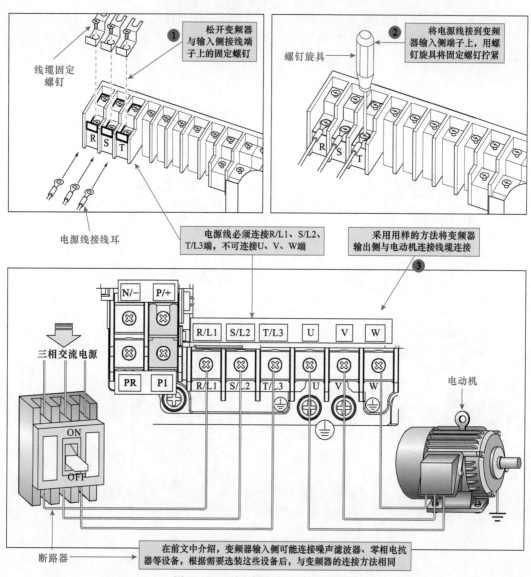

线缆固定螺钉

① 松开变频器与输入侧接线端子上的固定螺钉

电源线接线耳

② 将电源线接到变频器输入侧端子上,用螺钉旋具将固定螺钉拧紧

螺钉旋具

电源线必须连接R/L1、S/L2、T/L3端,不可连接U、V、W端

采用用样的方法将变频器输出侧与电动机连接线缆连接

③

三相交流电源

电动机

断路器

在前文中介绍,变频器输入侧可能连接噪声滤波器、零相电抗器等设备,根据需要选装这些设备后,与变频器的连接方法相同

图 12-26 对变频器主电路进行接线

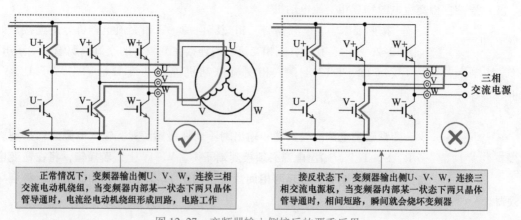

正常情况下,变频器输出侧U、V、W,连接三相交流电动机绕组,当变频器内部某一状态下两只晶体管导通时,电流经电动机绕组形成回路,电路工作

接反状态下,变频器输出侧U、V、W,连接三相交流电源板,当变频器内部某一状态下两只晶体管导通时,相间短路,瞬间就会烧坏变频器

三相交流电源

图 12-27 变频器输入侧接反的严重后果

（2）连接制动电阻器

通常小功率的变频器内置制动电阻器，而在 18.5kW 以上变频器的制动电阻器需要外置。即在变频器的主电路端子排上（P/＋ 和 PR 端子）连接变频器专用的制动电阻器，如图 12-28 所示。

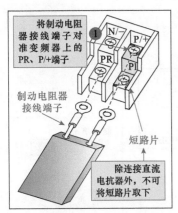
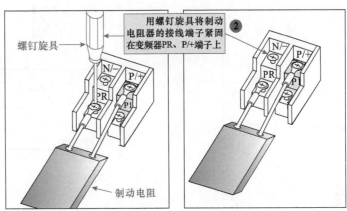

将制动电阻器接线端子对准变频器上的 PR、P/＋端子 ①

制动电阻器接线端子

短路片

除连接直流电抗器外，不可将短路片取下

螺钉旋具

用螺钉旋具将制动电阻器的接线端子紧固在变频器PR、P/＋端子上 ②

制动电阻

图 12-28 连接变频器制动电阻器

为了防止在高频工作时，制动电阻器容易发热，出现过热、烧坏等故障，需要使用热敏继电器切断电路。当变频器使用外接制动电阻器后，不可同时使用制动单元、高功率因数变流器、电源再生变流器等。

为了提高制动能力，可以使用制动单元与变频器进行连接，如图 **12-29** 所示。首先将制动单元（**FR－BU2**）的 **P/＋**端和 **N/－**端与变频器主电路端子排上的 **P/＋**端和 **N/－**端进行连接；然后按照图中制动单元（**FR－BU2**）的端子标识，在 **PR** 端和 **P/＋**端串接 **GRZG** 型放电电阻器和热敏继电器，热敏继电器用于防止放电电阻器过热而设置的；最后将热敏电阻的开关端和制动单元（**FR－BU2**）的 **B** 端、**C** 端进行串接，并连接电源。

当电动机高速运转时，通过制动单元可使电动机迅速减速，提高制动能力。由于该制动单元与放电电阻器连接，因此，需将制动单元的制动模式设定为"1"。

对于400V级电源，需要在电源端连接一个降压变压器，同时为了防止制动单元内部晶体管损坏，电阻器异常发热，需在变频器的电源输入端安装一个交流接触器，使其在电路出现故障时，自动断开，起到自动保护的作用。

（3）连接直流电抗器

为改善功率因数，在变频器主电路中一般需要连接直流电抗器，即将直流电抗器连接在变频器主电路端子排上的 P/＋端子和 P1 端子上，如图 12-30 所示。

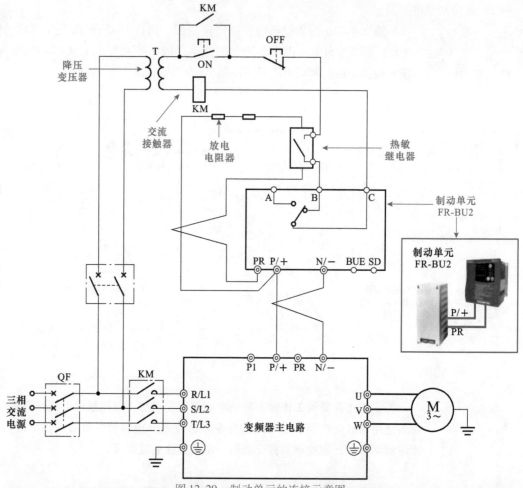

图 12-29　制动单元的连接示意图

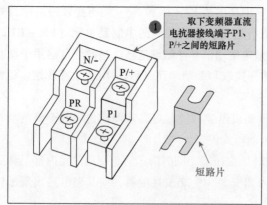
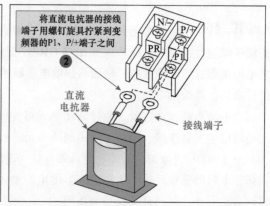

图 12-30　连接变频器直流电抗器

## 4. 变频器控制电路的接线

　　连接变频器控制电路部分,同样需要根据变频器控制电路部分的接线图进行连接,在这之前,也需要首先识别控制电路接线端子上的标识,如图 12-31 所示。

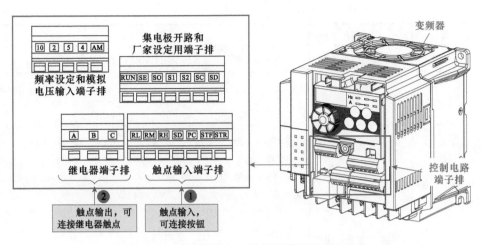

图 12-31 变频器控制电路的接线图及端子标识

**图12-31变频器控制电路中各端子名称及功能见表12-3所列。**

表 12-3 变频器控制电路中各端子名称及功能

| 端子标识 | | 端子名称 | 端子功能 | |
|---|---|---|---|---|
| | STF | 正转起动 | STF 信号 ON 时电动机为正转，OFF 时为停止 | STF 信号和 STR 信号同时 ON 时电动机为停止状态 |
| | STR | 正转起动 | STR 信号 ON 时电动机为反转，OFF 时为停止 | |
| | RH、RM、RL | 多段速度选择 | 用 RH、RM 和 RL 信号的组合可以选择多段速度 | |
| 触点输入端子 | SD | 触点输入公共端（出厂设定漏型逻辑） | 触点输入端子（漏型逻辑）的公共端 | |
| | | 外部晶体管公共端（源型逻辑） | 源型逻辑当连接晶体管集电极开路输出时，防止因漏电引起的误动作 | |
| | | DC 24V 电源公共端 | DC 24V，0.1A 电源（端子 PC）的公共输出端，与端子 5 和端子 SE 绝缘 | |
| | PC | 外部晶体管公共端（出厂设定漏型逻辑） | 漏型逻辑当连接晶体管集电极开路输出时，防止因漏电引起的误动作 | |
| | | 触点输入公共端（源型逻辑） | 触点输入端子（源型逻辑）的公共端 | |
| | | DC 24V 电源公共端 | 可作为 DC 24V，0.1A 电源使用 | |

（续）

| 端子标识 | | 端子名称 | 端子功能 |
|---|---|---|---|
| 频率设定 | 10 | 频率设定用电源端 | 作为外接频率设定（速度设定）用电位器时的电源使用 |
| | 2 | 频率设定端（电压） | 如果输入 DC0~5V 或 DC0~10V，在 5V 或 10V 时为最大输出频率，输入输出成正比 |
| | 4 | 频率设定（电流） | 输入 DC4~20mA 或 DC0~5V 或 DC0~10V 时，在 20mA 时为最大输出频率，输入输出成正比。只有 AU 信号为 ON 时该端子的输入信号才会有效（端子 2 的输入将无效）；电压输入 DC0~5V 或 DC0~10V 时，需将电压/电流输入切换开关切换到"V"的位置 |
| | 5 | 频率设定公共端 | 频率设定信号中端子 2、端子 4、端子 AM 的公共端子，该公共端不能接地 |
| 继电器 | A、B、C | 继电器输出端（异常输出） | 指示变频器因保护功能动作时输出停止信号<br>正常时：端子 B−C 间导通，端子 A−C 间不导通；<br>异常时：端子 B−C 间不导通，端子 A−C 间导通 |
| 集电极开路 | RUN | 变频器运行端 | 变频器输出频率大于或等于起动频率时为低电平，表示集电极开路输出用的晶体管处于 ON 状态（导通状态）；已停止或正在直流制动时为高电平，表示集电极开路输出用的晶体管处于 OFF 状态（不导通状态） |
| | SE | 集电极开路输出公共端 | RUN 的公共端子 |
| 模拟 | AM | 模拟电压输出端 | 可以从多种监示项目中选择一种作为输出，当变频器复位中不被输出，输出信号与监示项目的大小成比例 |
| 生产厂家设定用端子 | S1、S2、S0、SC | | 该端子是由生产厂家设定用的端子，不可连接任何设备，也不可拆下连接在端子 S1 与 SC，S2 与 SC 中间的短路线。若出现错误操作，将引起变频器无法运行的故障 |

控制电路部分，各接线端子的连接方法相同，下面我们以触点输入端子与按钮的连接为例，介绍线路连接的方法。

 变频器控制电路部分与按钮的具体接线，按照接线图及端子标识进行连接，具体连接方法，如图 12-32 所示。

 由于该变频器控制电路部分的端子接口为插入锁紧式连接方式，若在连接控制电路时，连接错误，需要将电线拔出，此时需使用小型一字螺钉旋具垂直按下开关按钮，将其按入深处，同时拔下电线即可，如图 12-33 所示。使用一字螺钉旋具压下开关按钮时，切忌刀头滑动使变频器损坏。

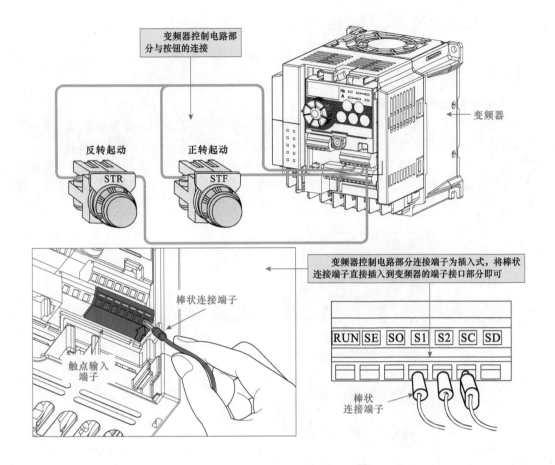

图 12-32 连接变频器控制电路

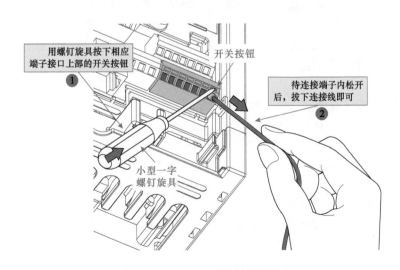

图 12-33 拔下连接线的操作方法

# 12.2 变频器的调试与检修

## 12.2.1 变频器的调试

### 1. 了解变频器的操作显示面板

操作显示面板是变频器与外界实现交互的关键部分，目前多数变频器都是通过操作显示面板上的显示屏、操作按键或键钮、指示灯等进行参数设定、状态监视和运行控制等操作。

图 12-34 为典型变频器的操作显示面板。可以看到，该变频器的操作面板主要是由 LED 数码管显示屏、LCD 液晶显示屏、LED 指示灯和操作按键等部分构成的。

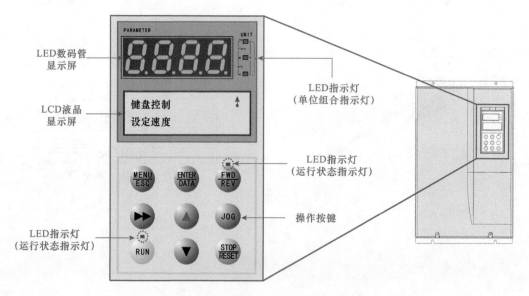

图 12-34　典型变频器的操作显示面板（艾默生 TD3000 型）

操作按键用于向变频器输入人工指令，包括参数设定指令、运行状态指令等。不同操作按键的控制功能不同，如图 12-35 所示。

### 2. 典型变频器操作显示面板的工作状态

在变频器使用过程中，往往都会经历上电、运行、停机、故障报警等几个阶段，因此，作为变频器状态的显示和指示部件，操作显示面板同样会显示出相对应的几种工作状态，即上电初始化状态、停机状态、运行状态和故障报警状态，下面我们简单了解一下变频器操作面板这几种状态下的特点。

（1）操作显示面板的上电初始化状态

在变频器刚接通电源时，操作面板进行初始化过程，此时操作面板上各显示或指示部件处于初始化状态，具体如图 12-36 所示。

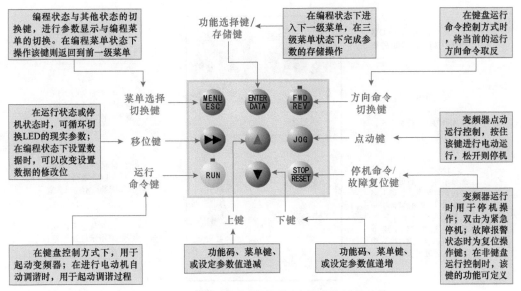

图 12-35　变频器操作显示面板中操作按键的功能

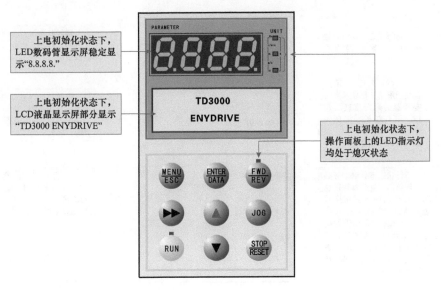

图 12-36　操作显示面板的上电初始化状态示意图

（2）操作显示面板的停机状态

在变频器初始化完成，未起动运行前，处于停机状态，此时操作面板中各显示或指示部件均为默认停机状态参数，如图 12-37 所示。

（3）操作显示面板的运行状态

当向变频器送入运行指令后，变频器进入运行状态，此时操作面板显示运行状态，各种参数和状态信息均进入正常显示，如图 12-38 所示。通过这些信息，可以了解变频器当前的参数设定值、运行状态、电动机运转方向等。

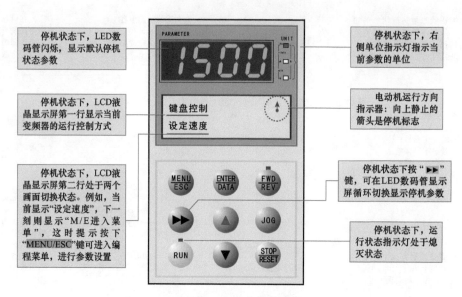

停机状态下，LED数码管闪烁，显示默认停机状态参数

停机状态下，LCD液晶显示屏第一行显示当前变频器的运行控制方式

停机状态下，LCD液晶显示屏第二行处于两个画面切换状态。例如，当前显示"设定速度"，下一刻则显示"M/E进入菜单"，这时提示按下"MENU/ESC"键可进入编程菜单，进行参数设置

停机状态下，右侧单位指示灯指示当前参数的单位

电动机运行方向指示器：向上静止的箭头是停机标志

停机状态下按"▶▶"键，可在LED数码管显示屏循环切换显示停机参数

停机状态下，运行状态指示灯处于熄灭状态

图 12-37　操作显示面板的停机状态示意图

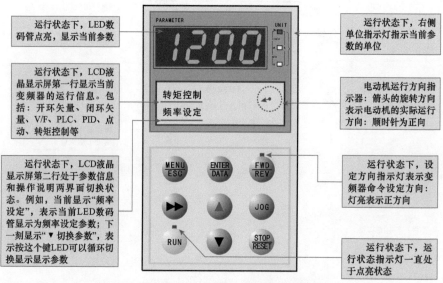

运行状态下，LED数码管点亮，显示当前参数

运行状态下，LCD液晶显示屏第一行显示当前变频器的运行信息。包括：开环矢量、闭环矢量、V/F、PLC、PID、点动、转矩控制等

运行状态下，LCD液晶显示屏第二行处于参数信息和操作说明两界面切换状态。例如，当前显示"频率设定"，表示当前LED数码管显示为频率设定参数；下一刻显示"▼切换参数"，表示按这个键LED可以循环切换显示显示参数

运行状态下，右侧单位指示灯指示当前参数的单位

电动机运行方向指示器：箭头的旋转方向表示电动机的实际运行方向：顺时针为正向

运行状态下，设定方向指示灯表示变频器命令设定方向：灯亮表示正方向

运行状态下，运行状态指示灯一直处于点亮状态

图 12-38　操作显示面板的运行状态示意图

（4）操作显示面板的故障报警状态

当变频器在停机、运行状态中检测到故障时，变频器的操作显示面板会立即进入故障报警状态，在 LED 数码显示管和 LCD 液晶显示屏上显示故障信息，如图 12-39 所示。

**3. 典型变频器操作显示面板的使用方法**

了解变频器操作面板的使用方法，即了解操作面板的参数设置方法。在这之前，需要首先弄清变频器操作面板下，菜单的级数，即包含几层菜单，以及每级菜单的功能含义，然后进行相应的操作和设置即可。

在学习操作显示面板的使用方法之前，我们首先要弄清操作显示面板"（MENU/ESC）"中所包含的菜单信息，例如菜单的类别、菜单的级数、菜单的功能等。

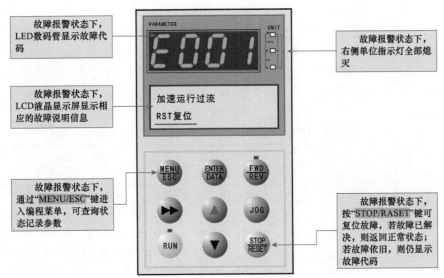

故障报警状态下，LED数码管显示故障代码

故障报警状态下，右侧单位指示灯全部熄灭

故障报警状态下，LCD液晶显示屏显示相应的故障说明信息

故障报警状态下，通过"MENU/ESC"键进入编程菜单，可查询状态记录参数

故障报警状态下，按"STOP/RASET"键可复位故障，若故障已解决，则返回正常状态；若故障依旧，则仍显示故障代码

图 12-39 操作显示面板的故障报警状态

如图 12-40 所示，艾默生 TD3000 型变频器中，它的"MENU/ESC"中包含了三级菜单，分别为功能参数组（一级菜单）、功能码（二级菜单）、功能码设定值（三级菜单）。

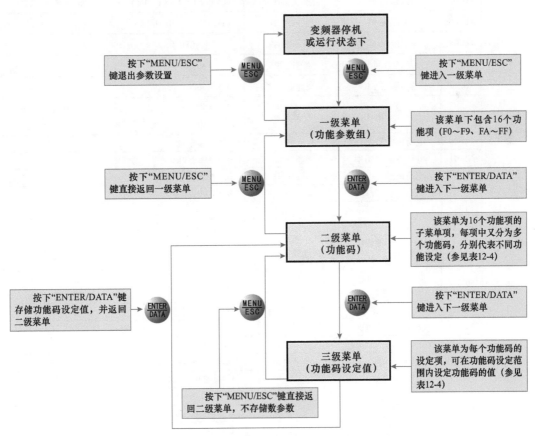

图 12-40 艾默生 TD3000 型变频器的菜单级数

在第一级菜单中，包含了变频器的 16 个功能项（F0~F9、FA~FF），在变频器停机或运行状态下，按动一下"MENU/ESC"，即会进入第一级菜单，用户便可选择所需要的功能项。

选定了相应的功能项，再按"MENU/ESC"，便会进入到第二级菜单，第二级菜单是第一级菜单的子选项菜单，这一级菜单主要提供针对 16 个功能项（第一级菜单）的功能码设定（如F0.00、F0.01……F0.12、F1.00、F1.01……1.16……），功能码的含义见表 12-4 所列（由于篇幅限制，该表中只列出了较常用的几项，详细介绍可根据变频器自带的说明书查询）。

表 12-4 艾默生 TD3000 型变频器中的各项功能参数组、功能码含义

| 功能参数组 | 功能码 | 名称 | LCD 显示 | 设 定 范 围 |
|---|---|---|---|---|
| F0 基本功能 | F0.00 | 用户密码设定 | 用户密码 | 0~9999 |
| | F0.01 | 语种选择 | 语种选择 | 0：汉语；1：英语 |
| | F0.02 | 控制方式 | 控制方式 | 0：开环矢量；1：闭环矢量；2：V/F 控制 |
| | F0.03 | 频率设定方式 | 设定方式 | 0：数字设定 1；1：数字设定 2；2：数字设定 3；3：数字设定 4；4：数字设定 5；5：模拟给定；6：通信给定；7：复合给定 1；8：复合给定 2；9：开关频率给定 |
| | F0.04 | 频率数字设定 | 频率设定 | (F0.09)~(F0.08) |
| | F0.05 | 运行命令选择 | 运行选择 | 0：键盘控制；1：端子控制；2：通信控制 |
| | F0.06 | 旋转方向 | 方向切换 | 0：方向一致；1：方向取反；2：禁止反转 |
| | F0.07 | 最大输出频率 | 最大频率 | MAX{50.00~(F0.08)}~400.0Hz |
| | F0.08 | 上限频率 | 上限频率 | (F0.09)~(F0.07) |
| | F0.09 | 下限频率 | 下限频率 | 0.00~(F0.08) |
| | F0.10 | 加速时间 1 | 加速时间 1 | 0.1~3600s |
| | F0.11 | 减速时间 1 | 减速时间 1 | 0.1~3600s |
| | F0.12 | 参数初始化 | 参数更新 | 0：无操作；1：清除记忆信息；2：恢复出厂设定；3：参数上传；4：参数下载 |
| F1 电动机参数 | F1.00 | 电动机类型选择 | 电动机类型 | 0：异步电动机 |
| | F1.01 | 电动机额定功率 | 额定功率 | 0.4~999.9kW |
| | F1.02 | 电动机额定电压 | 额定电压 | 0~变频器额定电压 |
| | F1.03 | 电动机额定电流 | 额定电流 | 0.1~999.9A |
| | F1.04 | 电动机额定频率 | 额定功率 | 1.00Hz~400.0Hz |
| | F1.05 | 电动机额定转速 | 额定转速 | 1~24000r/min |
| | F1.06 | 电动机过载保护方式选择 | 过载保护 | 0：不动作；1：普通电动机；2：变频电动机 |
| | F1.07 | 电动机过载保护系数设定 | 保护系数 | 20.0~110.0% |
| | F1.08 | 电动机预励磁选择 | 预励磁选择 | 0：条件有效；1：一直有效 |
| | F1.09 | 电动机自动调谐保护 | 调谐保护 | 0：禁止调谐；1：允许调谐 |
| | F1.10 | 电动机自动调谐进行 | 调谐进行 | 0：无操作；1：起动调谐；2：起动调谐宏 |
| | F1.11 | 定子电阻 | 定子电阻 | 0.000~9.999Ω |
| | F1.12 | 定子电感 | 定子电感 | 0.0~999.9mH |
| | F1.13 | 转子电阻 | 转子电阻 | 0.000~9.999Ω |
| | F1.14 | 转子电感 | 转子电感 | 0.0~999.9mH |
| | F1.15 | 互感 | 互感 | 0.0~999.9mH |
| | F1.16 | 空载励磁电流 | 励磁电流 | 0.0~999.9A |

（续）

| 功能参数组 | 功能码 | 名称 | LCD 显示 | 设 定 范 围 |
|---|---|---|---|---|
| F2 辅助参数（未全部列出） | F2.00 | 起动方式 | 起动方式 | 0：起动频率起动；1：先制动再起动；2：转速跟踪起动 |
| | F2.01 | 起动频率 | 起动频率 | 0.00 ~ 10.00Hz |
| | F2.02 | 起动频率保持时间 | 起动保持时间 | 0.0 ~ 10.0s |
| | F2.03 | 起动直流制动电流 | 起动制动电流 | 0.0 ~ 150.0%（变频器额定电流） |
| | F2.05 | 加减速方式选择 | 加减速方式 | 0：直线加速；1：S曲线加速 |
| | F2.09 | 停机方式 | 停机方式 | 0：减速停机1；1：自由停机；2：减速停机2 |
| | F2.10 | 停机直流制动起始频率 | 制动起始频率 | 0.00 ~ 10.00Hz |
| | F2.13 | 停电再起动功能选择 | 停电起动 | 0：禁止；1：允许 |
| | F2.15 | 点动运行频率设定 | 点动频率 | 0.10 ~ 10.00Hz |
| | F2.38 | 复位间隔时间 | 复位间隔 | 2 ~ 20s |
| F3 矢量控制（未全部列出） | F3.00 | ASR 比例增益 1 | ASR1 – P | 0.000 ~ 6.000 |
| | F3.01 | ASR 积分时间 1 | ASR1 – I | 0（不作用），0.032 ~ 32.00s |
| | F3.02 | ASR 比例增益 2 | ASR2 – P | 0.000 ~ 6.000 |
| | F3.03 | ASR 积分时间 2 | ASR2 – I | 0（不作用），0.032 ~ 32.00s |
| | F3.04 | ASR 切换频率 | 切换频率 | 0.00 ~ 400.0Hz |
| | F3.05 | 转差补偿增益 | 转差补偿增益 | 50.0 ~ 250% |
| | F3.06 | 转矩控制 | 转矩控制 | 0：条件有效；1：一直有效 |
| | F3.07 | 电动转矩限定 | 电动转矩限定 | 0.0 ~ 200.0%（变频器额定电流） |
| | F3.11 | 零伺服功能选择 | 零伺服功能 | 0：禁止；1：一直有效；2：条件有效 |
| | F3.12 | 零伺服位置环比例增益 | 位置环增益 | 0.000 ~ 6.000 |
| F4 V/F 控制 | F4.00 | V/F 曲线控制模式 | V/F 曲线 | 0：直线；1：二次方曲线；2：自定义 |
| | F4.01 | 转矩提升 | 转矩提升 | 0.0 ~ 30.0%（手动转矩提升） |
| | F4.02 | 自动转矩补偿 | 转矩补偿 | 0.0（不动作），0.1% ~ 30.0% |
| | F4.03 | 正转差补偿 | 正转差补偿 | 0.00 ~ 10.00Hz |
| | F4.04 | 负转差补偿 | 负转差补偿 | 0.00 ~ 10.00Hz |
| | F4.05 | AVR 功能 | AVR 功能 | 0：不动作；1：动作 |
| F5 开关量端子 | 开关量输入端子 | F5.00 | FWD REV 运转模式 | 控制模式 | 0：二线模式1；1：二线模式2；2：三线模式 |
| | | F5.01 ~ F5.08 | 开关量输入端子 X1 ~ X8 功能 | X1 端子功能 ~ X8 端子功能 | 0：无功能；1：多段速度端子1；2：多段速度端子2；3：多段速度端子3；4：多段加减速时间端子1；5：多段加减速时间端子2；6：外部故障常开输入；7：外部故障常闭输入……（共33个设定功能） |

（续）

| 功能参数组 | | 功能码 | 名称 | LCD 显示 | 设 定 范 围 |
|---|---|---|---|---|---|
| F5 开关量端子 | 开关量输出端子 | F5.09 | 开路集电极输出端子 Y1 功能选择 | Y1 功能选择 | 0：变频器运行准备就绪（READY）；1：变频器运行中 1 信号（RUN1）；2：变频器运行中 2 信号（RUN2）；3：变频器零速运行中；4：频率/速度到达信号；5：频率/速度一致信号；6：设定计数值到达；7：指定计数值到达；8：简易 PLC 阶段运转完成指示；9：欠电压封锁停止中（P.OFF）；10：变频器过载报警；11：外部故障停机；12：电动机过载预报警；13：转矩限定中 |
| | | F5.10 | 开路集电极输出端子 Y2 功能选择 | Y2 功能选择 | |
| | | F5.11 | 可编程继电器输出 PA/B/C 功能选择 | 继电器功能 | |
| | | F5.12 | 设定计数值到达给定 | 设定计数值 | 0 ~ 9999 |
| | | F5.13 | 指定计数值到达给定 | 指定计数值 | 0 ~（F5.12） |
| | | F5.14 | 速度到达检出宽度 | 频率等效范围 | 0.0 ~ 20.0%（F0.07） |
| | | F5.19 | 频率表输出倍频系数 | 倍频输出 | 100.0 ~ 999.9 |
| F6 模拟量端子 | 模拟量输入 | F6.00 | AI1 电压输入选择 | AI1 选择 | 0：0 ~ 10V；1：0 ~ 5V；2：10 ~ 0V；3：5 ~ 0V；4：2 ~ 10V；5：10 ~ 2V；6：-10 ~ +10V |
| | | F6.01 | AI2 电压电流输入选择 | AI2 选择 | 0：0 ~ 10V/0 ~ 20mA；1：0 ~ 5V/0 ~ 10mA；2：10 ~ 0V、20 ~ 0mA；3：5 ~ 0V/10 ~ 0mA；4：2 ~ 10V、4 ~ 20mA；5：10 ~ 2V、20 ~ 4mA |
| | | F6.02 | AI3 电压输入选择 | AI3 选择 | 0：0 ~ 10V；1：0 ~ 5V；2：10 ~ 0V；3：5 ~ 0V；4：2 ~ 10V；5：10 ~ 2V；6：-10 ~ +10V |
| | | F6.04 | 主给定通道选择 | 主给定通道 | 0：AI1；1：AI2；2：AI3 |
| | | F6.05 | 辅助给定通道选择 | 辅助通道 | 0：无；1：AI2；2：AI3 |
| | 模拟量输出 | F6.08 | AO1 多功能模拟量输出端子功能选择 | AO1 选择 | 0：运行频率/转速（0 ~ MAX）；1：设定频率/转（0 ~ MAX）；2：ASR 速度偏差量；3：输出电流（0 ~ 2 倍额定）；4：转矩指令电流；5：转矩估计电流；6：输出电压（0 ~ 1.2 倍额定）；7：反馈磁通电流；8：AI1 设定输入；9：AI2 设定输入；10：AI3 设定输入 |
| | | F6.09 | AO2 多功能模拟量输出端子功能选择 | AO2 选择 | |
| F7 过程 PID | | F7.00 | 闭环控制功能选择 | 闭环控制 | 0：不选择 PID；1：模拟闭环选择；2：PG 速度闭环 |
| | | F7.01 | 给定量选择 | 给定选择 | 0：键盘数字给定；1：模拟端子给定 |
| | | F7.03 | 反馈量输入通道选择 | 反馈选择 | 0：模拟端子给定 |
| F8 简易 PLC | | F8.00 | PLC 运行方式选择 | PLC 方式 | 0：不动作；1：单循环；2：连续循环；3：保持最终值 |
| | | F8.01 | 计时单位 | 计时单位 | 0：秒（s）；1：分（min） |
| | | F8.02 ~ F8.15 | 阶段动作选择和阶段运行时间 | STn 选择 STn 时间 | 0 ~ 7 0.0 ~ 500m/s |

(续)

| 功能参数组 | 功能码 | 名称 | LCD 显示 | 设定范围 |
|---|---|---|---|---|
| F9 通信及总线 | F9.00 | 波特率选择 | 波特率选择 | 0：1200bps；1：2400bps ；2：4800bps；3：9600bps；4：19200bps；5：38400bps；6：12500bps |
| | F9.04 ~ F9.11 | PZD2 ~ PZD9 的连接值 | PZD2 ~ PZD9 连接值 | 0 ~ 20 |
| | F9.12 | 通信延时 | 通信延时 | 0 ~ 20ms |
| FA 增强功能 | FA.00 | 故障自动复位重试中故障继电器动作选择 | 故障输出 | 0：不输出（故障触点不动作）<br>1：输出（故障触点动作） |
| | FA.01 | P.OFF 期间故障继电器动作选择 | POFF 输出 | 0：不输出（故障触点不动作）<br>1：输出（故障触点动作） |
| | FA.02 | 外部控制时 STOP 键的功能选择 | STOP 功能 | 0 ~ 15 |
| | FA.03 | 冷却风扇控制选择 | 风扇控制 | 0：自动方式运行；1：一直运转 |
| | FA.12 | 变频输入缺相保护 | 输入缺相 | 0：保护禁止；1：报警；2：保护动作 |
| | FA.13 | 变频输出缺相保护 | 输出缺相 | 0：保护禁止；1：报警；2：保护动作 |
| FB 编码器功能 | FB.00 | 脉冲编码器每转脉冲数选择 | 脉冲数选择 | 1 ~ 9999 |
| | FB.01 | PG 方向选择 | PG 方向选择 | 0：正向；1：反向 |
| | FB.02 | PG 断线动作 | PG 断线动作 | 0：自由停机；1：继续运行（仅限于 V/F 闭环） |
| | FB.03 | PG 断线检测时间 | 断线检测时间 | 2.0 ~ 10.0s |
| | FB.04 | 零速检测值 | 零速检测值 | 0.0（禁止断线保护），0.1 ~ 999.9r/min |
| FC 保留功能 | FC.00 ~ FC.08 | 保留功能 | 保留功能 | 0 |
| FD 显示及检查 | FD.00 | LED 运行显示参数选择 1 | 运行显示 1 | 1 ~ 255 |
| | FD.01 | LED 运行显示参数选择 2 | 运行显示 2 | 0 ~ 255 |
| | FD.02 | LED 停机显示参数（闪烁） | 停机显示 | 0：设定频率（Hz）/速度（r/min）；1：外部计数值；2：开关量输入；3：开关量输出；4：模拟输入 AI1（V）；5：模拟输入 AI2（V）；6：模拟输入 AI3（V）；7：直流母线电压（V - AVE） |
| | FD.03 | 频率/转速显示切换 | 显示切换 | 0：频率（Hz）；1：转速（r/min） |
| | FD.10 | 最后一次故障时刻母线电压 | 故障电压 | 0 ~ 999V |
| FE 厂家保留 | FE.00 | 厂家密码设定 | 厂家密码 | * * * *<br>注：正确输入密码，显示 FE.01 ~ FE.14 |
| FF 通信参数 | FF.00 | 运行频率 | 不显示 | 运行频率（Hz） |
| | FF.01 | 运行转速 | 不显示 | 运行转速（r/min） |
| | FF.02 | 设定频率 | 不显示 | 设定频率（Hz） |
| | FF.03 | 设定转速 | 不显示 | 设定转速（r/min） |
| | …… | | | |

当设定好功能码，再按"MENU/ESC"，便进入第三级菜单，第三级菜单是针对第二级菜单中功能码的参数设定项，这一级菜单又可看成是第二级菜单的子菜单。

由此，当使用操作面板对变频器进行参数设定时，可在变频器停机或运行状态下，通过按"MENU/ESC"键进入相应菜单级，选定相应参数项和功能码后，进行功能参数设定，设定完成

后按"ENTER/DATA"存储键存储数据，或按"MENU/ESC"返回上一级菜单，为了更好的说明"MENU/ESC"中三级菜单的关系，以及具体设置方法，我们可以通过图 12-41 所示观看"MENU/ESC"菜单选项及参数的设定方法。

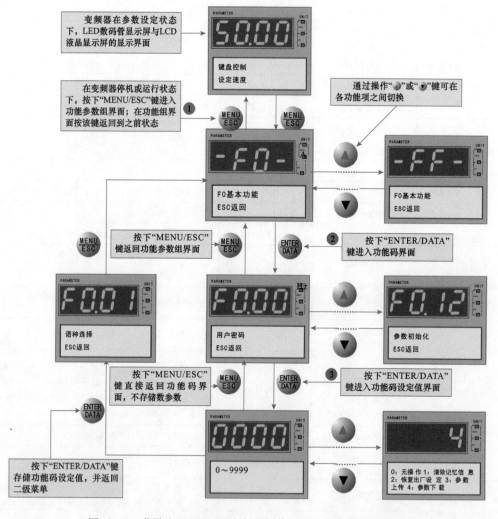

图 12-41 艾默生 TD3000 型变频器操作面板设定参数操作方法

## 12.2.2 变频器的使用

了解了变频器操作显示面板的键钮分布及各键钮的功能特点后，接下来我们要依托实际训

练案例，开始变频器使用方法的操作练习，希望大家认真按照操作规程练习，认真体会变频器常用的操作技能。

**1. 设定用户密码的操作练习**

训练要求：为了增加参数设置的安全性，要求对变频器设置密码，这里要求将用户密码设为"1206"。

操作练习：首先根据表12-4查找用户密码设定的功能参数组级别为"F0"（基本功能设定），功能码为"F0.00"。

确定这些信息后，便可操作变频器的操作显示面板相应按键，进入相应菜单级别进行设置，具体方法和步骤如图12-42所示。

**2. 设定电动机额定功率参数的操作练习**

训练要求：将额定功率为21.5kW的电动机参数，更改为8.5kW电动机参数。

操作练习：首先根据表12-4查找电动机参数设定的功能参数组级别，可知电动机参数设定在"F1"功能下，继续查表12-4，找到电动机额定功率参数的功能码为"F1.01"。

确定这些信息后，便可按动变频器的操作显示面板上的操作按键，进入相应菜单级别进行设置，具体方法和步骤如图12-43所示。

**3. 设定电动机综合参数的操作练习**

训练要求：变频器系统中，被控交流异步电动机的参数为：额定功率为7.5kW，额定电压为380V，额定电流为14A，额定频率为50Hz，额定转速为1440r/min，利用变频器的操作显示面板进行这些参数的设定。

操作练习：首先根据表12-4查找电动机参数设定的功能参数组级别为"F1"，电动机额定功率功能码为"F1.01"，额定电压功能码"F1.02"，额定电流功能码"F1.03"，额定频率功能码"F1.04"，额定转速功能码"F1.05"。

确定这些信息后，便可按动变频器的操作显示面板上的操作按键，进入相应菜单级别进行设置，具体方法和步骤如图12-44所示。

**4. 设定变频器辅助参数的操作练习**

训练要求：将变频器的起动方式设定为"起动频率起动"，起动频率设定为"2.00Hz"，加减速方式设定为"S曲线加减速"，停机方式设定为"减速停机2"，其他参数为默认值。

操作练习：首先根据表12-4查找变频器辅助参数的功能参数组级别为"F2"，起动方式功能码为"F2.00"，起动频率功能码为"F2.01"，加减速方式功能码为"F2.05"，停机方式功能码为"F2.09"。

确定这些信息后，便可按动变频器的操作显示面板上的操作按键，进入相应菜单级别进行设置，具体方法和步骤如图12-45所示。

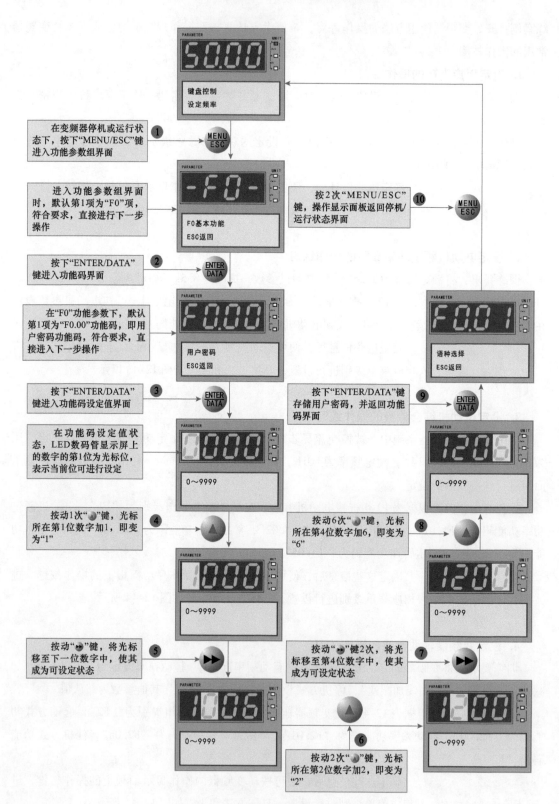

图 12-42　用户密码设定的操作方法和步骤

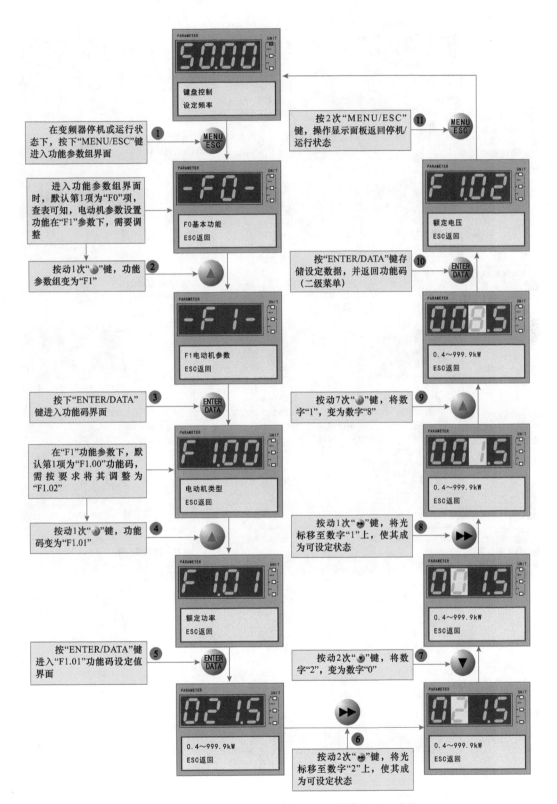

图 12-43　电动机额定功率参数设定的操作方法和步骤

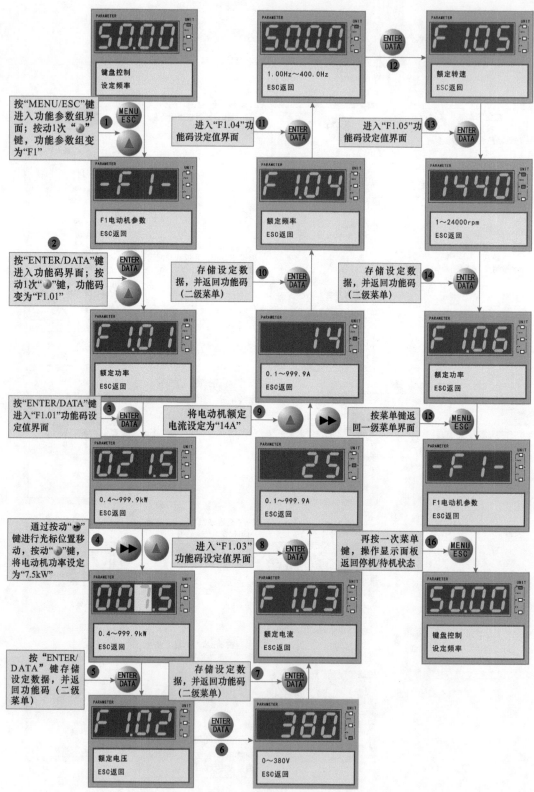

图 12-44　电动机综合参数设定的操作方法和步骤

图 12-45 变频器辅助参数设定的操作方法和步骤

### 5. 设定变频器开关量端子参数的操作练习

训练要求：将变频器 FED/REV 控制模式设定为"二线模式 2"，X1 输入端子功能设定为"自由停车输入（FRS)"，X2 输入端子功能设定为"计数器触发信号输入"，其他输入端子使用默认值 0；输出端子 Y1 设定为"设定计数值到达"，其他参数为默认值。

操作练习：首先根据表 12-4 查找变频器开关量端子参数的功能参数组级别为"F5"，FED/REV 控制模式功能码为"F5.00"，X1 输入端子功能码为"F5.01"，X2 输入端子功能码为"F5.02"，输出端子 Y1 功能码为"F5.09"。

确定这些信息后，便可按动变频器的操作显示面板上的操作按键，进入相应菜单级别进行设置，具体方法和步骤如图 12-46 所示。

### 6. 变频器参数复制功能的操作练习

参数复制包括参数上传和参数下载两个步骤，其中参数上传是指将变频器控制板中的参数上传到操作显示面板的存储器中进行保存；参数下载是指将操作显示面板中存储的参数下载到变频器的控制板中，并进行保存。

训练要求：进行变频器操作显示面板与变频器控制板之间的参数复制操作。

操作练习：首先根据表 12-4 查找变频器参数复制功能为参数组级别为"F0"下，功能码为"F0.12"。

确定这些信息后，便可按动变频器的操作显示面板上的操作按键，进入相应菜单级别进行设置，具体方法和步骤如图 12-47 所示。

### 7. 停机显示参数的切换操作练习

变频器在停机或运行状态下，可由 LED 数码管显示屏显示变频器的各种状态参数。具体显示的参数内容可通过功能码 FD.00 ~ FD.02 的设定值选择，通过按移位键可以循环切换显示停机或运行状态的状态参数。

训练要求：在变频器停机状态下，练习参数显示的操作方法。并将 FD.02 由出厂默认的设定值"设定频率"改为"模拟量输入 AI1"。

操作练习：根据表 12-4 可知，变频器停机状态下共有 8 项参数显示（FD.02 的功能码说明），查看该状态下各相参数信息，可通过按动移位键切换，每按键一次，就切换一个停机状态参数，具体方法和步骤如图 12-48 所示。

## 12.2.3　变频器操作显示面板直接调试

操作显示面板直接调试是指在直接利用变频器上的操作显示面板，对变频器进行频率设定及控制指令输入等操作，达到对变频器运行状态的调整和测试目的。

操作显示面板直接调试包括通电前的检查、上电检查、设置电动机参数、设置变频器参数及空载调试等几个环节，下面我们逐步进行。

### 1. 变频器通电前的检查

变频器通电前的检查是变频器调试操作前的基本环节，属于简单调试环节，主要是对变频器及控制系统的接线及初始状态进行检查。图 12-49 所示为待调试的电动机变频器控制系统接线图。

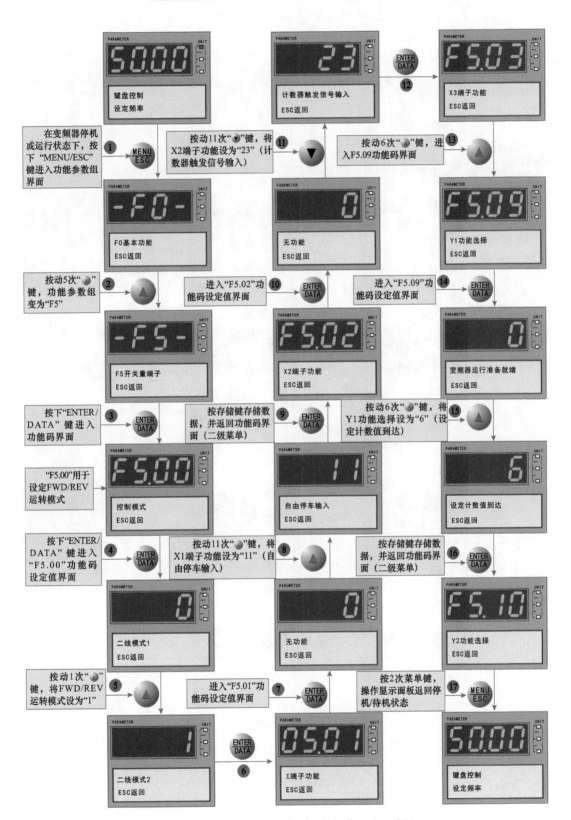

图 12-46　电动机综合参数设定的操作方法和步骤

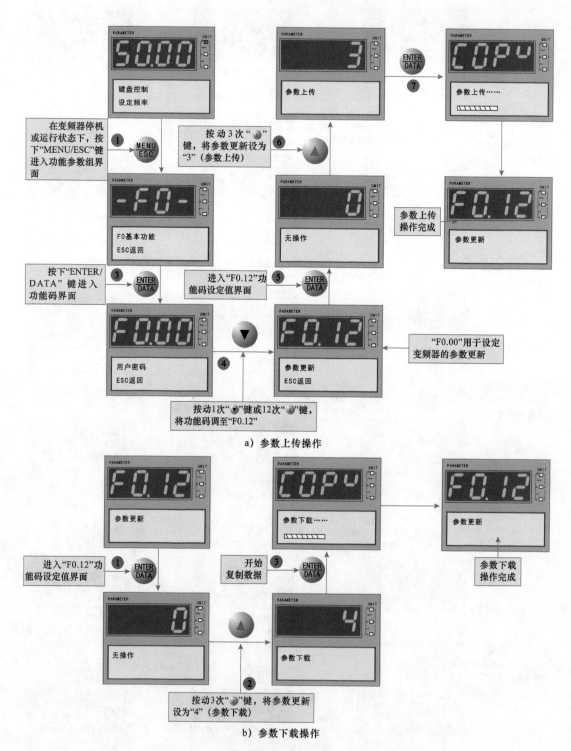

图 12-47 变频器参数复制功能的操作方法和步骤

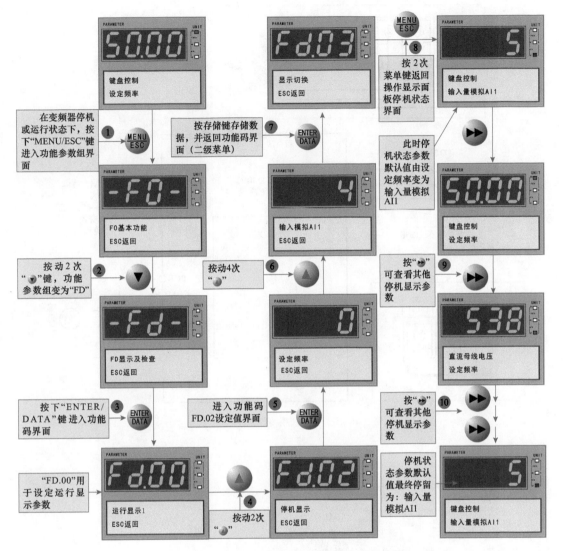

图 12-48　停机显示参数的切换操作方法和步骤

变频器通电前的检查主要包括：

- 确认电源供电的电压正确，输入供电电路中连接好断路器；
- 确认变频器接地、电源电缆、电动机电缆、控制电缆连接正确可靠；
- 确认变频器冷却通风通畅；
- 确认接线完成后将变频器的盖子盖好；
- 确定当前电动机处于空载状态（电动机与机械负载未连接）

　　另外，在通电前的检查环节中，明确被控电动机性能参数，也是调试前重要的准备工作，如图 12-50 所示，根据被控电动机的铭牌识读器参数信息，该参数信息是变频器参数设置过程中的重要参考依据。

**2. 上电检查**

　　闭合断路器，使变频器通电，检查变频器是否有异常声响、冒烟、异味等情况；检查变频器操作显示面板有无故障报警信息，确认上电初始化状态正常。若有异常现象，应立即断开电源。

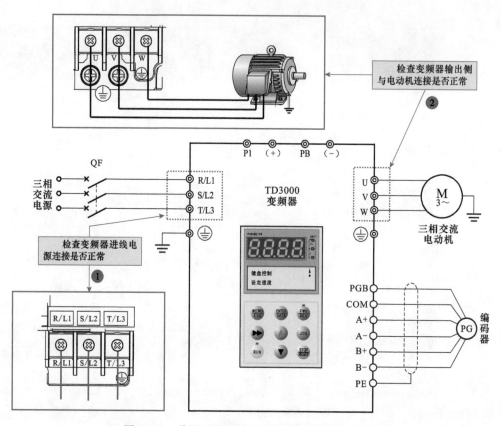

图 12-49 待调试的电动机变频器控制系统接线图

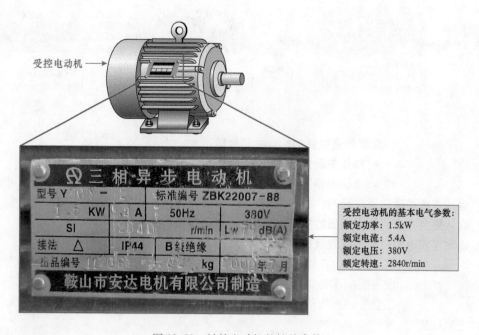

图 12-50 被控电动机的铭牌参数

**3. 设置电动机参数信息并进行自动调谐**

根据电动机铭牌参数信息，在变频器中设置电动机的参数信息，并进行自动调谐操作，如图 12-51 所示。

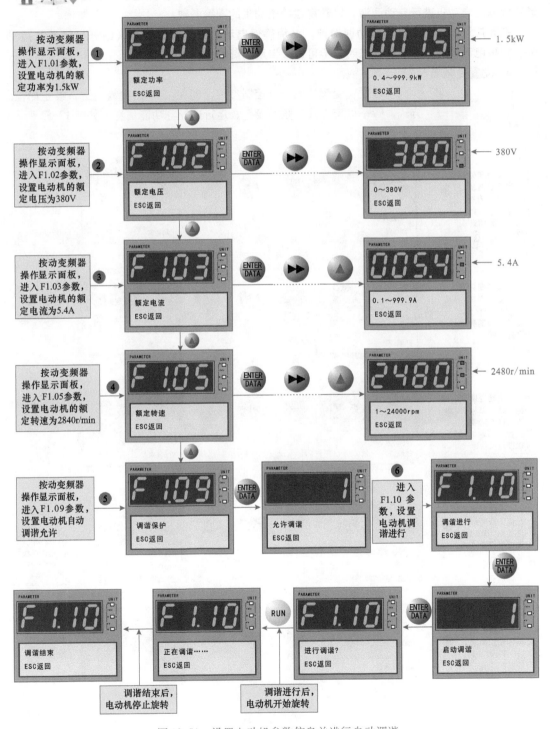

图 12-51　设置电动机参数信息并进行自动调谐

电动机的自动调谐是变频器自动获得电动机准确性能参数的一种方法。一般情况下，在采用变频器对电动机进行控制的系统中，在设定变频器控制运行方式前，应准确输入电动机的铭牌参数信息，变频器可根据这些参数信息匹配标准的电动机参数。但如果要获得更好的控制性能，在设置完电动机参数信息后，可起动变频器对电动机进行自动调谐，以获得被控电动机的准确参数。

需要注意的是，在执行自动调谐前，必须确保电动机处于空载状态（断开机械负载）。另外，如果电动机仍处于旋转状态时，不可进行自动调谐操作。

**4. 设置变频器参数**

正确设置变频器的运行控制参数，即在"F0"参数组下，设定如控制方式、频率设定方式、频率设定、运行选择等功能信息，如图 12-52 所示。

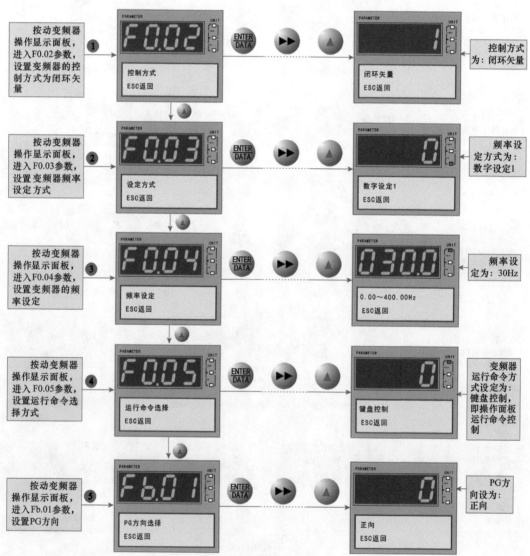

图 12-52　设置变频器的参数信息

在设置电动机和变频器参数值，应根据实际需求设置电动机和变频器的极限参数、保护参数及保护方式等，如最大频率、上限频率、下限频率、电动机过载保护、变频器过载保护等，具体设置方法可参考表 12-4 以及图 12-42 ~ 图 12-48 进行设置。

参数设置完成后，按变频器的"MENU/ESC"菜单键退出编程状态，返回停机状态。

**5. 空载试运行调试**

参数设置完成后，在电动机空载状态下，借助变频器的操作显示面板进行直接调试操作，如图 12-53 所示。

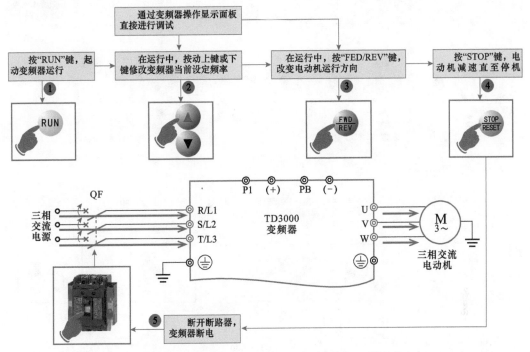

图 12-53　借助变频器的操作显示面板进行直接调试

在调试过程中，要求电动机运行平稳、旋转正常，正反向换向正常，加减速正常，无异常振动，无异常噪声。若有异常情况，应立即停机检查。

要求变频器操作面板操作按键控制功能正常，操作显示面板显示数据正常，风扇运转正常，无异常噪声和振动等。若有异常情况，应立即停机检查。

在图 12-49 控制关系下，还可通过变频器的操作显示面板进行点动控制调试训练，调试过程中，上电检查、电动机参数设置均与上述训练相同，不同的是对变频器参数的设置，除了按图 12-52 进行基本的设置外，还需对变频器辅助参数（F2）进行设置，如图 12-54 所示。

参数设置完成后，在电动机空载状态下，借助变频器的操作显示面板进行点动控制调试操作，如图 12-55 所示。

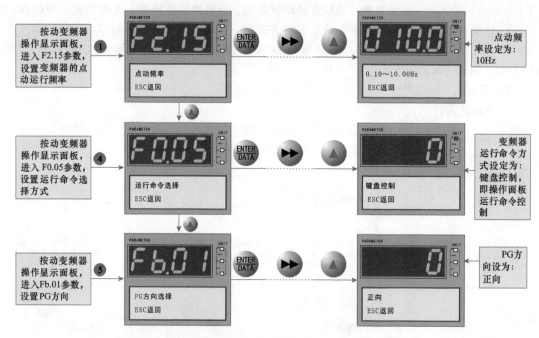

图 12-54　借助操作显示面板直接进行点动调试的参数设置

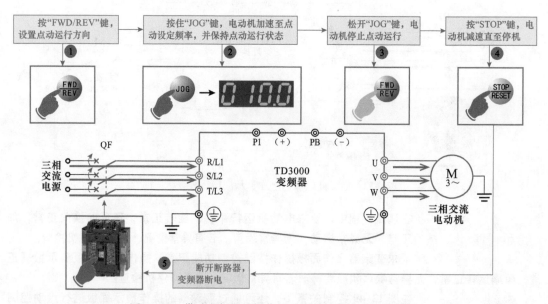

图 12-55　借助变频器的操作显示面板进行点动控制调试

### 12.2.4　输入端子控制调试

输入端子控制调试是指利用变频器输入端子连接的控制部件进行正、反转起动、停止等控制，并利用操作显示面板对变频进行频率设定，达到对变频器运行状态的调整和测试目的。

#### 1. 变频器通电前的检查

借助输入端子进行控制调试前，也需要在通电前对控制系统的接线和初始状态进行检查，完成调试中的基本调试环节。

图 12-56 所示为待调试的电动机变频器控制系统接线图。

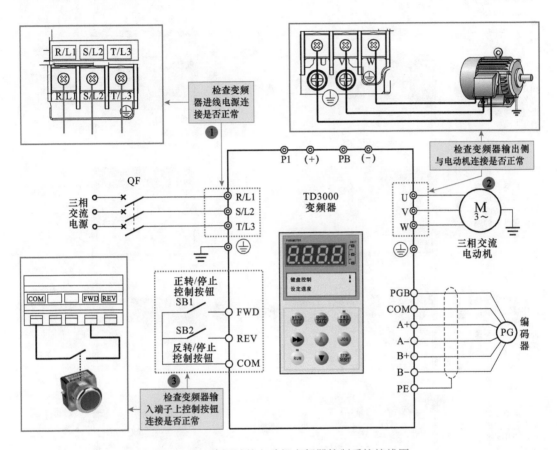

图 12-56 待调试的电动机变频器控制系统接线图

## 2. 上电检查

闭合断路器，使变频器通电，检查变频器是否有异常声响、冒烟、异味等情况；检查变频器操作显示面板有无故障报警信息，确认上电初始化状态正常。若有异常现象，应立即断开电源。

## 3. 设置电动机参数信息并进行自动调谐

根据电动机铭牌参数信息，在变频器中设置电动机的参数信息，并进行自动调谐操作，具体操作方法和步骤与图 12-51 相同。

## 4. 设置变频器参数

由于控制方式不同，变频器的参数设置也不同。这里根据控制要求，对变频器的参数进行正确设置，使系统满足输入端子控制调试的要求，如图 12-57 所示。

图 12-57　设置变频器的参数信息

参数设置完成后，按变频器的菜单键退出编程状态，返回停机状态。

**5. 空载试运行调试**

　　　　　参数设置完成后，在电动机空载状态下，借助变频器输入端子外接控制部件进行调试操作，如图 12-58 所示。

### 12.2.5　变频器综合调试

综合调试是指利用变频器模拟量端子对变频器进行频率设定，借助控制端子外接控制部件进行控制运行，以达到对变频器运行状态的调整和测试目的。

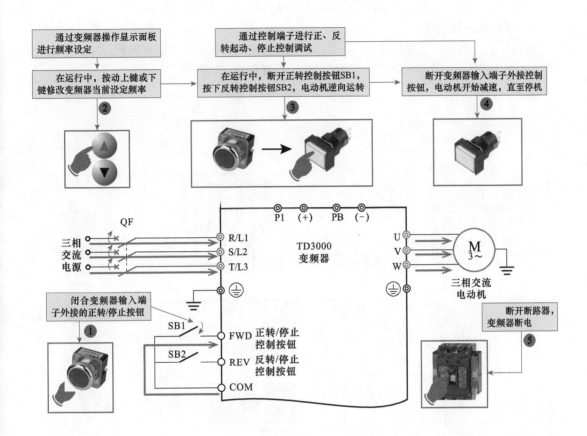

图 12-58　借助变频器的操作显示面板进行直接调试

### 1. 变频器通电前的检查

进行综合调试前，在通电前对控制系统的接线和初始状态进行检查，完成调试中的基本调试环节。

图 12-59 所示为待调试的电动机变频器控制系统接线图。

### 2. 上电检查

闭合断路器，使变频器通电，检查变频器是否有异常声响、冒烟、异味等情况；检查变频器操作显示面板有无故障报警信息，确认上电初始化状态正常。若有异常现象，应立即断开电源。

### 3. 设置电动机参数信息并进行自动调谐

根据电动机铭牌参数信息，在变频器中设置电动机的参数信息，并进行自动调谐操作，具体操作方法和步骤与图 12-51 相同。

### 4. 设置变频器参数

由于频率设定方式和控制方式不同，变频器的参数需要重新设置。这里根据控制要求，对变频器的参数进行正确设置，使系统满足综合调试的要求，如图 12-60 所示。

参数设置完成后，按变频器的菜单键退出编程状态，返回停机状态。

### 5. 空载试运行调试

参数设置完成后，在电动机空载状态下，借助变频器外接的模拟信号设定电位器进行调试操作，如图 12-61 所示。

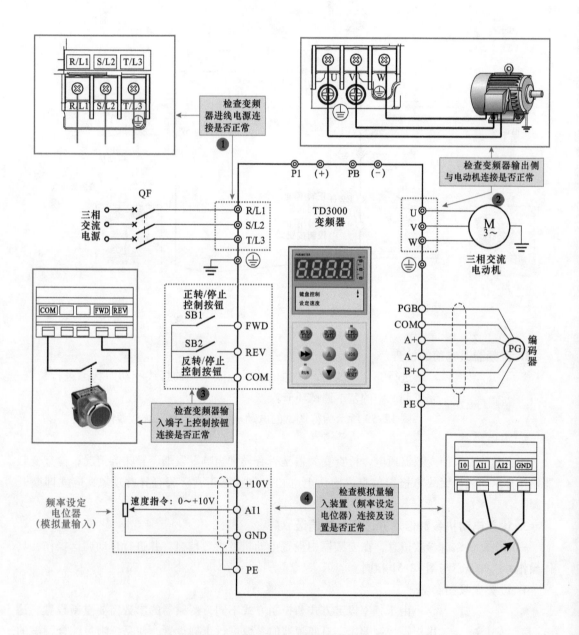

图 12-59　待调试的电动机变频器控制系统接线图

图 12-60　设置变频器的参数信息

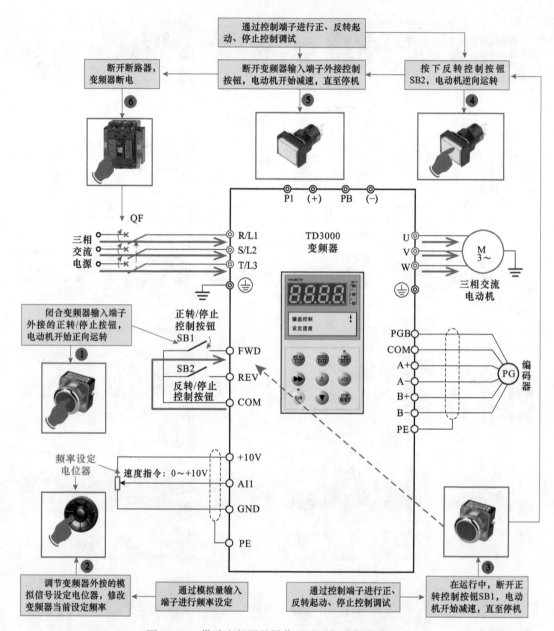

图 12-61　借助变频器的操作显示面板进行直接调试

# 第⑬章

# PLC 系统的安装与维护技能

 **13.1 PLC 系统的规划设计**

**13.1.1 PLC 硬件系统的规划设计**

　　PLC 硬件系统的设计是指在对硬件系统进行安装前，根据系统的控制需求合理选配硬件设备，并对所有硬件设备的关系进行设计和调整，为下一步实际安装操作中做好指导性工作。

**1. PLC 硬件系统设计中硬件设备的选配**

　　PLC 硬件系统设计过程中，硬件设备的选配主要是指 PLC 的选配。目前市场上的 PLC 多种多样，用户可根据系统的控制要求，选择不同技术性能指标的 PLC 来满足系统的需求，从而保证系统运行可靠，使用维护方便。

　　（1）根据安装环境选择 PLC

　　不同厂家生产的不同系列和型号的 PLC，在其外形结构和适用环境条件上有很大的差异，在选用 PLC 类型时，可首先根据 PLC 实际工作环境的特点，进行合理的选择。

　　例如，在一些使用环境比较固定和维修量较少、控制规模不大的场合，可以选择整体式的 PLC；而在一些使用环境比较恶劣、维修较多、控制规模较大的场合，可以选择适应性更强的模块组合式 PLC，如图 13-1 所示。

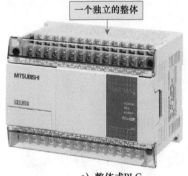

a) 整体式PLC

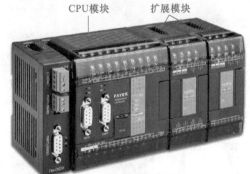

b) 模块组合PLC

图 13-1 根据安装环境选择 PLC

　　（2）根据机型统一的原则选择 PLC

　　由于机型统一的 PLC，其功能和编程方法也相同，因此使用统一机型组成的 PLC 系统，不仅仅便于设备的采购与管理，也有助于技术人员的培训以及对技术水平进行提高和开发。另外，由于统一机型 PLC 设备的通用

性，其资源可以共享，使用一台计算机，就可以将多台 PLC 设备连接成一个控制系统，进行集中的管理。因此在进行 PLC 机型的选择时，应尽量选择同一机型的 PLC，如图 13-2 所示。

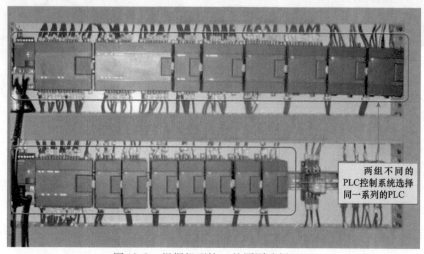

两组不同的 PLC控制系统选择同一系列的PLC

图 13-2　根据机型统一的原则选择 PLC

（3）根据控制复杂程度选择 PLC

不同类型的 PLC 其功能上也有很大的差异，选择 PLC 时应根据系统控制的复杂程度进行选择，对于控制较为简单、控制要求不高的系统中可选用低档 PLC，而对于控制较为复杂、控制要求较高的系统中可选用中高档 PLC。

例如，对于控制要求不高，只需进行简单的逻辑运算、定时、数据传送、通信等基本控制和运算功能的系统中，选用低档的 PLC 即可满足控制要求；对于控制较为复杂、控制要求较高的系统，需要进行复杂的函数、PID、矩阵、远程 I/O、通信联网等较强的控制和运算功能的系统中，则应视其规模及复杂程度，选择指令功能强大、具有较高运算速度的中档机或高档机进行控制，如图 13-3 所示。

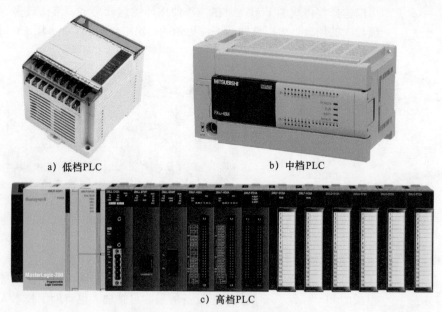

a）低档PLC　　　　　　　　　　　b）中档PLC

c）高档PLC

图 13-3　根据控制复杂程度选择 PLC

（4）根据扫描速度选择 PLC

PLC 的扫描速度是 PLC 选用的重要指标之一，PLC 的扫描速度直接影响到系统控制的误差时间，因此在一些实时性要求较高的场合可选用高速 PLC。

　　　　　　　PLC 在执行扫描程序时，是从第一条指令开始按顺序逐条地执行用户程序，直到程序结束，再返回第一条指令开始新的一轮扫描，PLC 完成一次扫描过程所需的时间称为扫描时间，该扫描时间会随着程序的复杂程度而加长，会造成 PLC 输入和输出的延时，该延时时间越长对系统控制时间所造成的误差就越大，因此对于一些实时性要求较高的场合，不允许有较大的误差时间，此时应选择扫描速度较快的 PLC，如图 13-4 所示。

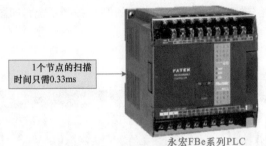

1个节点的扫描时间只需0.33ms

永宏FBe系列PLC

图 13-4　根据扫描速度选择 PLC

（5）根据编程方式选择 PLC

PLC 的编程方式主要可以分为离线编程和在线编程两种，PLC 的最大特点就是可以根据被控系统工艺的要求，只需对程序进行修改，便可以满足新的控制要求，给生产带来了极大的便利。因此可以根据被控制系统的要求，选用不同编程方式的 PLC。

　　　　　　　离线编程是指 PLC 的主机和编程器共用一个微处理器（CPU），通过编程器上设置有"编程/运行"的开关或按钮，就可以对两种状态进行切换，如图 13-5 所示。

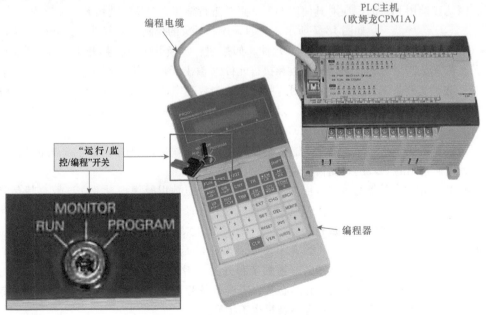

PLC主机
（欧姆龙CPM1A）

编程电缆

"运行/监控/编程"开关

编程器

图 13-5　离线编程方式

当切换到编程状态时，编程器对 CPU 进行控制，可以对 PLC 进行编程，此时 PLC 无法对系统进行控制。在程序编写完毕后，再选择运行状态，此时 CPU 按照所设定的程序，对需控制的对象进行控制。由于该类 PLC 中的编程器和主机共用一个 CPU，节省了硬件和软件设备，价格也比较便宜，因此适用于一些中、小型 PLC 控制系统。

在线编程是指 PLC 的主机拥有一个 CPU，用来对系统进行控制。编程器拥有一个 CPU 可以随时对程序进行编写，输入各种指令信号。当主机 CPU 执行完成一个扫描周期后会与编程器进行通信，将编程器编写好的程序送入 PLC 的 CPU 中，再下一个扫描周期中便按照新的程序对其系统进行控制。该类 PLC 操作简便、应用领域广但价格较高，适用于一些大型的 PLC 控制系统，如图 13-6 所示。

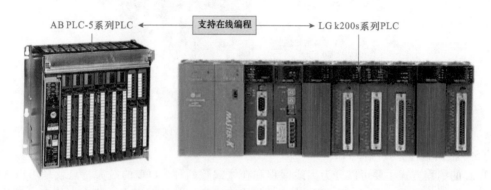

图 13-6　支持在线编程的 PLC

（6）根据 I/O 点数选择 PLC

I/O 点数是 PLC 选用的重要指标，它是衡量 PLC 规模大小的标志，若不加以统计，一个小的控制系统，却选用中规模或大规模的 PLC 不仅会造成 I/O 点数的闲置，也会造成投入成本的浪费，因此在选用 PLC 时，应对其使用的 I/O 点数进行估算，合理的选用 PLC。

如图 13-7 所示，在明确控制对象的控制要求基础上，分析和统计所需的控制部件（输入元件，如按钮、转换开关、行程开关、继电器的触点、传感器等）的个数和执行元件（输出元件，如指示灯、继电器或接触器线圈、电磁铁、变频器等）的个数，根据这些元件的个数确定所需 PLC 的 I/O 点数，且一般选择 PLC 的 I/O 数应有 15% ~ 20% 的预留，以满足生产规模的扩大和生产工艺的改进。

（7）根据用户存储器容量选择 PLC

用户存储器用于存储开关量输入输出、模拟量的输入输出以及用户编写的程序等，在选用 PLC 时，应使选用的 PLC 的存储器容量满足用户存储需求。

选择 PLC 用户存储器容量时，应参考开关量 I/O 的点数以及模拟量 I/O 点数对其存储容量进行估算，在估算的基础上留有 25% 的余量即为应选择的 PLC 用户存储器容量。用户存储器容量用字数体现，其估算公式如下：

存储器字数 = （开关量 I/O 点数 × 10）+ （模拟量 I/O 点数 × 150）

用户存储器的容量除了和开关量 I/O 的点数、模拟量 I/O 点数有关外，还和用户编写的程序有关，不同的编程人员所编写程序的复杂程度会有所不同，使其占用的存储容量也不相同。

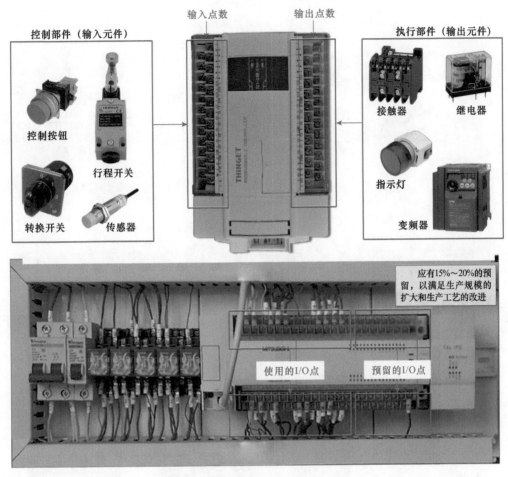

图 13-7 根据 I/O 点数选择 PLC

（8）PLC 扩展模块的选择

当单独的 PLC 主机不能满足系统要求时，可根据系统的需要选择一些扩展类模块，以增大系统规模和功能。

如图 13-8 所示，为了满足需求将典型 PLC 主机与扩展类模块连接起来构成整个硬件系统。可以看到，硬件的扩展系统中，PLC 主机（CPU 模块）放在最左侧，扩展模块用扁平电缆与左侧的主机或扩展模块相连。

目前，在 PLC 硬件的扩展系统中，常用的扩展模块主要有输入模块、输出模块和特殊功能模块等。

① PLC 输入模块的选择

PLC 的输入模块用于将输入元件输入的信号转换为 PLC 内部所需的电信号，用以扩展主机的输入点数，如图 13-9 所示。

选择 PLC 的输入模块时应根据系统输入信号与 PLC 输入模块的距离进行选择，通常距离较近的设备选择低电压的 PLC 输入模块，距离较远的设备选择高电压的 PLC 输入模块。

另外，除了要考虑距离外，还应注意其 PLC 输入模块允许同时接通的点数，通常允许同时

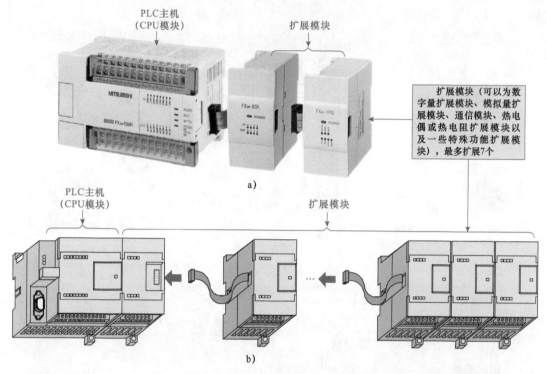

图 13-8　PLC 硬件系统的扩展

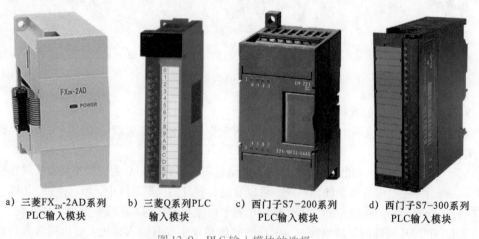

a) 三菱FX$_{2N}$-2AD系列　b) 三菱Q系列PLC　c) 西门子S7-200系列　d) 西门子S7-300系列
　PLC输入模块　　　　输入模块　　　　　PLC输入模块　　　　PLC输入模块

图 13-9　PLC 输入模块的选择

接通的点数和输入电压、环境温度有关。

　　② PLC 输出模块的选择

　　　　　　　PLC 的输出模块用于将 PLC 内部的信号转换为外部所需的信号来驱动
　　　　　　负载设备,用以扩展主机的输出点数,如图 13-10 所示。PLC 输出模块的
　　　　　　输出方式主要有继电器输出方式、晶体管输出方式和晶闸管输出方式 3 种。
选择 PLC 的输出模块时应根据输出模块的输出方式进行选择,且输出模块输出的电流应大于负
载电流的额定值。

a）三菱FX$_{2N}$-4AD系列　　　　b）S7-200系列PLC　　　　c）欧姆龙OC222
PLC输出模块　　　　　　　　输出模块　　　　　　　　PLC输出模块

图 13-10　PLC 输出模块的选择

选择 PLC 输出模块时也应注意模块允许同时接通的点数，通常输出模块同时接通的点数的累计电流不得大于公共端所允许通过的电流。

③ PLC 特殊模块的选择

PLC 的特殊模块用于将温度、压力等过程变量转换为 PLC 所接收的数字信号，同时也可将其内部的数字信号转换成模拟信号输出，如图 13-11 所示。在选用 PLC 的特殊模块时，可根据系统的实际需要选择不同的 PLC 特殊模块。

a）三菱FX$_{2N}$系列PLC　　b）三菱FX$_{2N}$系列PLC　　c）西门子S7-300系列　　d）西门子S7系列
脉冲输出模块　　　热电偶温度传感器输入模块　　PLC通信模块　　　PLC称重模块

图 13-11　PLC 特殊模块的选择

除了 PLC 外，在 PLC 系统中还包括控制部件和执行部件等硬件设备，如按钮、接触器、继电器等，用于与 PLC 连接配合实现 PLC 控制功能，因此在进行硬件系统设计之初，选配好性能良好、规格适中、数量足够的控制部件和执行部件也是重要的环节。图 13-12 所示为常见控制部件和执行部件的实物外形。

**2. 硬件设备连接关系的设计和调整**

在进行 PLC 硬件系统设计之前，应首先了解硬件系统的组成部件，以及需要控制的设备的控制方式。在了解了这些资料后，才能对硬件系统进行设计。下面以三相异步电动机的顺序控

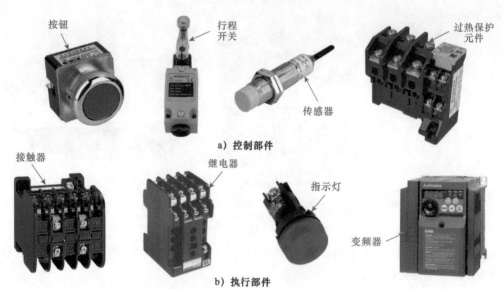

a) 控制部件

b) 执行部件

图 13-12　常见控制部件和执行部件的实物外形

制电路为例，介绍其硬件系统的设计方法。

为了更好地分析和理解控制关系，初学者可首先依据三相异步电动机的电气控制电路图进行分析。例如，图 13-13 所示为三相交流异步电动机串电阻减压起动控制的电气线路图。

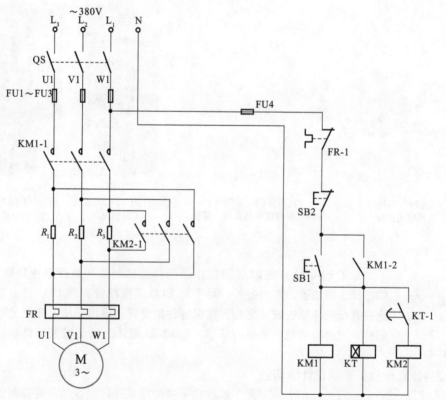

图 13-13　三相交流异步电动机的串电阻减压起动控制电路

图中，电阻器减压起动控制电路是指在三相交流电动机定子电路中串入电阻器，起动时利用串入的电阻器起到降压限流的作用，当三相交流电动机起动完毕后，再通过电路将串联的电阻短接，从而使三相交流电动机进入全电压正常运行状态。电动机串电阻减压起动控制电路的工作过程是：

当按下起动按钮 **SB1**，交流接触器 **KM1** 和时间继电器 **KT** 线圈同时得电。

时间继电器 **KT** 用于三相交流电动机的减压起动与全电压起动的时间间隔控制，即控制三相交流电动机减压起动后延时一端时间后进行全电压起动。

交流接触器 **KM1** 线圈得电，常开辅助触头 **KM1－2** 闭合实现自锁功能；同时常开主触头 **KM1－1** 闭合，电源经电阻器 $R_1$、$R_2$、$R_3$ 为三相交流电动机供电，三相交流电动机减压起动运转。

当时间继电器 **KT** 达到预定的延时时间后，其常开触头 **KT－1** 延时闭合。交流接触器 **KM2** 线圈得电，常开主触头 **KM2－1** 闭合，短接电阻器 $R_1$、$R_2$、$R_3$，三相交流电动机在全电压状态下开始运行。

当需要三相交流电动机停机时，按下停止按钮 **SB2**，交流接触器 **KM1**、**KM2** 和时间继电器 **KT** 线圈均失电，触头全部复位。常开主触头 **KM1－1**、**KM2－1** 复位断开，切断三相交流电动机供电电源，三相交流电动机停止运转。

在采用 PLC 进行控制的系统中，主要用 PLC 控制方式取代了电气部件之间复杂的连接关系。电动机控制系统中各主要控制部件和功能部件都直接连接到 PLC 相应的接口上，各部件之间没有复杂的连接关系。

图 13-14 所示为根据对控制关系的分析和理解设计的硬件系统关系草图。

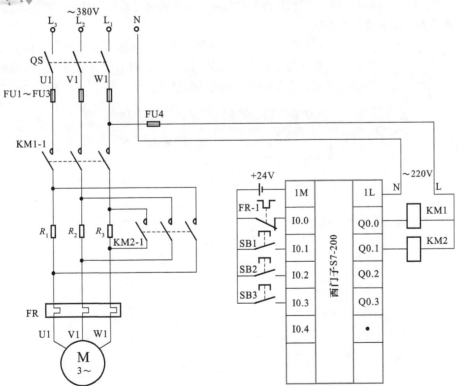

图 13-14　由 PLC 控制的电动机顺序起/停控制系统

该电路的 PLC 硬件系统主要是由 PLC、指令输入按钮 SB1、SB2、SB3、SB4 以及命令执行部件 KM1、KM2 等组成的。其中 $M_1$ 的停止按钮 SB1 与 PLC 的 I0.1 端连接，$M_1$ 的起动按钮 SB2 与 I0.2 端连接，$M_2$ 停止按钮 SB3 与 I0.3 端连接，热继电器 FR－1 与 I0.0 端进行连接，另外一端与 COM 端连接。接触器 KM1 和 KM2 分别和 PLC 的 Q0.0 和 Q0.1 端进行连接。

###  13.1.2　PLC 软件系统的规划设计

PLC 软件系统的设计，是指设计 PLC 内的程序，该程序要求能够准确、合理地实现当前 PLC 系统所要求的所有控制功能。这一设计过程包括控制需求的分析及程序的编写（即编程），借助编程软件编辑程序，将程序的写入 PLC 并进行调试等三个环节。

**1. PLC 程序的编写**（即编程）

根据 PLC 系统功能特点，对控制需求进行分析和编写程序是 PLC 软件系统设计中的关键环节。

**不同 PLC 的编程方法有所不同，具体的需求分析、编程原则和方式方法以相应 PLC 产品的编程规则为准。**

由于不同类型 PLC 所使用的编程软件也不相同，甚至有些相同品牌不同系列的 PLC 可用的编程软件也会存在区别。下面，我们分别以西门子 PLC 和三菱 PLC 的编程软件为例，具体介绍一下如何借助 PLC 编程软件完成 PLC 程序的编写。

（1）使用西门子 PLC 编程软件编写程序

西门子 PLC 所实现的各项控制功能是根据用户程序实现的，各种用户程序需要编程人员根据控制的具体要求进行编写。下面我们以西门子 S7—200 系列 PLC 专用的编程软件 STEP 7 – Micro/WIN 为例，练习编程软件的编辑方法和操作步骤。

使用 STEP 7 – Micro/WIN 编程软件进行编程前，首先需要了解该软件的一些基本编程工具，并初步熟悉其工作界面分布情况。

图 13-15 所示为 STEP 7 – Micro/WIN 编程软件的基本操作界面，可以看到其主要分为几个区域，各区域显示不同的信息内容，其中编辑区为程序编写区域，所有程序均在该部分显示。

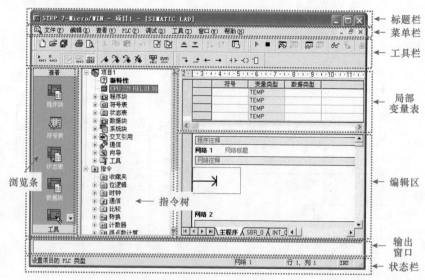

图 13-15　STEP 7 – Micro/WIN 编程软件的基本操作界面

① 编程软件 STEP 7 – Micro/WIN 编程前的操作

编程软件 STEP 7 – Micro/WIN 编程前需要对相关参数进行设置和系统配置。

单击浏览条中的系统块图标，即可弹出系统块（参数设置和系统配置）对话框，如图 13-16 所示，该在对话框中一般可对断电数据保持、密码、输出表、输入滤波器和脉冲捕捉位等进行设置。

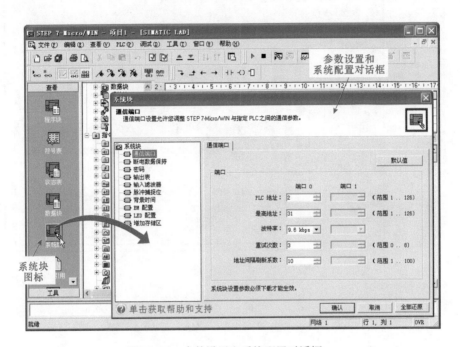

图 13-16　参数设置和系统配置对话框

② 编程软件 STEP 7 – Micro/WIN 的使用

通过上述内容对 STEP 7 – Micro/WIN 软件进行相关了解后，下面介绍使用该软件编辑程序的具体方法和步骤。

编写程序，首先需要新建一个程序文件。打开软件后，选择【文件】/【新建】命令或工具栏中的新建按钮 "🗋" 来新建一个程序文件，如图 13-17所示，新建项目的程序文件名默认为 "项目 1"，PLC 型号默认为 CPU221。

编制和修改程序是 STEP 7 – Micro/WIN 软件最基本的功能，也是使用该软件编程时的关键步骤，下面我们以图 13-18 所示梯形图的编写为例，介绍编辑程序的基本方法。

◆ 放置编程元件符号，输入编程元件地址

在软件的编辑区域中添加编程元件，根据图 13-18 所示梯形图，首先绘制表示常开触头的编程元件 "I0.0"，如图 13-19 所示。

在图 13-19 中，单击鼠标左键，选中编程元件符号上方的 "?? . ?"，将光标定位在输入框内，即可以输入该常开触头的地址 "I0.0"，如图 13-20所示，然后按键盘上的 "Enter" 键即可完成输入。

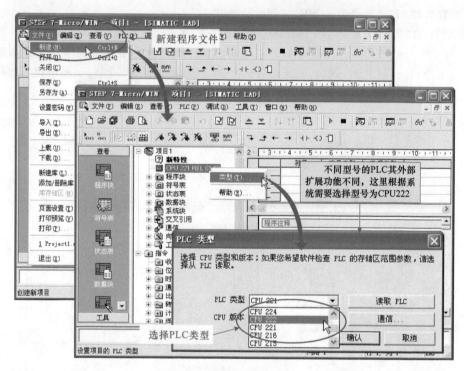

图 13-17   新建项目操作

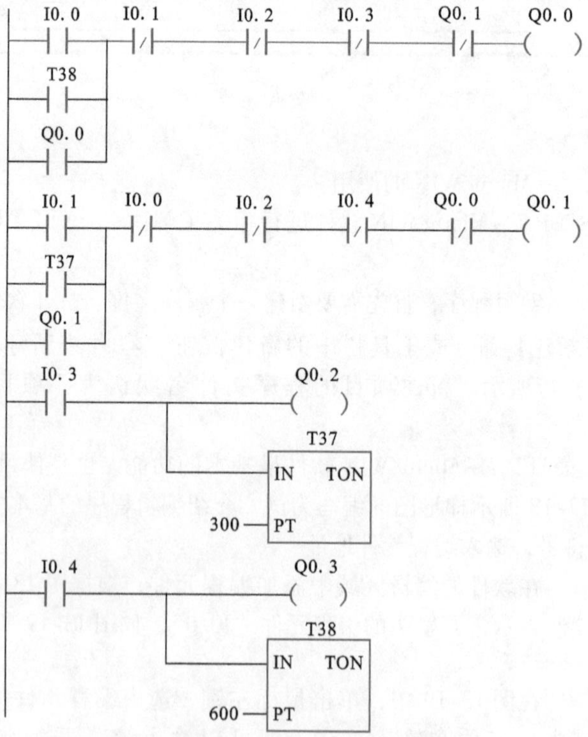

图 13-18   典型控制系统梯形图

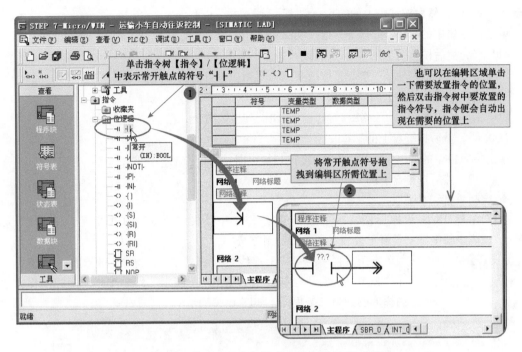

图 13-19　放置表示常开触头的编程元件 I0.0 符号

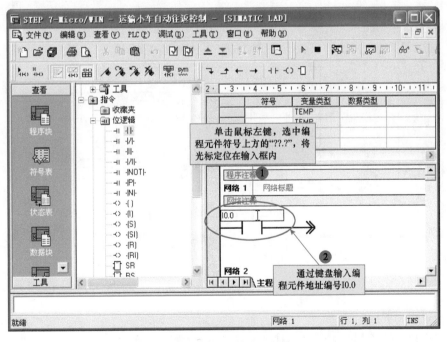

图 13-20　编程元件地址的输入

接着，可按照同样的操作步骤，分别输入第一条程序的其他元件，其过程如下：

单击指令树中的"┤├"指令，拖拽到编辑图相应位置上，在"??.?"

中输入"I0.1",然后按键盘上的"Enter"键;

单击指令树中的"┤╱├"指令,拖拽到编辑图相应位置上,在"?? . ?"中输入"I0.2",然后按键盘上的"Enter"键;

单击指令树中的"┤╱├"指令,拖拽到编辑图相应位置上,在"?? . ?"中输入"I0.3",然后按键盘上的"Enter"键;

单击指令树中的"┤╱├"指令,拖拽到编辑图相应位置上,在"?? . ?"中输入"Q0.1",然后按键盘上的"Enter"键;

单击指令树中的"─( )"指令,拖拽到编辑图相应位置上,在"?? . ?"中输入"Q0.0",然后按键盘上的"Enter"键。

◆ 绘制垂直和水平线

根据图 13-18 所示梯形图,接下来需要输入常开触头"I0.0"的并联元件"T38"和"Q0.0",该步骤中需要了解垂直和水平线的绘制方法。

单击工具栏中的"向上连线"按钮"↑",将"T38"和"Q0.0"并联在"I0.0"上,其绘制过程如图 13-21 所示。然后按照相同的操作方法绘制梯形图的第二条程序,如图 13-22 所示。

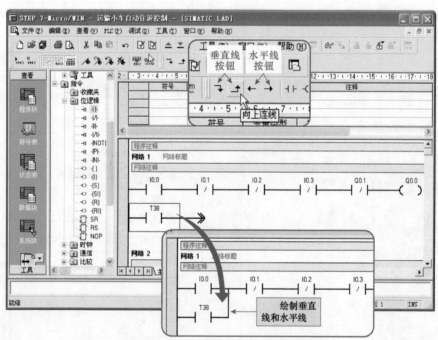

图 13-21 梯形图第一条程序的绘制

其编辑过程如下:

单击指令树中的"┤├"指令,拖拽到编辑图相应位置上,在"?? . ?"中输入"I0.1",然后按键盘上的"Enter"键。

单击指令树中的"┤╱├"指令,拖拽到编辑图相应位置上,在"?? . ?"中输入"I0.0",然后按键盘上的"Enter"键。

单击指令树中的"┤╱├"指令,拖拽到编辑图相应位置上,在"???"中输入"I0.2",然

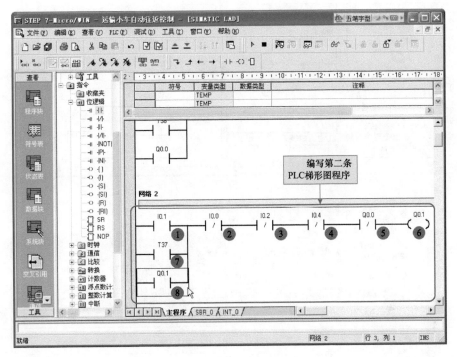

图 13-22 梯形图第二条程序的编辑

后按键盘上的"Enter"键。

单击指令树中的"-|/|-"指令，拖拽到编辑图相应位置上，在"???"中输入"I0.4"，然后按键盘上的"Enter"键。

单击指令树中的"-|/|-"指令，拖拽到编辑图相应位置上，在"???"中输入"Q0.0"，然后按键盘上的"Enter"键。

单击指令树中的"-( )"指令，拖拽到编辑图相应位置上，在"?? .?"中输入"Q0.1"，然后按键盘上的"Enter"键。

接着，输入常开触头"I0.1"的并联元件"T37"和"Q0.1"，注意该步骤中需要使用到"向上连线"，将"T37"和"Q0.1"并联在"I0.1"上。

◆ 放置指令框符号

在编辑软件中放置指令框的操作与前述放置表示常开触头的编程元件方法基本相同，例如，在编写前述梯形图第三条和第四条程序时，需要将定时器指令框放置到编辑区域中。

首先根据控制要求，定时器应选择具有接通延时功能的定时器（TON），即需要在指令树中选择"定时器"/"TON"，拖拽到编辑区中，如图 13-23 所示。

◆ 插入和删除行、列操作

在编写程序过程中如需要对梯形图进行删除、插入等操作，选择【编辑】/【插入】/【列】或【行】，或在需要进行操作的位置单击鼠标右键，即可显示删除行、删除列等操作选项，选择相应的操作即可，如图 13-24 所示。

◆ 插入和删除网络

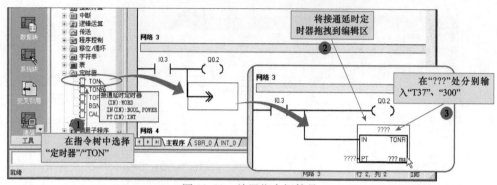

图 13-23　放置指令框符号

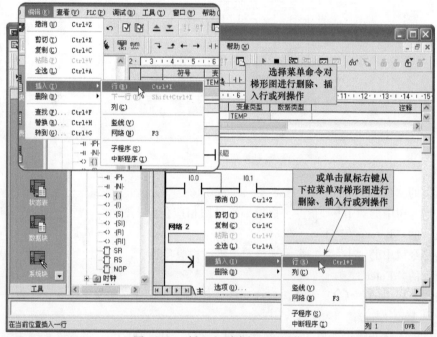

图 13-24　插入和删除行、列操作

一般新建一个项目时，默认在编辑区域内为 25 个网络，当所编辑程序较复杂时，控制系统编辑网络超过 25 个网络时，需要增加网络数目；若某个网络程序不再需要时，还需要进行删除网络操作，操作方法与插入和删除行或列操作相同。

◆ 保存和编译

完成梯形图程序的绘制后需要保存工程，单击菜单栏【文件】/【保存】命令或单击"🖫"按钮图标即可。程序编制和保存完成后，一般还需要进行离线编译操作，用以检查程序大小、有无错误编码和位置等。

离线编译操作如图 13-25 所示，选择菜单栏中【PLC】/【编译】命令或按下"✓"按钮图标（工具栏中），在程序的输出窗口即可显示出编译结果。

对程序检查过程中发现错误，则需要及时调整和修改，然后再次执行"变换"→"保存"操作，将最终修改的结果保存到工程中。

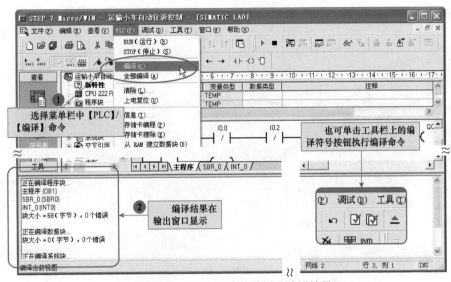

图 13-25　梯形图程序的编译及编译结果

（2）使用三菱 PLC 编程软件编写程序

三菱 PLC 常用的编程软件主要有 GX Developer，该软件适用于三菱 Q 系列、QnA 系列、A 系列、FX 系列的所有 PLC 进行编程，可在 Windows 95/98/2000/XP 操作系统中运行，其编程功能十分强大，下面将以此为例介绍三菱 PLC 的软件编辑方法。

使用 GX Developer 编程软件进行编程前，首先需要了解该软件的一些基本编程工具，并初步熟悉其工作界面分布情况。

图 13-26 所示为 GX Developer 编程软件的基本操作界面，可以看到其主要分为几个区域，各区域显示不同的信息内容，其中编辑区为程序编写区域，所有程序均在该部分显示。

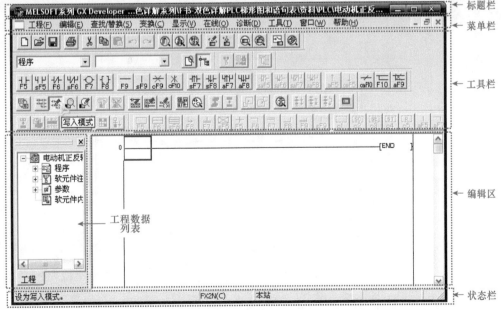

图 13-26　GX Developer 编程软件的基本操作界面

① 新建工程

编写一个程序，首先需要新建一个工程文件，并根据编程前期分析来确定选用 PLC 的系列及类型，具体操作如图 13-27 所示。

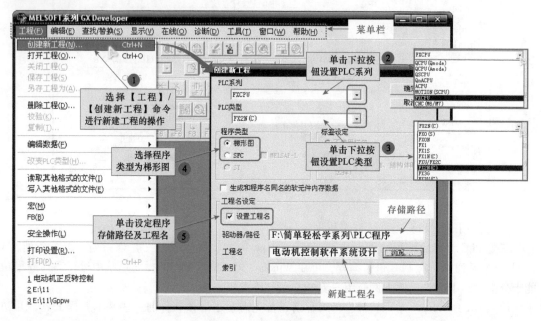

图 13-27　新建工程操作

② 编辑程序

编制和修改程序是 GX Developer 软件最基本的功能，也是使用该软件编程时的关键步骤，下面我们以图 13-28 所示梯形图的编写为例，介绍编辑程序的基本方法。

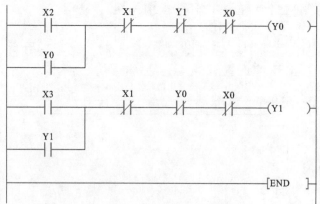

图 13-28　典型控制系统梯形图

首先点击编辑窗口工具栏上的"▒"按钮或按"F2"键，使 GX Developer 编程软件的编辑区进入梯形图写入模式，然后单击"▒"按钮（梯形图/指令表显示切换），选择为梯形图显示，为绘制梯形图做好准备，

如图 13-29 所示。

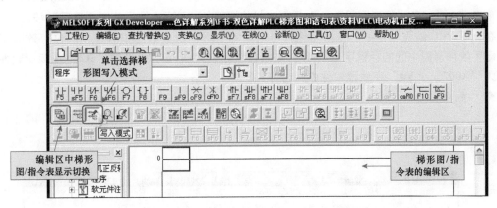

图 13-29　进入三菱 PLC 编程软件的梯形图编写模式

◆ 放置编程元件符号，输入编程元件地址

在软件的编辑区域中的蓝色方框中添加编程元件，根据图 13-28 所示梯形图，首先绘制表示常开触头的编程元件"X2"，如图 13-30 所示。

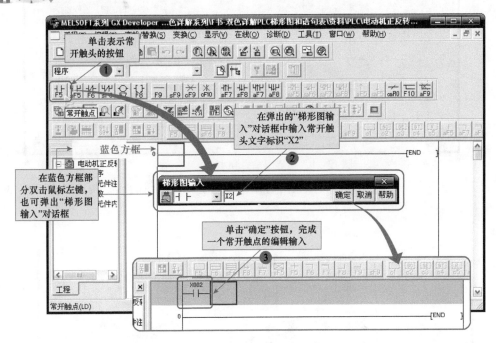

图 13-30　输入第一个程序元件 X2

接着，可按照同样的操作步骤，分别输入第一条程序的其他元件，其过程如下：

单击"⊥⊢"，在"梯形图输入"对话框光标位置键入"X1"，然后单击"确定"按钮；

单击"⊥⊢"，在"梯形图输入"对话框光标位置键入"Y1"，然后单击"确定"按钮；

单击"背",在"梯形图输入"对话框光标位置键入"X0",然后单击"确定"按钮；

单击"背",在"梯形图输入"对话框光标位置键入"Y0",然后单击"确定"按钮。

在三菱 PLC 编程软件中，编程元件符号对应的字母标识中数字编号采用三位有效数字表示，即手绘梯形图中的的标识字母"X0"在编程软件中默认为"X000"，"X2"在编程软件中默认为"X002"，"Y0"在编程软件中默认为"Y000"等。

◆ 绘制垂直和水平线

根据图 13-28 所示梯形图，接下来需要输入常开触头"X2"的并联元件"Y0"，其编辑方法如图 13-31 所示。

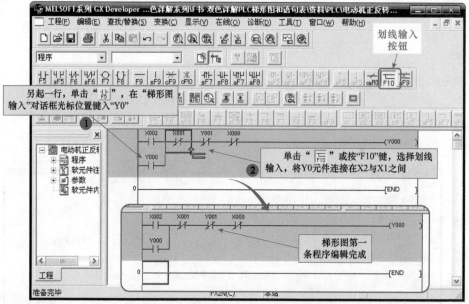

图 13-31　梯形图垂直和水平线的绘制

接下来，按照相同的操作方法绘制梯形图的第二条程序，如图 13-32 所示。

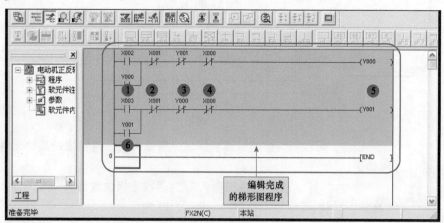

图 13-32　梯形图第二条程序的绘制

具体编辑过程如下：

单击""，在"梯形图输入"对话框光标位置键入"X3"，然后单击"确定"；

单击"[符号]"，在"梯形图输入"对话框光标位置键入"X1"，然后单击"确定"；

单击"[符号]"，在"梯形图输入"对话框光标位置键入"Y0"，然后单击"确定"；

单击"[符号]"，在"梯形图输入"对话框光标位置键入"X0"，然后单击"确定"；

单击"[符号]"，在"梯形图输入"对话框光标位置键入"Y1"，然后单击"确定"；

另起一行，单击"[符号]"，在"梯形图输入"对话框光标位置键入"Y1"，然后单击"确定"按钮。单击"[符号]"或按"F10"键，选择划线输入，将Y1元件连接在X3与X1之间。

至此，第二条程序也编辑完成。

◆ 插入和删除行、列操作

在编写程序过程中如需要对梯形图进行删除、修改或插入等操作，可在需要进行操作的位置单击鼠标左键，即可在该位置显示蓝色方框，在蓝色方框处单击鼠标右键，即可显示各种操作选项，选择相应的操作即可，如图13-33所示。

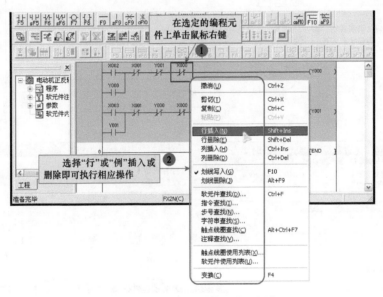

图13-33　插入和删除行或列操作

◆ 保存工程

完成梯形图程序的绘制后需要保存工程，在保存工程之前必须先执行"变换"操作，即执行菜单栏【变换】中的【变换】命令，或直接按"F4"键完成变换，此时编辑区不再是灰色状态，如图13-34所示。

梯形图变换完成后选择菜单栏中【工程】中的【保存工程】或【另存为工程】，并在弹出对话框中单击"保存"按钮即可（若在新建工程操作中未对保存路径及工程名称进行设置，则可在该对话框中进行设置），如图13-35所示。

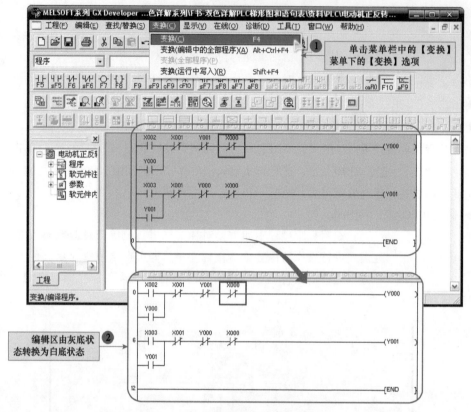

图 13-34　梯形图程序的变换操作

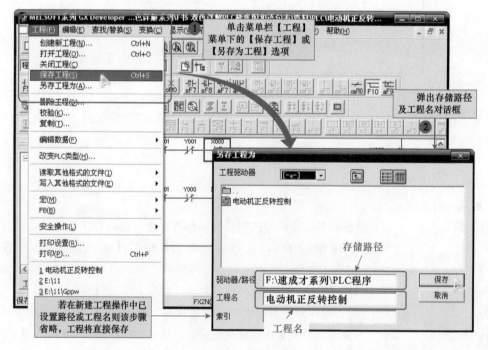

图 13-35　保存工程

◆ 程序检查

对完成绘制的梯形图，应执行"程序检查"指令，即选择菜单栏中的【工具】菜单下的【程序检查】，在弹出的对话框中，单击【执行】按钮，即可检查绘制的梯形图是否正确，如图13-36所示。

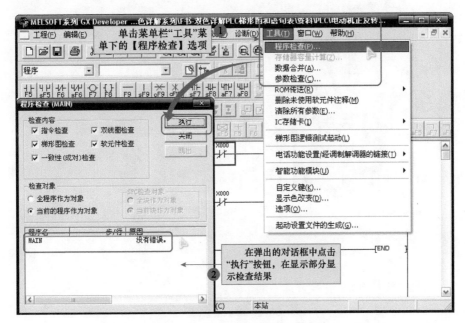

图13-36　梯形图程序的检查

对程序检查过程中发现错误，则需要及时调整和修改，然后再次执行【变换】/【保存】操作，将最终修改的结果保存到工程中。

另外，还可通过PLC仿真软件（GX Simulator）对绘制好的PLC程序通过计算机虚拟的PLC现场运行，对程序进行查错和调试操作。

## 2. PLC程序的写入与调试

编程软件编写完成的梯形图程序可作为一个工程进行保存，然后将计算机与PLC通信接口通过编程电缆进行连接，将编写好的程序写入PLC主机中，如图13-37所示。

需要注意的是，在将PLC梯形图程序写入PLC主机之前，通常会进行仿真实验操作，可利用与编程软件兼容的仿真软件，对绘制好的PLC程序通过计算机虚拟的PLC现场进行运行实验，用于对程序进行查错和调试操作。

在写入PLC过程中，若通信异常或编程电缆连接错误等，便会显示通信错误对话框，如图13-38所示。需要注意检查通信电缆是否与计算机及PLC匹配，通信接口设置是否正常等，排除连接及设置故障，完成PLC写入。

至此，PLC梯形图编程以及PLC写入操作完成，将PLC上的RUN/TERM、STOP开关置于RUN位置，然后单击编程软件工具栏的"▶"按钮，将自动弹出【RUN（运行）】对话框，单击"是"按钮，PLC内CPU开始运行用户程序，观察CPU上的RUN指示灯是否点亮。

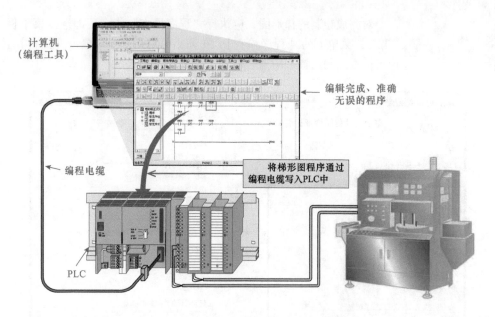

图 13-37 梯形图程序写入 PLC 主机操作

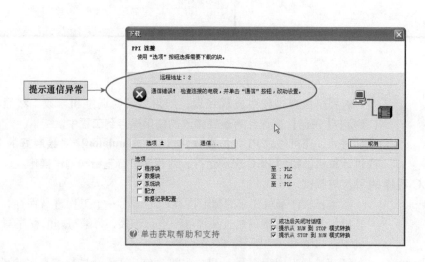

图 13-38 梯形图程序写入操作中的通信异常情况

单击"■"按钮,将自动弹出【STOP(停止)】对话框,单击"是"按钮,PLC 内 CPU 停止运行用户程序,观察 CPU 上的 STOPRUN 指示灯是否点亮。

若上述程序编写及编译、下载等操作均正常后,表明程序写入及运行正常,接下来便可投入使用了。

 **PLC 程序也可以通过手持式编程器编写完成后,直接传输到 PLC 中,如图 13-39 所示。**

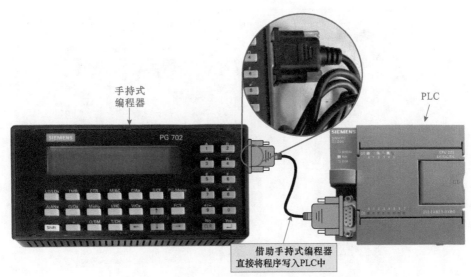

图 13-39　借助手持式编程器将程序写入 PLC 中

## 13.2　PLC 系统的安装技能

PLC 的安装是指根据之前设计完成的 PLC 系统方案，将 PLC 的硬件设备进行安装和接线的操作。在具体操作之前，我们需要首先了解一下安装 PLC 系统的基本要求以及接线的原则等，以免造成硬件连接错误，引起不必要的麻烦。

### 13.2.1　PLC 系统的安装要求

PLC 属于新型自动化控制装置的一种，是由基本的元器件等组成的，为了保证 PLC 系统的稳定性，在 PLC 安装和接线也有一定的要求。

**1. PLC 系统安装环境的要求**

在对 PLC 的硬件系统进行安装时，从安装环境角度出发，应注意以下几点：

• 安装 PLC 时应充分考虑 PLC 的环境温度，使其不得超过 PLC 允许的温度范围，通常 PLC 环境温度范围在 0 ~ 55℃，当温度过高或过低时，均会导致内部的元器件工作失常。

• PLC 对环境湿度也有一定的要求，通常 PLC 的环境湿度范围应在 35% ~ 85%，当湿度太大会使 PLC 内部元器件的导电性增强，可能导致元器件击穿损坏的故障。

• PLC 应尽量安装在避免阳光直射、无腐蚀性气体、无易燃易爆气体、无尘埃、无滴水、无冲击等环境中，以免腐蚀 PLC 内部的元器件或部件。

• PLC 不能安装在振动比较频繁的环境中（振动频率为 10 ~ 55Hz、幅度为 0.5mm），若振动过大则可能会导致 PLC 内部的固定螺钉或元器件脱落、焊点虚焊。

• PLC 硬件系统一般应安装在专门的 PLC 控制柜内，用以防止灰尘、油污、水滴等进入 PLC 内部，造成电路短路，从而造成 PLC 损坏。

• 为了保证 PLC 工作的安全稳定以及日常维护的安全，安装 PLC 控制柜时，应尽量远离 600V 以上的高压设备或动力设备，分开设置。

为了保证 PLC 工作时其温度保持在规定环境温度范围内，安装 PLC 的控制柜应有足够的通风空间，如果周围环境超过 55℃，要安装通风扇，强迫通风，如图 13-40 所示。

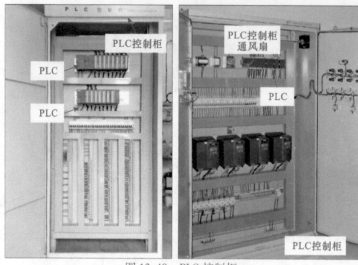

图 13-40　PLC 控制柜

　　　　通常 PLC 控制柜的通风方式有自然冷却方式、强制冷却方式、强制循环方式和封闭整体式冷却方式 4 种，如图 13-41 所示。

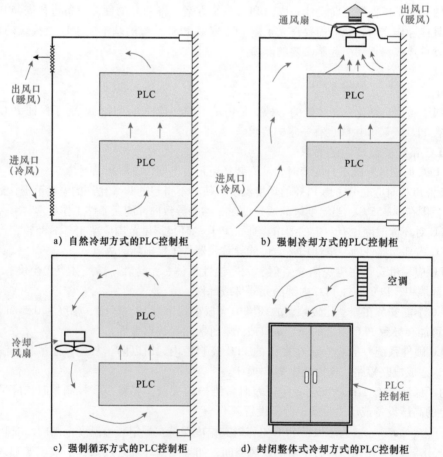

a) 自然冷却方式的PLC控制柜　　　　　　　b) 强制冷却方式的PLC控制柜

c) 强制循环方式的PLC控制柜　　　　d) 封闭整体式冷却方式的PLC控制柜

图 13-41　PLC 控制柜的通风方式

◆ 采用自然冷却方式的 **PLC** 控制柜通过进风口和出风口实现自然换气；

◆ 采用强制冷却方式的 **PLC** 控制柜是指在控制柜中安装通风扇进行通风，将 **PLC** 内部产生的热量通过通风扇排出，实现换气；

◆ 采用强制循环方式的 **PLC** 控制柜是指在控制柜中安装冷却风扇，将 **PLC** 产生的热量进行循环冷却；

◆ 采用封闭整体式冷却方式的 **PLC** 控制柜采用全封闭结构，通过外部进行整体冷却。

**2. PLC 系统的安装原则**

● 安装 PLC 时，应在断电情况下进行操作，同时为了防止静电对 PLC 的影响，应借助防静电设备或用手接触金属物体将人体的静电释放后，再对 PLC 进行安装。

● PLC 的安装方式通常有底板安装和 DIN 导轨安装两种方式，用户在安装时可根据安装条件进行选择。

其中，底板安装方式是指利用 PLC 底部外壳上的 4 个安装孔进行安装，如图 13-42 所示，根据安装孔的不同选择大小规格合适的螺钉进行固定。

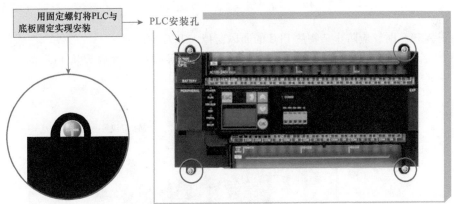

图 13-42　底板安装

DIN 导轨安装方式是指利用 PLC 底部外壳上的导轨安装槽及卡扣将 PLC 安装在 DIN 导轨上，如图 13-43 所示。

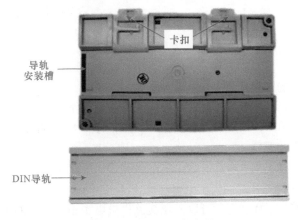

图 13-43　DIN 导轨安装

图 13-44 所示为三菱 PLC 基本单元与扩展单元在 DIN 导轨上的安装实例。

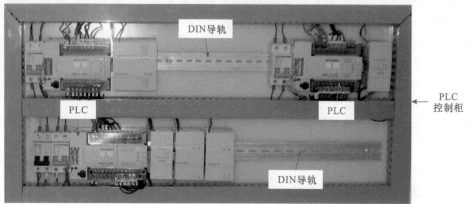

图 13-44  三菱 PLC 基本单元与扩展单元在 DIN 导轨上的安装实例

- 安装 PLC 时,应防止杂物从 PLC 的通风窗掉入 PLC 的内部。

PLC 采用垂直安装时,应防止导线头、铁屑等从 PLC 的通风窗掉入 PLC 中,造成内部电路元件短路,如图 13-45 所示。

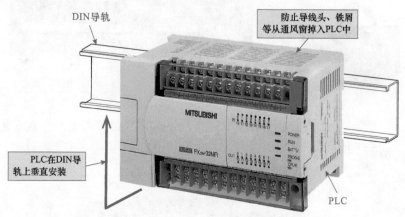

图 13-45  PLC 的垂直安装

### 3. PLC 供电电源的安装原则

PLC 若要正常工作,最重要的一点就是要保证其供电线路的正常。一般情况下 PLC 供电电源的要求为交流 220V/50Hz,三菱 FX 系列的 PLC 还有一路 24V 的直流输出引线,用来连接一些光电开关、接近开关等传感器件。

在电源突然断电的情况下,PLC 的工作应在小于 10ms 时不受影响,以免电源电压突然的波动影响 PLC 工作。在电源断开时间大于 10ms 时,PLC 应停止工作。

PLC 设备本身带有抗干扰能力,可以避免交流供电电源中的轻微的干扰波形,若供电电源中的干扰比较严重时,则需要安装一个 1:1 的隔离变压器,以减少干扰。

## 4. PLC 接地原则

　　有效的接地可以避免脉冲信号的冲击干扰，因此在对 PLC 设备或 PLC 扩展模块进行安装时，应保证其良好的接地，如图 13-46 所示，以免脉冲信号损坏 PLC 设备。

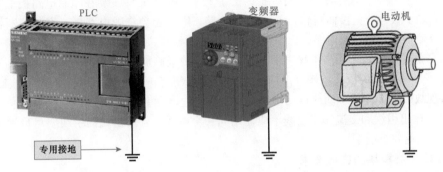

图 13-46　专用接地

　　**PLC 的接地线应使用直径在 2mm 以上的专用接地线，且应尽量采用专用接地，接地极应尽量靠近 PLC，以缩短接地线。在连接 PLC 设备的接地端时，应尽量避免与电动机、变频器或其他设备的接地端相连，应分别进行接地。若无法采用专用接地时，可将 PLC 的接地极与其他设备的接地极相连** 接，构成共用接地，但不可共用接地线，如图 13-47 所示。

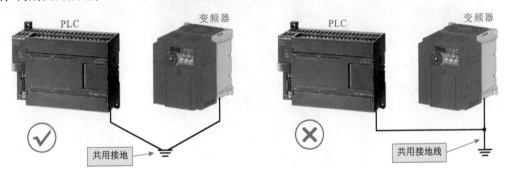

图 13-47　PLC 与其他设备共用接地

## 5. PLC 输入端的接线原则

　　PLC 一般使用限位开关、按钮等进行控制，且输入端还常一般与外部传感器进行连接，因此在对 PLC 输入端的接口进行接线时，应注意以下两点。

　　● 输入端的连接线不能太长，应限制在 30 m 以内，若连接线过长，则会使输入设备对 PLC 的控制能力下降，影响控制信号输入的精度。

　　● PLC 的输入端引线和输出端的引线不能使用同一根电缆，以免造成干扰，或引线绝缘层损坏时造成短路故障。

## 6. PLC 输出端的接线原则

　　PLC 设备的输出端一般用来连接控制设备，例如继电器、接触器、电磁阀、变频器、指示灯等，在对输出端的引线或设备进行连接时，需要注意以下几点。

　　● 若 PLC 的输出端连接继电器设备时，应尽量选用工作寿命比较长（内部开关动作次数）

的继电器，以免负载（电感性负载）影响到继电器的工作寿命。

● 在连接 PLC 输出端的引线时，应将独立输出和公共输出分别进行分组连接。在不同的组中，可采用不同类型和电压输出等级的输出电压；而在同一组中，只能选择同一种类型、同一个电压等级的输出电源。

● 输出元件端应安装熔断器进行保护，由于 PLC 的输出元件安装在印制电路板上，使用连接线连接到端子板，若错接而将输出端的负载短路，则可能会烧毁电路板。安装熔断器后，若出现短路故障则熔断器快速熔断，保护电路板。

● PLC 的输出负载可能产生噪声干扰，因此要采取措施加以控制。

● 除了使用 PLC 中设置控制程序防止对用户造成伤害，还应设计外部紧急停止工作电路，在 PLC 出现故障后，能够手动或自动切断电源，防止危险发生。

● 直流输出引线和交流输出引线不应使用同一个电缆，且输出端的引线要尽量远离高压线和动力线，避免并行或干扰。

### 7. PLC 扩展模块的连接要求

当一个整体式 PLC 不能满足系统要求时，多会采用连接扩展模块的方式。在将 PLC 主机与扩展模块连接时也有一定的要求，例如：

为了更好的散热，PLC 主机和扩展模块之间要有 30mm 以上间隔，如图 13-48 所示。

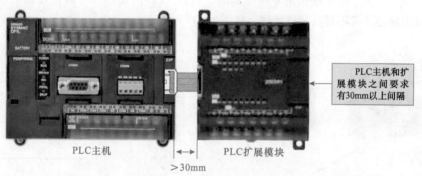

图 13-48　PLC 的基本单元和扩展单元之间的安装距离

可扩展模块的个数不能超过 PLC 主机所要求可扩展的最大个数。例如，当将三菱 $FX_{2N}$ 系列 PLC 基本单元（PLC 主机）的右侧与 $FX_{2N}$ 的扩展单元、扩展模块、特殊功能模块或 $FX_{0N}$ 的扩展模块、特殊功能模块连接时可直接将这些模块通过扁平电缆与基本单元进行连接，且基本单元右侧连接 $FX_{2N}$、$FX_{0N}$ 的扩展设备的个数最多不能超过 8 个，如图 13-49 所示。

PLC 主机与扩展模块的连接顺序需符合要求，不可反顺序连接。

例如，当将三菱 $FX_{2N}$ 系列 PLC 基本单元（PLC 主机）与 $FX_{2N}$、$FX_{0N}$、$FX_1$、$FX_2$ 扩展设备混合连接时，需将 $FX_{2N}$、$FX_{0N}$ 的扩展设备直接与 $FX_{2N}$ 基本单元进行连接，然后在其 $FX_{2N}$、$FX_{0N}$ 的扩展设备之后使用 $FX_{2N}-CNV-IF$ 型转换电缆连接 $FX_1$、$FX_2$ 扩展设备，且使用的 $FX_{2N}$、$FX_{0N}$ 的扩展设备的个数最多不超过 8 个，使用 $FX_{2N}-CNV-IF$ 型转换电缆连接的 $FX_1$、$FX_2$ 的扩展设备的个数最多不超过 16 个，如图 13-50 所示。

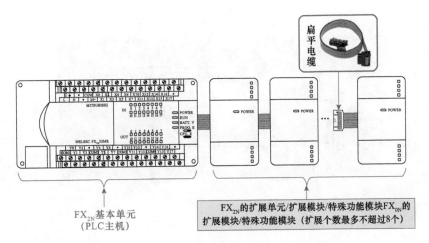

图 13-49　$FX_{2N}$基本单元与 $FX_{2N}$、$FX_{0N}$扩展设备的连接

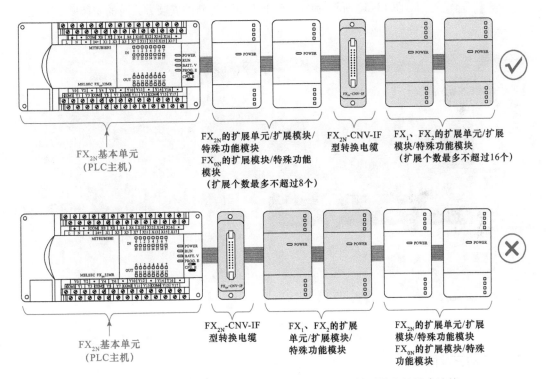

图 13-50　$FX_{2N}$基本单元与 $FX_{2N}$、$FX_{0N}$、$FX_1$、$FX_2$扩展设备的混合连接

## 13. 2. 2　PLC 系统的安装与接线

　　　　PLC 系统通常安装在 PLC 控制柜内，避免灰尘、污物等的侵入，为了增强 PLC 系统的工作性能，提高其使用寿命，安装时应严格按照 PLC 的安装要求进行安装。下面以西门子 S7 – 200 系列 PLC 为例对其安装接线方法进行介绍，如图 13-51 所示。

图 13-51　西门子 S7－200 系列 PLC 实物

**1. DIN 导轨的安装固定**

图 13-52 所示为该 PLC 采用 DIN 导轨的安装方式时的安装固定方法。

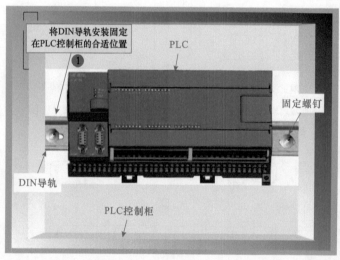

图 13-52　安装固定 DIN 导轨

**2. PLC 的安装固定**

DIN 导轨固定完成后，接下来需要将 PLC 安装固定在 DIN 导轨上，如图13-53所示。将 PLC 底部的两个卡扣向下推，使其 DIN 导轨能够安装在 PLC 安装槽内，然后将 PLC 安装槽对准固定好的 DIN 导轨，使其 PLC 背部上端的卡扣卡住 DIN 导轨，最后再将 PLC 背部的两个卡扣向上推，使其卡住 DIN 导轨，至此便完成了 PLC 的安装固定。

**3. 撬开接口端子排**

PLC 与输入、输出设备之间通过输入、输出接口端子排进行连接，因此在安装前，首先应将输入、输出接口端子排撬开，如图 13-54 所示。

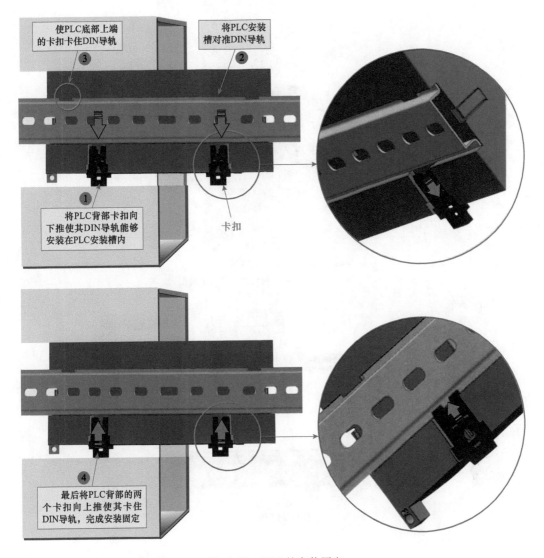

图 13-53　PLC 的安装固定

### 4. PLC 输入输出接口的接线

PLC 的输入接口常与输入设备（如控制按钮、过热保护继电器等）进行连接，用于控制
PLC 的工作状态；PLC 的输出接口常与输出设备（接触器、继电器、晶体管、变频器等）进行
连接，用来控制其工作。

在进行 PLC 输入、输出接口的连接时，应严格按照预先设计的 I/O 分配图或分配表进行
连接。

例如，图 13-55 所示为西门子 S7－200（CPU222）在某 PLC 控制系统
应用中的 I/O 分配图。

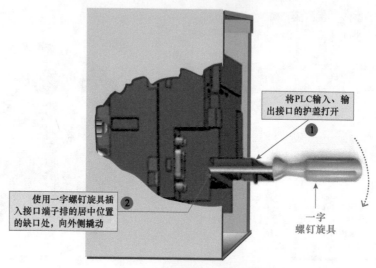

a) 撬开接口端子排（侧视图）

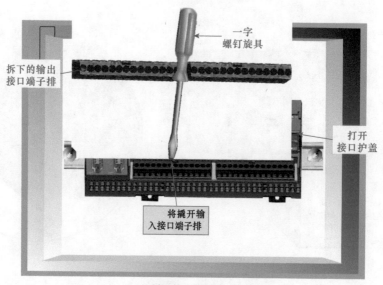

b) 撬开接口端子排（正视图）

图 13-54　撬开输入接口端子排

根据预先设计的 I/O 分配图，便可以进行 PLC 与外部输入输出硬件设备连接，连接时应保证其接线牢固，如图 13-56 所示。连接输入设备时，将按钮或限位开关的一个触头与输入端的接口进行连接，另一个触头与供电端 L+ （+24V）进行连接；连接输出设备时，将接触器的一端与输出端接口进行连接。另一端与相线端进行连接，使其线圈接入交流 220V 电压中。

在将 PLC 与输入、输出设备进行连接时，通常先将输入、输出设备连接在相应的端子排上，然后再将其端子排插接在相应的端子上，接线及插接时应保证其牢固，如图 13-57 所示。

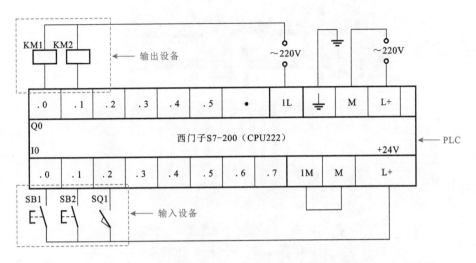

图 13-55　西门子 S7－200（CPU222）在某 PLC 控制系统应用中的 I/O 分配图

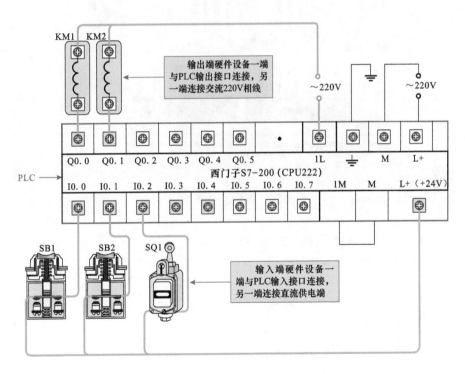

图 13-56　PLC 输入、输出接口的接线

### 5. PLC 扩展接口的连接

　　当 PLC 需连接扩展模块时，应先将其扩展模块安装在 PLC 控制柜内，然后再将其扩展模块的数据线连接端插接在 PLC 扩展接口上，如图 13-58 所示。

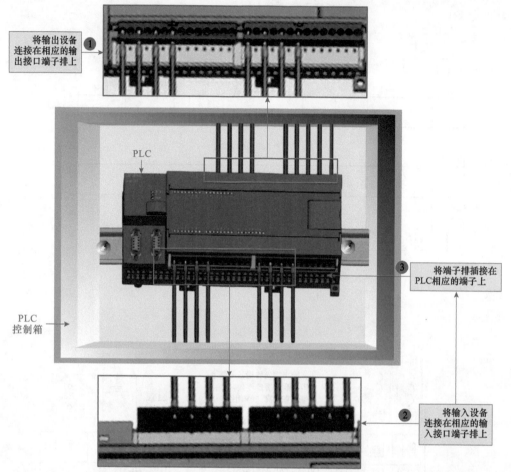

将输出设备连接在相应的输出接口端子排上 ①

PLC

PLC控制箱

③ 将端子排插接在PLC相应的端子上

② 将输入设备连接在相应的输入接口端子排上

图 13-57　输入、输出接口的接线方法

## 13.3　PLC 系统的调试与维护

为了保障 PLC 的系统能够正常运行，在 PLC 系统安装接线完毕后，并不能立即投入使用，还要对安装后的 PLC 系统进行调试与检测，以免在安装过程中出现线路连接不良、连接错误、设备损坏等情况的发生，从而造成 PLC 系统短路、断路或损坏元件等。

另外，在 PLC 系统投入使用后，在运行过程中，还应定期对 PLC 系统进行检查和维护，及时对出现的故障或隐患进行排除。

### 13.3.1　PLC 系统的调试

对 PLC 系统进行调试，是 PLC 系统投入使用前的关键环节，主要检查线路连接情况，看连接是否准确，有无漏装或多装的连接线；检查电源电压；检查程序设计以及空载、负载和联机调试等。

**1. 检查线路连接**

根据 I/O 原理图逐段确认 PLC 系统的接线有无漏接、错接之处，检查连接线的接点的连接是否符合工艺标准，如图 13-59 所示。若通过逐段检查无异常，则可使用万用表检查连接的 PLC 系统线路有无短路、断路以及

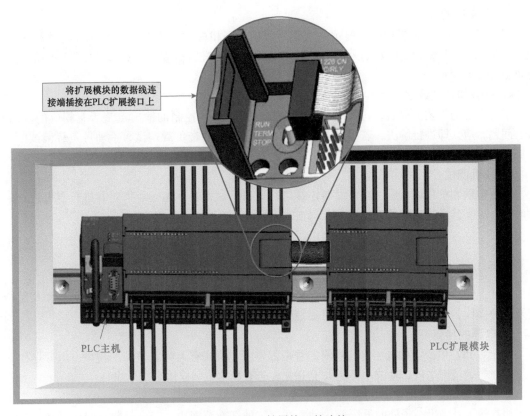

将扩展模块的数据线连接端插接在PLC扩展接口上

PLC主机

PLC扩展模块

图 13-58 PLC 扩展接口的连接

接地不良等现象，若出现连接故障应及时对其进行连接或调整。

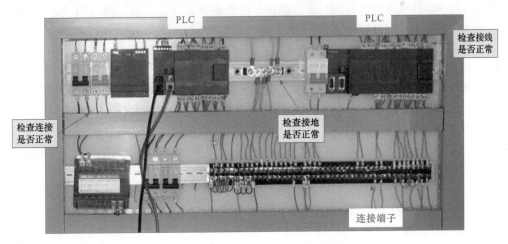

PLC

PLC

检查接线是否正常

检查连接是否正常

检查接地是否正常

连接端子

图 13-59 线路连接的检查

## 2. 检查电源电压

在 PLC 系统通电前，检查系统供电电源与预先设计的 PLC 系统图中的电源是否一致，检查时，可合上电源总开关进行检测。

### 3. 检查 PLC 程序

将 PLC 程序、触摸屏程序、显示文本程序等输入到相应的系统内,若系统出现报警情况,应对其系统的接线、设定参数、外部条件以及 PLC 程序等进行检查,并对其产生报警的部位进行重新连接或调整。

### 4. 空载和负载调试

了解设备的工艺流程后,进行手动空载调试,检查手动控制的输出点是否有相应的输出,若有问题,应立即进行解决,若手动空载正常,再进行手动带负载调试,手动带负载调试中对其调试电流、电压等参数进行记录。

### 5. 联机调试

完成空载和负载调试后,再将设备连接进行联机调试,调试无误后可对其进行上电运行一段时间,观察其系统工作是否稳定,若均正常,则该系统可投入使用。

## 13.3.2 PLC 系统的日常维护

PLC 是一种工业中使用的控制设备,在出厂时尽管在可靠性方面采取了许多的防护措施,但由于其工作环境的影响,可能会造成 PLC 寿命的缩短或出现故障,所以需要定期对 PLC 做检查及维护操作,确保 PLC 系统安全、可靠地运行。

### 1. 电源的检查

首先对 PLC 电源上的电压进行检测,看是否为额定值或有无频繁波动的现象,电源电压必须工作在额定范围之内,且波动不能大于10%,若有异常,则应检查供电线路。

### 2. 检查输入、输出电源的检查

检查输入、输出端子处的电压变化是否在规定的标准范围内,若有异常,则应对其异常处进行检查。

### 3. 环境的检查

对 PLC 的使用环境进行检查,看环境温度、湿度是否在允许范围之内(温度在 $0 \sim 55℃$,湿度在$35\% \sim 85\%$),若超过允许范围,则应降低或升高温度,以及加湿或除湿操作。

安装环境不能有大量的灰尘、污物等现象,若有,则应进行及时清理。

### 4. 安装的检查

检查 PLC 设备各单元的连接是否良好,连接线有无松动、断裂以及破损等现象,控制柜的密封性是否良好等。若有安装不良的部件,则应重新进行连接,更换断裂或破损的连接线。

### 5. 元件使用寿命的检查

对于一些有使用寿命的元件,例如锂电池、输出继电器等,则应定期的检查。以保证锂电池的电压在额定范围之内,输出继电器的使用寿命在允许范围之内(电气寿命在 30 万次以下,机械寿命在 1000 万次以下)。

若锂电池的电压下降到一定程度时,应对锂电池进行更换,更换时,应首先让 PLC 通电 15s 以上,再断开 PLC 的交流电源,将旧电池拆下,装上新电池即可。在更换电池时,一般不允许超过 3min,若等待时间过长,则存储器中存储器的程序将消失,还需重新进行写入。

# 读者需求调查表

亲爱的读者朋友：

　　您好！为了提升我们图书出版工作的有效性，为您提供更好的图书产品和服务，我们进行此次关于读者需求的调研活动，恳请您在百忙之中予以协助，留下您宝贵的意见与建议！

个人信息

| 姓名： | | 出生年月： | | 学历： | |
|---|---|---|---|---|---|
| 联系电话： | | 手机： | | E - mail： | |
| 工作单位： | | | | 职务： | |
| 通讯地址： | | | | 邮编： | |

1. 您感兴趣的科技类图书有哪些？

□自动化技术　□电工技术　□电力技术　□电子技术　□仪器仪表　□建筑电气
□其他（　　　）以上各大类中您最关心的细分技术（如 PLC）是：（　　　　）

2. 您关注的图书类型有：

□技术手册　□产品手册　□基础入门　□产品应用　□产品设计　□维修维护
□技能培训　□技能技巧　□识图读图　□技术原理　□实操　　　□应用软件
□其他（　　　）

3. 您最喜欢的图书叙述形式：

□问答型　□论述型　□实例型　□图文对照　□图表　□其他（　　　）

4. 您最喜欢的图书开本：

□口袋本　□32 开　□B5　　□16 开　　　□图册　□其他（　　　）

5. 图书信息获得渠道：

□图书征订单　□图书目录　□书店查询　□书店广告　□网络书店　□专业网站
□专业杂志　□专业报纸　□专业会议　□朋友介绍　□其他（　　　）

6. 购书途径：

□书店　□网站　□出版社　□单位集中采购　□其他（　　　　）

7. 您认为图书的合理价位是（元/册）：

手册（　　　）　图册（　　　）　技术应用（　　　）　技能培训（　　　）
基础入门（　　　）　其他（　　　）

8. 每年购书费用：

□100 元以下　□101～200 元　□201～300 元　□300 元以上

9. 您是否有本专业的写作计划？

□否　　　□是（具体情况：　　　　　　　）

非常感谢您对我们的支持，如果您还有什么问题欢迎和我们联系沟通！

地　　　址：北京市西城区百万庄大街 22 号　机械工业出版社电工电子分社　邮编：100037
联 系 人：张俊红　联系电话：13520543780　传真：010 - 68326336
电子邮箱：buptzjh@ 163. com（可来信索取本表电子版）

# 编著图书推荐表

| 姓名: | | 出生年月: | | 职称/职务: | | 专业: | |
|---|---|---|---|---|---|---|---|
| 单位: | | | | E – mail: | | | |
| 通讯地址: | | | | | | 邮政编码: | |
| 联系电话: | | | 研究方向及教学科目: | | | | |

个人简历（毕业院校、专业、从事过的以及正在从事的项目、发表过的论文）

您近期的写作计划有：

您推荐的国外原版图书有：

您认为目前市场上最缺乏的图书及类型有：

地址：北京市西城区百万庄大街 22 号　机械工业出版社电工电子分社

邮编：100037　网址：www.cmpbook.com

联系人：张俊红　电话：13520543780　010 – 68326336（传真）

E – mail：buptzjh@ 163. com（可来信索取本表电子版）